数の女王

川添 愛
Ai Kawazoe

東京書籍

主な登場人物

メム　　　　　　鏡の中の妖精の一人で、妖精たちのリーダー格。

ギメル　　　　　妖精の一人。大柄で、穏やかな性格の持ち主。

ダレト　　　　　妖精の一人。ギメルのいとこで、大柄な妖精。

カフ　　　　　　妖精の一人。メムのはとこで、明るい性格。

ザイン　　　　　妖精の一人。無口で慎重な性格。

ナジャ　　　　　十三歳の少女。幼い頃に両親を失い、王妃の養女となった。

王妃　　　　　　メルセイン王国の王妃。呪いを実践しているとの噂がある。

ビアンカ　　　　王妃の長女で、ナジャの最愛の姉。八年前から行方不明。

マティルデ　　　王妃の侍女。城の敷地内で薬草畑と蜂小屋を管理する。

リヒャルト　　　王妃の長男で、残忍な性格の持ち主。

ラムディクス　　若く高名な詩人。王妃の愛人と噂されている。

トライア　　　　メルセイン城の衛兵隊長。

楽園の長^{おさ}　　神々の意志を体現する使命を持った、初老の女性。

タニア　　　　　楽園の長の娘。

目
次

第一章	惨劇の記憶	7
第二章	数を喰らう者	33
第三章	女戦士と侍女	71
第四章	扉の向こうへ	93
第五章	約束の楽園	115
第六章	欺かれた日	145
第七章	運命の文様	165
第八章	巡る数	189
第九章	刃と宝玉	219
第十章	神と化す	247
第十一章	影の正体	271
第十二章	寛容で過酷な裁き	303
解　説		322

メムは焦っていた。

　彼が仲間たちと一緒に外の世界から切り離されて、数年が経過した。岩壁に囲まれたこの作業部屋と外の世界を繋ぐのは、頭上の壁にぱっくり空いた穴のような、楕円形の鏡だけだ。そして、外の世界からの「命令」がないこの時刻、静まり返ったこの空間で、自分以外、みなが眠っている。つかの間だが、何も考えずに休息できるひととき。

　大柄なギメルとダレトは、いつものようにごつごつした岩の床の上に直接寝て、交互にいびきをかいている。几帳面なザインは、作業台の脇に座った姿勢のまま目を閉じている。小柄なカフは作業台の上で、だらしなく横になっている。

　一見すれば、みな、いつもどおりに見える。それでもメムは、自分たちの中に現れた異変の印を見逃さない。

　それは、「運命数の泡立ち」と呼ばれる現象。数百年の長寿を保ち、頑健な体を持つ彼ら妖精にとって、唯一の病。本来ならばその病は、年老いて寿命を迎えた者にしか現れない。だが、ここの空気は、まだ若い彼らを著しく害し、急速に生命力を削いでいく。ここにいるかぎり、そう遠くない将来、自分たち全員が「泡立ち」を起こし、死んでいくことは分かっている。

　――しかしなぜ、最初がよりによって、一番若いカフなのか。

　メムは納得できない。だが実際、カフは目に見えて衰弱してきている。

　理由は分からない。彼の仕事が、他の者たちに比べて重労働だとも思えない。単純に考えれば、ギメルとダレトの作業の方がはるかに重労働だ。彼らはこの作業部屋と『大いなる書』の間を往復しなくてはならないし、また神の使いたちの見張りをかいくぐり、『大いなる書』の中から目当ての「頁」を探し当て、「運命数の写し」を手に入れなくてはならないのだ。

　労働の重さが原因ではないとすると、いったい何が原因なのか。いい

4

や、考えなくてはならないのは、原因よりも、助けるための方法だ。ど
うすれば、カフを助けられるのか。メムはさらに深く、思考の中へ潜っ
ていこうとする。しかし、そこまでだった。「鏡」が光り始めたのだ。
「主」が——あの無慈悲な人間の女が、また姿を現す。

　——俺たちを利用するために。

　いつの間にか、外の世界では一日の境を越えたらしい。そして一日が
始まったばかりのこの時間は、あの女の指示が最も頻繁になる。メムは
また、主の指示を実現するための手順を、仲間たちに伝えなくてはなら
ない。なぜなら、それが彼の仕事だから。

　メムは思う。このまま自分たちは消耗し、疲れ果て、「運命数の泡立
ち」を起こして死んでいくのだろうか。それでも、主の命令には従わな
くてはならない。そうしたくなくても、そうせざるを得ないからだ。

　メムは自分を責める。なぜ自分はこの状況に陥る前に、あの女のたく
らみを見抜けなかったのか。鏡はまばゆい光で、作業部屋と自分たちを
照らす。しかしそれは、生命の源たる光ではない。今ここを照らしてい
るのは、あの神々しい光とは無縁の、呪われた光。

　俺は、あきらめるものか。メムは歯を食いしばり、絶望が心を蝕むの
を食い止めようとする。希望はある。あの黒い瞳の人物は、こちらに向
かってこう言ったではないか。

　——あなたたちはきっと助かる。近いうちに、あなたたちを救える者
が……鏡の中に入れる者がやってくる。

　しかし、それはいつだ。今日か、明日か？

　——どうか、早く来てくれ。俺たちが破滅する前に。

聖なる伝承

初めに数があった。
すべての存在の源、母なる数、すなわち数の女王たる最高神は、
大気を生み、子たる神々を生み、大地を造り、妖精を造り、
そして人を造った。
母なる数は、すべての「子」に一つずつ、数を与えた。
その数こそ生命そのもの。我らを形作る運命数。

〈初めの一人〉の運命数は、〈祝福された数〉であった。
不滅の神々は〈一人〉のために、世界の中心の『大いなる書』
に場所を設け、〈一人〉を形作る〈祝福された数〉を納めた。
不老の神々は〈一人〉に楽園を与えた。〈一人〉は楽園で何
不自由なく暮らしていたが、ある日〈影〉にそそのかされた。
〈影〉は言った。
〈祝福された数〉を持っていても、お前はいずれ年老いて死ぬ。
不老の神々のような、より良い数が欲しくはないか、と。
〈一人〉は自らの数に不満を抱き、他者の魂から〈不老の神々の
数〉をかき集めるべく、多くの生き物を殺めた。それは神々の
怒りを買い、〈一人〉は〈祝福された数〉を奪われ、楽園を
追放された。

第一章

惨劇の記憶

　メルセイン城の居館に隣接した神殿で、薔薇色のヴェールを被ったナジャは、祭壇前にひざまずき、目を閉じたまま『聖なる伝承』の冒頭部分を暗誦する。神殿には大勢の人々が集まり、ナジャの暗誦を聞いている。物心ついてから十三になるこの時まで、何度これを唱えたことだろう。そして今唱えているこれは、ナジャの成人の儀式の一部だ。ナジャは城付きの大祭司と大勢の賓客の目の前で、最初から最後まで一字一句間違えずに、『伝承』を唱えてみせなければならない。

　失敗は許されない。言い間違いはもちろんのこと、少し言いよどんだとしても、たいへんなことになりかねない。なぜなら、ここには王妃がいるからだ。このメルセイン王国の重鎮たちもほぼすべて、この儀式に参列している。一ヶ月前、ナジャが日中のほとんどを過ごす機織り部屋を訪れた侍女、通称「黒のマティルデ」は、ナジャに儀式の次第を伝えた後、こう言った。

　──当日は、スムス伯夫妻、エルデ大公国使節など、重要な方々が列席されます。くれぐれも王妃様のお立場をお考えになり、準備に専念されますよう。

　ナジャよりも少し年長で、整った顔をした黒髪のマティルデは、いつ

もと同じく襟元の詰まった黒い衣を身につけ、長いまつげに縁取られた大きな黒い右目をまっすぐにナジャに向けて、そう言った。彼女の左目は、額から左頬上部にまでかかる大きな白い眼帯のために、見ることができない。

　ナジャが知るかぎり、マティルデは四年前にこの城に来て以来ずっと、王妃の忠実な僕だ。マティルデの言葉はナジャに対する助言だったのだろうが、ナジャには脅しであるようにしか聞こえなかった。ナジャが少しひるんだのを見て取ったのか、マティルデはこう続けた。

　――王妃様は、ナジャ様のご成長ぶりを見るのを楽しみにしておられます。

　しかし、そう言うマティルデはあまりにも無表情で、その言葉も明らかに「とってつけた」ものだった。ナジャの不安はいっそう大きくなり、その日以来、ナジャは今日まで必死になって『伝承』の暗誦を練習したのだった。

　儀式の参加者たちが見守る中、ナジャの暗誦は、〈初めの一人〉の罪の物語に差しかかる。その物語は、神殿最奥の壁画にも描かれている。白い肌、薔薇色の頬をした長い髪の女。そのふっくらとした体型は、彼女がすべての人間の始祖であることを示している。彼女は天に向かって何かを求めるように右手を差し出している。その背後には、形のはっきりしない、黒いもや――〈影〉が潜んでいる。その壁画を取り囲むように、不老の神々、不滅の神々の彫刻が施されている。

『伝承』のこの部分を思い出すたびに、ナジャはつい考え込んでしまう。〈初めの一人〉が欲した〈不老の神々の数〉とは、どのようなものなのだろう？

　運命数。それは、〈母なる数〉とも〈数の女王〉とも呼ばれる〈唯一の最高神〉によって、人間一人ひとりに与えられた数だという。それが本当ならば、ナジャにも何らかの数が与えられているはずだ。しかし、

ナジャはそれがどんな数かを知らない。すべての人の運命数は『大いなる書』に書かれているというが、そもそもそれはどこにあるのだろうか？　分からないことばかりだ。

　きっと〈初めの一人〉は、自分に与えられた数を知っていたのだろう。そしてそれが、どのような意味を持つのかも知っていた。だからこそ、不満を持つようになったのだ。しかし、どんな不満があったにせよ、神々を裏切るほど不満だったのだろうか。生まれながらにして祝福されていたはずの〈一人〉は、そのまま大人しくしていれば、楽園にずっと居られたのに。

　——私は、外に出るなんて、考えたこともない。

　ナジャにとってこの城は、世界で唯一知っている場所だ。外の世界のことは人から聞いたり書物で読んだりするので、この城の外にメルセイン王国の領土があり、さらにその外に別の国々があり、さまざまな見た目の人たちや、背が低くてずんぐりとした妖精たちが住んでいることは知っている。でも、それらを自分の目で見てみたいとは思わない。それ以前にナジャは、自分にはこれから先の人生で、何かを強く望むということが起こらないような気がしている。今もそうだし、八年前からずっと、そうだったから。だからこそ、ナジャは今こうして、王妃に命じられるがままに儀式を受けている。この儀式には、成人の祝いであると同時に、一生この城から出ないことを神々の前で誓うという意味もある。つまりナジャはこの儀式を通して、王妃が自分に望むとおり、旅もせず、結婚もせず、ずっとここに籠もって生き続けるということを諾々と受け入れるのだ。

　——ねえナジャ、このお城のことは好き？

　暗誦の方に集中しようとしているナジャの意識を引き戻すかのように、頭の中に優しい声がよみがえる。もう何年も前。幼いナジャにそう問うたのは、六歳年上の姉、ビアンカだった。ナジャは『伝承』の続き

を唱えながらも、心の中で姉の幻に答えずにはいられない。
　——嫌い。
　そして今になるまで、この城を好きだと思ったことは一度もない。なぜなら……。ナジャは幼い自分が姉に言ったことを思い出す。
　——このお城は、王妃様みたいだもの。だから、嫌い。
　昔の自分は怖いもの知らずだったと、ナジャはつくづく思う。だがこれは、ナジャの正直な気持ちだった。実際、この城は王妃そのものだ。時を経るごとに、ナジャはその印象の正しさを実感する。だがナジャがこれを口に出したとき、姉ビアンカは青ざめて周囲を見回し、ナジャに小声でこう言った。
　——ナジャ、そんなことを他の人に聞かれたら、たいへんなことになるわ。絶対に、私以外の人がいるところでは言ってはだめよ。お願い。そう約束して。それに、「王妃様」じゃなくて、「お母様」でしょう。私たちのお母様なのよ。
　姉がナジャに向かって怖い顔をしたことはめったになかったので、ナジャは動揺した。
　——ごめんなさい、ビアンカ。もう、あんなこと言わない。
　——ナジャ、私と二人だけのときは、何でも正直に言っていいのよ。
　そう言うビアンカは、もとの輝くような笑顔に戻っていた。ビアンカの笑顔。それを思い出すたびに、ナジャは今でも泣き出しそうになる。暗誦の声が涙声になる寸前に、ナジャは意識を儀式に引き戻した。

　ナジャは、王妃にとって実の娘ではない。物心つく前に、王妃に引き取られたのだという。聞いた話では、ナジャの両親は流行り病で死に、一人残された幼いナジャを王妃が憐れみ、養女にしたということだっ

た。だが、いつまでたってもナジャはその話を信じられずにいる。昔も今も、流行り病で孤児になる子供の例は後を絶たないし、流行り病がとくに猛威を振るっているここ数年、そういった子供の数は増える一方だ。しかし、王妃がそれらの子供に慈悲をかけたという話はいっさい聞かない。では、ナジャが王妃にとって何か特別なのかというと、そういうわけでもなさそうだ。情けをかけてわざわざ養女にしたという割には、王妃はナジャをまったくと言っていいほど気にかけていない。普段は使用人たちと同じ「離れ」に押し込め、糸紡ぎや機織りの仕事をさせている。王族として扱うようなこともめったにない。王族らしい扱いといえば——あの忌まわしい「惨劇」のときと、今回の「成人の儀式」ぐらいだ。

　姉のビアンカはナジャとは違い、正真正銘、王妃の実の娘だった。ビアンカは美しかった。白い肌、まっすぐな鼻筋、赤い唇、青い瞳、つややかな金色の髪は、王妃の生き写しといってよかった。そして、十歳そこそこにしてすでに王妃よりも美しく、さらに美しくなるのは間違いなかった。ごわごわして癖の強い赤毛、そばかすだらけの顔、ちんまりとした鼻を持つナジャがビアンカと実の姉妹でないことは、誰から見ても明らかだった。

　それでも、ナジャは姉が大好きだった。ナジャは、もし自分にビアンカのような美しく優しい娘がいたら、溺愛するだろうと思う。でも、王妃は実の娘であるビアンカですら、使用人同様に扱い、高貴な家の人間として扱うことはなかった。王妃が大切にしている実子は、ビアンカの四つ下の弟、ナジャの二歳上のリヒャルトだけだ。

　——リヒャルト。

　その名を思い起こすだけで、ナジャの背中に戦慄が走る。兄リヒャルトも王妃に似て、美しい少年だ。そして他人を殺めることを何とも思わない、きわめて残忍な性格。

四歳の頃、ナジャはリヒャルトに殺されそうになったことがある。剣術の稽古を開始し、自分の剣を持つことを許されたリヒャルトは、繭玉を運ぶ手伝いのために稽古場付近に来ていたナジャを見て、突然背後から斬りかかってきた。ナジャは個人的に狙われたというよりもむしろ、たまたま近くにあった「動く標的」と見なされたのだ。しかし姉ビアンカがナジャをかばったため、ナジャは無傷で済んだ。そのかわりビアンカは、右腕に深い傷を負い、おびただしい量の血を流した。ナジャは忘れない。血を流すビアンカ、そしてビアンカの血を見て泣きわめく自分を、リヒャルトは大笑いしながら見ていたのだ。笑いすぎてよろけ、尻餅をついたほどだ。

　そして、衛兵たちに呼び出されて現れた王妃は、その場の様子を見るなり、こう言った。

　──リヒャルト、大丈夫！？

　王妃はただ転んだだけのリヒャルトに抱きつき、衛兵たちにリヒャルトを介抱するよう命令した。ビアンカの腕に止血をしていた当時の衛兵隊長クァルドに対しては、あろうことか、こう言ったのだ。

　──クァルド！　そんなのはいいから、早くリヒャルトの手当を！

「そんなの」。あの言葉と、リヒャルトが浮かべる薄ら笑いは、今でもたびたび頭の中に浮かんでくる。

　リヒャルトの凶行はその後も続いた。衛兵も使用人も、何人も殺した。三年前にはなんと、リヒャルトの乱暴を諫めた衛兵隊長クァルドを鬱陶しく思ったらしく、不意打ちをして殺した。城の外では、もっと殺しているだろう。リヒャルトは二年前から同盟国のエルデ大公国におり、ハール゠レオン王国との戦乱で功績を挙げているらしい。噂では、敗走する敵を皆殺しにしたあげく、敵の集落にいた無抵抗な女性や子供まで平気で手に掛けたという。そんな残忍きわまりない人間でも、王妃にはまるで子猫のように甘やかされている。

ナジャは、リヒャルトのことはもちろん、王妃のことも好きではなかった。王妃を「母親」だと思ったこともない。しかしビアンカは王妃をどこかしら、慕っているようなところがあった。
「ねえナジャ、知ってる？　私たちのお母様は、神様から〈祝福された数〉を授かっているんですって」
「それは、どんな数なの？」
「大きな『素の数』よ。それ自身と1以外では割り切れない、大きな数」
　そう言うビアンカの顔が誇らしげだったのを、ナジャはよく覚えている。ビアンカの右腕にはその時にも、リヒャルトにつけられた傷が痛々しく残っていた。新月の次の日に現れた月のように、かすかに曲がった線のような傷。あの傷は、一生消えないだろう。それでもビアンカは、母親を許していたのだろうか。あのときナジャは、王妃のことを好きになれないでいる自分は、もしかしたら間違っているのかもしれないと思ったものだ。
　だが実のところ、ビアンカもナジャも、王妃にとっては単なる労働力だったに過ぎない。実際、さまざまな仕事をさせられた。それらの仕事はたいてい、王妃に長年付き従っていた年配の侍女長が持ってきた。中には、不可解な仕事もあった。八年前のある日、いつものように侍女長がやってきて、ナジャとビアンカ、そして他の使用人の娘たちを、城の敷地の外れにある粗末な小屋へ連れて行った。もとは家畜小屋だったその小屋には、机と椅子が所狭しと並べられ、壁には大きな石板がかけられていた。窓もなく暗いので、昼間でもランプが必要だった。手持ちのランプの光を揺らめかせながら、侍女長は言った。「今日からあなた方は『算え子』の役割を担うのです。しっかり働くのですよ」。そして、こう付け加えた。これは王妃様が直々に命じられた秘密の仕事だから、絶対にその内容を口外してはならないと。
　その日以来、ナジャたちは早朝からその小屋に集められ、仕事をする

ことになった。仕事の内容はこうだ。毎日一人に一つずつ、ある数が示される。それはたいてい、41392とか246036のような大きな数だ。それをナジャたちは、壁の石板に描かれた「一覧表」にある数で割っていくのだ。

一覧表の最初の数は2なので、その日割り当てられた「大きな数」を、2で割る。割り切れたら、その「2」を記録し、その「商」を再び「2」で割る。割り切れたら、その商に対して、また同じことを繰り返していく。2で割り切れなくなったら、一覧表の次の数——3で同じことをする。次は5。次は7、というふうに。

一覧表にはこの先にも数がある。ナジャは今でもすべて記憶している。2, 3, 5, 7, 11, 13, 17, 19, 23, 29, 31, 37,......と続き、127まで。全部で31個。これらは、「それ自身と1以外では割り切れない数」。この国で「素の数」と呼ばれている数だ。姉ビアンカは言っていた。「本当は、素の数はこれだけじゃなくて、いくらでもあるの。いくらでもあるから、一覧表に全部を載せられないのよ」と。

計算がひととおり終わるのは、「大きな数」を一覧表の「素の数」で割っていき、その商が1になったとき。あるいは、一覧表の数を全部割り算に使い終わったときだ。そしてどちらの場合も、「記録した数」を侍女長に報告しなければならない。

当時五歳だったナジャはもちろん、娘たちにとって、それはたいへんな仕事だった。ナジャとビアンカを除き、全員が城の使用人や衛兵の娘で、ろくに教育も受けていなかったのだ。自分の名前すら読み書きできない娘たちが、数字の読み方から割り算の方法までを短期間で叩き込まれた。その勉強期間が終わると、白亜の粉末を固めた棒と黒い石板を持たされ、朝から夕方まで割り算をさせられたのだった。

正しく割り算をするだけでもたいへんなのに、手順が覚えられず、あるいは忘れ、間違えることがしょっちゅうあった。だがビアンカだけ

は、一人で完璧に計算をすることができた。しかも、自分の計算を早く終えると、他の算え子たちの計算結果を見回った。そして、明らかな間違いがあったら修正してやる。もちろん、侍女長がいないときを見計らって。

あるとき、ナジャに割り当てられた「大きな数」が56391だった日があった。ナジャはこれを3で割る計算をして、「割り切れない」という結果を出した。それを見て、ビアンカはこう言った。

「ナジャ、56391という数は3で割り切れるはずよ」

「本当なの？　ビアンカ、どうして、そんなことが分かるの？」

「この数の、全部の桁の数字を足してみて」

「ええと、5＋6＋3＋9＋1でいいの？」

「ええ。そうすると、24になるでしょう？　これは、3で割り切れるわよね？」

「ええと……。うん、なる。24は、3の倍数だから」

「そのとおりよ。ナジャは賢いわね。こんなふうに、元の数の全部の桁の数字を足して、それが3で割り切れる数だったら、元の数も3で割れるはずなの」

「じゃあ、私、間違えちゃったの？　どうしよう！　もう時間がないのに！」

「今からやり直せばいいわ。私も手伝うから。頑張りましょう」

「ありがとう、ビアンカ」

この他にもビアンカはいろいろなことを知っていて、算え子たちに教えてくれた。「すべての桁を足してみて、その数で割り切れるかどうか見る」という方法は、3で割るときだけでなく、9で割るときにも使えること。ある数が19で割り切れるかどうかを知るためには、一番右の桁の数を切り離し、二倍して、左に残った数字に足していくということを繰り返し、最後に19が出てくるかどうかを見ればいいということ。ナジャは「ビアンカは、どうしていろんなことを知っているの？」と不

思議がったが、ビアンカ本人は、書物で学んだとしか言わなかった。しかしビアンカの知識は、ナジャや他の算え子たちを何度も救った。

　ナジャは思い出す。ビアンカと、他の少女たちの笑顔。仕事は辛かったが、楽しいひとときも確かにあったのだ。

　——それなのに、あんなことになるなんて。

　算え子の仕事が始まって一年も経たないうちに、それは突然終わりを告げた。ナジャ以外の算え子たちと、仕事を指揮していた侍女長が、突然死亡したのだ。

　あの日のことを思うと、ナジャは今でも動悸が止まらなくなる。あの夜、離れで寝ていたナジャは、隣のベッドにビアンカがいないことに気づいて目を覚ました。こんな夜中に、どこに行ったのだろう？　奇妙に思っていると、周囲の空気が目に見えて「おかしく」なり始めた。それは、圧力の変化のようなものだった。ナジャはなぜか、その変化に底知れない恐怖を覚えた。何か、意識や記憶のずっと奥に眠っている恐怖を呼び起こされたような感じがしたのだ。

　そして、ナジャは見た。この世のものとは思えない生き物が、自分のベッドの上をゆらゆらと飛んでいるのを。

　丸い頭。長い尾。小さな四つの足。蜥蜴に似たその大きな灰色の生き物は、半透明に透き通っていた。その頭、顎、背中には、いくつもの金色の斑点が光っている。

　その生き物は、ナジャを無視するかのように通り過ぎ、壁を通り抜けて消えた。隣の部屋から悲鳴が上がったのはその直後だった。ナジャは全身がすくんでベッドからうまく降りられず、左足を挫いたが、それでも這うようにして隣の部屋へ行った。悲鳴は間違いなく、衛兵隊長クァルドの娘で、自分と同い年のユイルダのものだった。ユイルダの部屋の扉を開けると、彼女はベッドの下に落ちて倒れていた。ナジャは介抱しようとしたが、すでに遅かった。ユイルダはもう、死んでいたのだ。

他の算え子たちも、侍女長も、同じ夜に死んだ。城内は大騒ぎになり、誰もが事態の収拾に追われた。そして、ビアンカはどこにもいない。ナジャは大混乱の中、ビアンカを探しながら城の外に出て、深い森に迷い込んだ。

　どれくらいの間、森にいたのか、ナジャはよく覚えていない。やがてナジャは衛兵たちに発見された。衛兵の一人は、ナジャにこう言った。「ああ、ナジャ様、お可哀想に。侍女長は、自分の『悪魔の業』に、こんな小さな子たちを巻き込んでいたとは」

　衛兵たちの話をよく聞いたところ、こういうことが分かった。算え子の仕事は王妃の命令ではなく、侍女長が独断で少女たちにやらせていたことだった、と。しかも、算え子たちが行っていた計算は、王妃によれば「禁じられた業」、つまり「呪い」に関係することだったというのだ。そもそも、計算という行為そのものが、このメルセイン王国では禁止されており、発見され次第厳罰を課されるものだったという。

　城に連れ戻されたナジャは大広間に連れて行かれ、そこで王妃に謁見した。王妃は非常時にもかかわらず、いつものように美しく着飾っていた。細い首元、白い耳たぶ、そしてつやつやと輝く髪には大小の見事な宝石が光り、王妃の美しさを引き立てていた。王妃はいかにも悲しげな表情をしていたが、ナジャにはなぜか、王妃だけが別の世界——悲しみと恐怖に満ちたこの状況とはまったく関係のないところにいるように思えた。王妃は芝居がかった様子でナジャに近づくと、大ぶりな動作で体をかがめ、ナジャを抱きしめた。ふわり、と、良い香りが漂った。王妃はナジャの耳元で、ああ、ナジャ、よかった、どんなに心配したか……というようなことを、涙声で口走った。

　ナジャは戸惑った。何と言えばいいの？　王妃にこんな言葉をかけてもらったのは、初めてのことだった。普通の子供なら、嬉しいと思うかもしれない。でも、ナジャは反応することができなかった。なぜか。

ナジャを抱きしめている王妃の体が、まったく温かくなかったのだ。

　ナジャはただ体をこわばらせていたが、王妃はそれに構う様子もなく、すでに次の行動に移っていた。王妃はナジャの手を取って、玉座の方へと連れて行く。ナジャはそのとき初めて、広間に大勢の人々が集まっていることに気がついた。王妃は広間に集まった全員に対して、次のような挨拶を行った。

　——皆さん。この城で起きた惨劇の話は、すでにお耳に入っていることでしょう。侍女長、ならびに数人の少女たちが突然死亡した事件です。彼女たちがかけがえのない命を落としたことで、あたくしはとても心を痛めております。その上、この惨劇の「真相」を思うと、あたくしの心は今にもつぶれてしまいそうです。

「惨劇の真相」。その言葉に、広間の人々はざわつく。

　——でも、皆さんにどうしても、その真相をお伝えしなくてはなりません。それは、侍女長が少女たちに強いて、「禁じられた呪い」を実践していたことです。禁じられた呪いというのは——皆さん、お分かりでしょう。「運命数に対する計算」です。

　王妃が「運命数に対する計算」と口にすると、広間の人々の顔は恐怖に凍りついた。中には、ヒィッと悲鳴を上げた婦人たちもいる。

　——侍女長は、「王妃の命令だ」と言って、少女たちに呪いの手伝いをさせていたそうなのです。それも、他人の運命数についての計算をさせていたのだとか。皆さんもご承知のとおり、私たちは自分の運命数すら、神々の意志がなければ知ることはできません。どうやって侍女長が他人の運命数を知り得たのか、そして、運命数の計算とはどういうものだったのか、あたくしは恐ろしくて、知りたくもありません。でも侍女長があたくしの名をかたって、恐ろしい業を行っていたことは事実なのです。そしてその計算を行ったために、彼女たちは神罰を受けた。それが、今回の真相です。あたくしがこれを知ったのは、祭司たちのお告げ

のおかげです。誠に残念でなりません。あたくしにとって幸運だったのは、この次女のナジャが無事だったことです。今、長女のビアンカも、衛兵たちが探しています。ナジャが見つかったのだから、きっとビアンカも見つかるはずです。

　王妃はそう言って、今にも泣きそうな顔になり、目頭を押さえた。多くの人々もそれに悲痛な表情を返す。王妃はやがて顔を上げ、高らかにこう述べた。

　——皆さん。あたくしは、今回のような惨劇が二度と起こらないことを望みます。そのためには、これまで以上に、「呪い」につながる行い、つまり「計算」を厳しく取り締まらなくてはなりません。

　王妃はその日、メルセイン王国内で計算が行われること、また計算について学ぶことに対して、さらなる取り締まりの強化を命じた。そして禁を破った者には、最悪の場合は死刑まで課されることとなった。

　ナジャの姉ビアンカは——結局、見つかることはなかった。惨劇から三ヶ月が経った頃、城ではビアンカの葬儀が簡単に行われた。祭司の一人が祈りを唱え、使用人たちの墓の隣に、ただビアンカの名を刻んだだけの墓碑が建てられた。その短い儀式にさえ、王妃は姿を見せなかった。

　『聖なる伝承』を無事に唱え終わったナジャは、大祭司に促されて立ち上がる。大祭司はナジャを自分の右側に立たせ、バラの香りのする聖水に右手を濡らし、ナジャの額に、魔を退ける三角の文を描く。そしてナジャの頭頂部にその手を当て、祈りの言葉を唱える。大勢の人々が物音を立てないように、呼吸さえひそめるようにして、こちらに注目しているのが分かる。神殿に満ちる緊張が、ぴりぴりと伝わってくる。ここからが、この儀式の重要な部分だ。大祭司がナジャに問う。

「〈祝福された数〉とは何か？」

　問答の始まりだ。これに対して、完璧に答えてみせなくてはならない。

「〈祝福された数〉は、大きく、強く、傷がなく、ひび割れることもなく、またそれゆえにそれらは、〈不老の神々の数〉に似る」

「〈不老の神々の数〉とは何か？」

「〈不老の神々の数〉は、神聖なる大気と交わることで、〈不滅の神々の数〉につながり、またそれゆえにそれらは、〈不老の神々の数〉である」

「〈不滅の神々の数〉とは何か？」

「〈不滅の神々の数〉は、自らの屍の中から復活し、滅びることがない」

「不老・不滅の神々をもしのぐ、〈唯一かつ最高の神の数〉とは何か？」

「〈唯一かつ最高の神の数〉は、存在することそのもの。あらゆるものを生み出す母なる数、数の女王」

「では、我ら人間は、どのような数か？」

「我ら人間は、小さく、脆く、ひびの入った数である」

「我ら人間がそうであるのは、何故か？」

「すべての人間の母、すなわち〈初めの一人〉の罪の故に」

「その罪とは何か？」

「〈影〉にそそのかされ、人の身にて〈不老神の数〉を望みしこと」

「汝もその罪を負う者なり。汝は悔い改め、善き行いによって〈初めの一人〉の罪を贖うか？」

　最後の問いに対して、ナジャは自らの胸に両手を当て、その手を大祭司に示すことで応える。

　儀式の中で、ナジャがすることはすべて終わった。目を閉じていても、大祭司が満足そうにうなずいたこと、ナジャを見守る人々が安堵の息を漏らしたことが分かる。ナジャは心の中でそっと胸をなで下ろす。自分は大仕事を終えた。王妃もこれに文句はないはずだ。それに、王妃が思っているよりも、自分はうまくやれたのではないか。侍女のマティ

ルデが言ったことが思い浮かぶ。

　——王妃様は、ナジャ様のご成長ぶりを見るのを楽しみにしておられます。

　王妃が本当にそのように言ったのかどうかは分からない。だが、大きな仕事を成し遂げた今、ほんの少しだけだが、王妃が自分の行いに満足しているのではないかと、ナジャは思った。王妃は今、どんな顔をしているのだろうか。

　どんな顔でもよかった。ただ、自分のしたことに王妃が何らかの反応を示しているのであれば、多少なりとも達成感のようなものを得られる。そんな気がした。

　ナジャは目を開く。目の前には、大祭司の顔。そしてその右の肩越しに、神殿右手の「美の女神像」が見える。その前にしつらえられた金襴の椅子が、この神殿における王妃の特等席だ。王妃がその場所を気に入っているのは、美の女神像が大きな鏡を手にしているからだ。そこにいれば、儀式の最中でも、王妃は自分の顔を鏡に映して見ることができる。そして今日も、王妃はそこに座っている。少女のように、か細い体。陶器の人形のような白い肌。形の整った、赤い唇。しわもしみもまったくない、すべすべした額。薔薇色のレースで作った豪華なヴェールから覗く、絹糸のような金髪。王妃はやはり美しかった。しかし、彼女の自慢の「青い瞳」は閉じられていた。

　なぜなら、王妃は居眠りをしていたからだ。

　——ああ、やっぱり。

　ナジャは、少しでも何らかの反応を期待した自分を恥じる。昔から、こうだったではないか。「そんなのはどうでもいいから」。実の娘、ビアンカにそう言い放ったときから、王妃は何一つ変わっていない。そして、養女である自分が十三歳になろうと、大人になる儀式を終えようと、何も変わらないのだ。ナジャは、王妃にとって自分が「どうでもい

い存在」であることを、改めて認識したのだった。

◇

　しかし、とナジャは思う。王妃にとっては、ごく一部の例外を除いて、すべての人間がどうでもいい存在なのかもしれない。
　人々は神殿から居館の大広間へと移動し、祝宴に興じている。この中のすべての人間が、王妃にとっては取るに足らない存在であるはずだ。広間奥に並んだ玉座の片方に座るメルセイン国王——王妃の夫でさえも、王妃にとっては虫けら以下だろう。国王は宴を楽しんでいる様子もなく、どこを見ているのか分からない、うつろな目をしている。久々に見たその顔は、ずいぶんと歳を取ったように見えた。何年も見た目が変わらない王妃とは大違いだ。夫婦仲がすでに冷え切っていること、またこの国の全権力が正統なメルセイン王家の血を引くこの王ではなく、王妃の方に握られていることは、誰の目にも明らかだった。そもそもこの立派な大広間の奥には、壁を覆い尽くすほど大きな「王妃の肖像画」が飾られているのだ。
　王妃は、その日おろしたての豪華なドレスに着替えて広間に現れた。大広間の中央には、とくに明るい正方形の空間がある。四本の古代風の大理石の円柱に支えられたドーム型の高天井には美しい鏡がはめ込まれており、大広間の明かりを反射するのだ。大広間の手前の大扉から入ってきた王妃は、その正方形の空間で立ち止まり、一度くるりと回った。薄い水色のドレス。胸元には、美しい宝石がいくつも連なった首飾りが光っている。その場にいる賓客たちは、口々に賛辞を贈る。
　王妃のドレスに使われている布は、ナジャが織ったものだ。ナジャの機織りの腕前は使用人たちの間で評判で、王妃のための豪華なドレスを仕立てるときにはいつも、「ナジャ様、どうかお願いします」と懇願さ

れる。今回のドレスの布は、上質の絹糸を使い、平織り地と、畝をつけたカヌレ地とを組み合わせ、光の加減によって繊細な大小の縦縞模様が浮かび上がるようになっている。そしてその縦縞に沿って、白糸と銀糸、金糸の花束の模様を、縫い取り織で織り込んである。ナジャはこれを仕上げるのに骨を折ったが、当の王妃は、今自分が着ている豪華なドレスにどれほどの手間がかかっているか、気にかけてもいないだろう。このドレスを着ている今も、王妃の頭の中はきっと、来月の自分の生誕祭で着る新しいドレスのことでいっぱいなはずだ。

　玉座に座った王妃は、取り巻きの貴族たちのお追従を聞いている。王妃の首飾りも毎回異なるものだが、つねに見事な宝石がいくつもあしらわれている。ここへ集う貴婦人たちも宝石を身につけているが、王妃の宝石ほど純度が高く、深い輝きを持ったものはない。王妃はあの宝石をいったいいくつ持っているのだろうと、ナジャはいつも疑問に思う。あの宝石は使用人たちの間でもたびたび話題になっている。昔、ある侍女が宝石をくすねようとしているところを王妃に見つかり、すぐさま死刑になったという噂まで、まことしやかに語られている。本当かどうかは分からないが、王妃の周囲の侍女の入れ替わりが激しいことは事実だった。このところ、数年にわたって王妃に仕えているのは、マティルデぐらいではないだろうか。

　迷信深い使用人たちは、王妃は「邪視」の持ち主で、視線だけで人間を呪い殺せるのだと噂している。そして、できるだけ王妃の目に付かないように気を配っている。もともとこの城では、王妃以外の女性が身につけられるのは、白か、黒か、藍か、生成りの布に限定されている。ナジャを含む使用人たちも、胸元の詰まった白いブラウスの上に、生成りか藍か黒のベストとスカートを重ね、ベルトを巻いてエプロンを着ける。織物や服の仕立てを担当する者たちは、服を刺繍などで飾るのが好きだ。しかしほとんどの者は、王妃の目に付かないよう、目立たない装

飾を心がけている。美しく整った装飾は邪視の標的にされるというので、わざと模様をずらす者もいる。ナジャ自身も普段の服装への装飾は、白いブラウスの襟と袖口に白い糸で、また藍のエプロンとスカートの裾に黒い糸で、細かく並んだ三角の文様——つまり鋸歯文の刺繍を入れるにとどめている。そして、エプロンに隠れて見えないベルトにはこっそりと、赤い糸で迷路の文様を入れている。

　——とにかく、目立たずにいること。

　邪視の噂が本当かどうかはともかく、王妃の目に付かないことが重要なのは、ナジャにもよく分かっている。この城のことは好きではない。でも、他にどこにも行くあてがないし、ここ以外で生きていける気もしない。これからもずっと変わらず、王妃からは取るに足らない者として扱われるだろうが、目立たず、大人しくしていればいい。王妃に言いつけられた仕事だけをこなし、自分の感情には蓋をして、「なかったこと」にしてしまえばいい。今までずっと、そうしてきたように。そうやって、命が終わるまでの時間を、ここで「やりすごす」のだ。

　——それ以外、何ができるというの？

　姉ビアンカの葬儀が行われたとき、ナジャは自分の人生も終わった気がしたのだ。ただ一人、ナジャを愛してくれた、美しいビアンカ。ビアンカの前でだけは、ナジャは怖いものを怖いと言えて、嫌いなものを嫌いと言えて、寂しいときは寂しいと言えた。でも、ビアンカはもういない。ビアンカのいない世の中で、誰にも受け止めてもらえない感情を抱え続けること。それは、ナジャには辛すぎるのだ。

　宴が始まって数時間が経ち、外がすっかり暗くなった頃合いを見計らって、ナジャは人々の目を盗み、するると大広間を出た。音を立てずに階段を降り、外へ出て、薬草畑と果樹園を抜ける。自分と使用人が寝泊まりする離れの建物は、その先にある。

　夜の薬草畑は不気味に静まりかえっていた。何を栽培しているのかは

よく知らないが、あそこに生えている草はけっして抜いたり食べたりしてはならないと、使用人たちはきつく言いつけられていた。それに、畑に入ろうにも危険があった。畑の隣の小屋では、大きな黒い蜂が何十匹も飼われているのだ。蜂たちはしょっちゅう小屋から出てきて、薬草畑の上を飛び回る。だから、むやみに近づくことはできない。

　ナジャの記憶では、あの蜂小屋と薬草畑は何年も前からあった。蜂小屋の方はかつて、見慣れぬ服装をした異国の女性や男性が、数年に一度入れ替わりながら管理していたのを覚えている。使用人たちは彼らを陰で「蜂飼いの一族」と呼んで、あまり近づかないようにしていた。

　しかし四年前から、蜂小屋と薬草畑の管理はマティルデ一人に任されるようになった。ナジャはたまに、マティルデが薬草畑にいるのを見かける。黒い服を纏ったマティルデが畑に足を踏み入れると、畑にいる蜂だけでなく、蜂小屋からも多くの蜂が出てきて集まっていく。それらの蜂は、マティルデの「合図」を理解するらしい。彼女は両手の指を複雑に組み合わせたり、懐から何か道具を取り出したりして、巧みに蜂を操る。そして蜂たちをしばらく自由に活動させたあと、一カ所に集め、合図をして小屋に戻す。そのあと畑の薬草の様子を見て、水や肥料をやったりする。

　蜂たちは気むずかしく、不用意に薬草畑に足を踏み入れた者が蜂の大軍に追いかけられることがよくあった。そのたびにマティルデが出てきて事なきを得るのだが、気をつけるに越したことはない。ましてや蜂は、神の使いともいわれている神聖な虫なのだ。

　城の居館から離れに向かうには、どうしてもこの薬草畑の近くを通らなくてはならない。ナジャは蜂を起こさないよう、気をつけて通った。ようやく通り抜けて、高い木が生い茂った果樹園に入る。ここはもう安全だろう。ナジャが一息ついていると、果樹園の奥の方から話し声が聞こえてきた。

——誰？

　こんなときに、こんな場所で、誰が何を話しているのか。ナジャは足音を立てないよう、木の陰を伝うようにして声の方へ近づく。そこには三人の人物がいた。そのうち二人は、星明かりに照らされて、顔がはっきりと見えた。あれは、スムス伯爵と、その妻のスムス伯夫人。この国の重要人物だ。しかしもう一人は、ちょうど大きな果樹の陰の中にいて、よく見えない。

　ここにいてはまずい。ナジャは、そう直感した。しかし、静かに立ち去ろうと足を踏み出しかけたとき、ナジャの耳にスムス伯の言葉が入ってきた。

「それにしても、あの次女の儀式をこんなに豪勢にするなんて、あの女にも母親の愛情があったのだろうか」

　スムス伯夫人が答える。

「まさか。どうせ、自分の力を見せつけるためでしょうよ。ついでに、新しい服も自慢したかったに決まっているわ。ああ、あたしたち、また来月もここに来なくちゃいけないのよ？　あの女の誕生を祝う宴に。ただあの女にお世辞を言うために何度も城に呼びつけられるのは、もううんざりだわ！」

　スムス伯夫人は、表面では王妃と親しくしている、しかし心の中ではそのように思っているのかと、ナジャは思った。

「お前の気持ちは分かるが、あの女は恐ろしい魔女だぞ。今まで何人の刺客が、あの女を殺すのに失敗したと思ってるんだ？　武器で襲っても、かすり傷ひとつつけられない。毒を盛っても、平気な顔をしてやがる。どうやっても殺せないし、今この国の実質的な権力者はあの女なんだ。だからこそ、俺たちは『来い』と言われたらいつでも、ここへ馳せ参じるしかないんだ」

「分かってるわよ、そんなこと。分かっているから、いや、だからこ

26

そ、嫌なんじゃないの。それで、もとの話に戻るけど、あの女があの次女に愛情を持つとは思えないわ。だいたい、長女のビアンカだって、あの女が殺したんじゃないの。あの八年前の『惨劇』は、あの女の仕業なんでしょ？」

　それを聞いて、ナジャはその場に釘付けになってしまった。

　——ビアンカを、殺した？　「惨劇」が、王妃の仕業？

　スムス伯が言う。

「ああ、あのことだな。王妃が侍女長と少女たちを『呪い』に利用しておいて、ある日『要らなくなった』から、口止めのために殺したっていう。俺はいくらなんでも、あれは信じられないんだがな」

「どうしてよ？　いかにもあの女のやりそうなことじゃない」

「それはそうだが、俺は呪いなんてものは信用できないんだ」

「でも、あの惨劇以来、あの女と対立する人間がバタバタ死んでるのは事実なのよ。流行り病だっていわれているけど、本当かどうか分からないそうだし。やっぱり、あの女は呪いを実践しているのよ。他の人たちには禁止だとか、悪魔の業だとか言っておいて、自分はやっているのよ」

「俺は、あれは流行り病だと思う。実際、王妃と対立する人間以外も、ここ数年はバタバタ死んでいるじゃないか。それに百歩譲って、王妃が呪いを行っているとしよう。だがそれでもやはり、八年前の惨劇が王妃の仕業だっていうのはおかしい。だいたい、ある日突然、侍女長と少女たちが要らなくなったっていうのは不自然だし、それに、呪いに利用した者たちを殺したというなら、王妃はなぜあの次女——ナジャだけを、今も殺さずにいるんだ？」

　スムス伯の質問に、夫人は答えられないようだった。ナジャは混乱して、うまくものが考えられない。スムス伯は続ける。

「いずれにしても、今考えなくてはならないのは、王妃の長男のことだ。いくら王妃に逆らえないからといって、俺たちの大事な領地をあの

息子に取られるのは困るし、ああいう人の皮をかぶった怪物が王位に就いてしまったら、俺たちの命がいくらあっても足りない。おい、お前。間違いなくカタをつけられるんだろうな？　王子が帰国したら、すぐにやるんだぞ？」

　スムス伯は、木の陰にいるもう一人の人物に念を押す。その人物は、スムス伯に承知の意を示すように、ひざまずいて胸に手を当てた。甲冑の音がする。兵士だろうか？　その人物は、低い声で小さく、しかし確かにこう言った。

「それはお任せください。王子の命は、必ず」

　ナジャは背筋が凍る思いがした。王子というのは、リヒャルトのことに違いない。スムス伯夫人が口を挟む。

「あの女、長男だけは溺愛しているものね。長男の死体を見て、あの女がどんな顔をするか見ものだわ」

　なんということだ。彼らは、リヒャルトを殺そうとしているのだ。スムス伯が危惧しているとおり、リヒャルトはきわめて危険な人間だ。しかしそれでも、暗殺の計画を聞いて動揺せずにはいられない。

　──どうしたら……。

　ナジャの足が、地面の枯れ木を踏みしめた。その乾いた音が、暗闇の中に大きく響く。

「誰だ！」「何？　誰かいるの？」

　気づかれた！　ナジャは木の陰で体を縮める。

「私が見てきましょう」

　第三の人物が低くそう言い、こちらに近づいてくる。慎重に踏み出される足の音に伴って、金属がこすれる音がする。その人物が、腰のさやから剣を抜いたのだ。

　──ああ、殺される！

　恐怖のあまり叫び出しそうなナジャの耳に、どこからともなく、低い

音が聞こえ始めた。それは、虫の羽音。すぐに羽音はいくつにも重なって、三人の方へ向かっていく。

「蜂だ！」

　こちらに近寄ってきていた人物がスムス伯夫妻に向かって、声を殺しながら注意を促した。

「蜂がいる！　十匹はいます！　ここは危険です。逃げましょう！」

「ちくしょう、蜂の巣が近くにあるのか！？」

　蜂の数はますます増え、ものすごい音を立てて三人の周囲を飛び回った。まるで、三人を脅すかのように。スムス伯夫妻は完全に肝をつぶし、走っては転び、起きてはまた転ぶようにして逃げていった。第三の人物は、スムス伯夫妻をかばうようにしながら、遠くへ逃げていく。ナジャも蜂が怖くて、木の陰で体をかがめ、耳をふさいでいた。しかし、蜂はナジャを襲う気配を見せない。三人が遠ざかると、蜂の大群はナジャのすぐ横を通り過ぎ、一直線に薬草畑に戻っていく。ナジャがそちらを見やると、薬草畑の中にぼんやりと、人影が浮かび上がっていた。ナジャはすぐに、それが誰かを悟る。

「マ……ティルデ」

　ナジャはか細い声で、彼女の名前を呼んだ。いつもと同じ、黒い衣服、白い眼帯。蜂の大群は彼女の近くに集まり、その背後に消えた。あれだけうるさかった羽音も、一瞬にして聞こえなくなる。静寂の中、マティルデはナジャの方へ歩み寄ってくる。そして小声でナジャに声を掛けた。

「ナジャ様。ご無事ですか」

「あ、あの……」

　言葉が続かない。マティルデはいつもどおり無表情で、ナジャにかける言葉にも情がいっさい感じられない。それでも、ナジャはマティルデの腕にしがみついた。マティルデの腕は、思ったよりも温かった。助

かったんだ。そう思ったナジャは、思わず涙を流してしまった。でも、安心してはいられない。そうだ、言わなきゃ。

「あの、マティルデ、あの人たちが……」

リヒャルトを殺す話をしていた。ナジャはそう言おうとしたが、マティルデは遮るように「分かっています」と言った。そしてこう続ける。

「ナジャ様が聞いた話は、私も聞いておりました。ナジャ様は、何も言う必要はありません。私が対処いたしますから。今日、ここにいたことも、あの三人を見たことも、私に会ったことも、誰にも言ってはなりません。よろしいですね？」

ナジャはうなずく。マティルデは、すっかり腰が抜けたナジャを支えながら、離れのナジャの部屋まで付き添ってくれた。マティルデはナジャを着替えさせ、ベッドに寝かせようとする。ナジャはまだ気が動転していたが、自分が寝かされそうになっているベッドが自分のではなく、かつてビアンカが使っていたベッドだということに気づき、マティルデに「私のベッドは、あっち」と言った。マティルデは怪訝な顔をしたが、それは自然な反応だとナジャは思う。すでに死んだ姉の使っていたベッドを、使うあてもなく、そのままにしているのだから。実のところ、ビアンカの死から八年経っても、ナジャはビアンカのものを何一つ捨てられない。粗末な物入れの中には、ビアンカが使っていた服が今も大切に仕舞われている。

マティルデはナジャをベッドに寝かせ、シーツをかぶせた。そしてどこからか水を汲んできて、ナジャに飲ませる。その水は少しだけ、薬草のような香りがした。マティルデは「これでよく眠れるでしょう。私は大広間に戻ります。お休みなさいませ」と素っ気なく言って、すぐに出て行った。

マティルデの言ったとおり、ナジャはいつの間にか眠りに落ちた。夢の中で、ナジャは夜の果樹園を、誰かに支えられながら歩いていた。マ

30

ティルデ？　まだ私は、マティルデと一緒に外にいるの？　そう思った
ナジャは、自分を支えている人の顔をのぞき込む。すると、その人はナ
ジャに向かって優しくほほえみかけた。

　──ビアンカ？

　目が覚めた。夜明け前だった。両目から、涙が流れていた。

第二章

数を喰らう者

　翌朝早く、ナジャは他の使用人たちと城の正門へ向かった。昨日の儀式と祝宴に訪れた客を見送らなければならないのだ。正門前の広場には、朝の太陽のもと、賓客らがそれぞれの家人と馬を従えて集まっている。朝露を思わせる真珠を贅沢にあしらった薄緑色のドレスで現れた王妃は、ひととおり挨拶をしたあと、こう言った。

　——喜ばしいことに、今朝、かの高名な詩人ラムディクスがこの城に到着されました。皆様のお見送りに、一曲披露してくださるそうです。

　高貴な人々はその言葉に歓声を上げ、詩人に注目する。ナジャも珍しく、心を躍らせた。詩人は数年前から定期的に城を訪れ、そのたびに長期にわたって滞在している。黒の縁なし帽と黒いローブという簡素な出で立ちの彼は、背が高く、若く、その上美しい。彼が、短く整えられた漆黒の髪をそよ風になびかせながら進み出て、深い光を湛えた黒い瞳を観衆に向けただけで、あちこちから感嘆の声が上がった。そして表情豊かに歌い始めると、見る者はみな、彼に心を奪われた。

　詩人の声は硬質で澄んでいて、人間の喉から出ているとは到底思えない。そんな声を朝の空気に響かせながら、詩人は美の女神を称える曲を歌い上げた。しかしその曲は、よく聞けば、明らかに王妃のことを歌っ

たものだった。あの詩人は王妃の愛人だという噂があるが、やはりそうなのだとナジャは思った。

詩人の向こう側に、スムス伯夫妻の姿があった。ナジャは夕べのことを思い出して思わず身をすくめたが、同時にある疑問が頭の中に浮かんできた。あのとき、彼らとともに「もう一人」、甲冑を着けた人物がいたはずだ。あれは、誰だったのだろう。

ナジャは、スムス伯夫妻の周囲の従者たちをひととおり見る。みな、手に槍を持ち、腰に剣を差してはいるものの、甲冑は着けていない。やがて詩人の歌が終わり、メルセイン城の衛兵隊長トライアが「開門！」と号令をかけた。みなが正門の方を向く中、ナジャの目はなぜか、トライアに吸い寄せられる。

衛兵隊長トライアは女性だが、体は他の男の兵士たちに負けず劣らず大きい。ナジャは、彼女の顔をはっきりと見たことがない。なぜなら、つねに金属の兜を被っているし、目の周囲には黒い粉を塗っているからだ。使用人たちは、あの黒い粉も「邪視避け」なのだと噂しているが、本当のところは分からない。トライアの姿で印象深いのは、体の芯の太さと、兜の後ろに垂れる長い赤毛。トライアの髪は規則正しく波打っていて、ナジャは見るたびうっとりする。同じ癖毛の赤毛でも、ごわごわしてまとまりにくいだけのナジャの髪とは大違いだ。

しかし今、ナジャは別の思いを持ってトライアを見ていた。昨夜、果樹園で聞いた声と、トライアの声が似ているような気がしたのだ。

——いや、でも、まさか。

トライアは王妃の忠実な僕だ。リヒャルトの暗殺に関わるわけがない。何しろ、彼女は祖父の代からメルセイン王家に仕えているというし、トライア本人も、自分の実の兄——前の衛兵隊長クァルドがリヒャルトに殺された後も、王妃とリヒャルトに忠誠を誓い、兄の跡を継いで城を守る任務に当たっている。

34

——でも、もしその忠誠が「見せかけ」で、本当は復讐の機会を狙っているとしたら……？
　そう思うと、ナジャは急に恐ろしくなった。そして、見送りが終わると同時に、すぐにそこから離れた。

　午前の仕事が終わった後、ナジャは城の敷地の隅にある墓地にやってきた。使用人用の墓地で、ろくに手入れもされず、周囲の雑草は茂り放題だ。しかしその背の高い雑草が、うまくナジャの姿を隠してくれる。ナジャは普段からよくここへ来て、ビアンカの墓の前で祈っている。しかし今日は頭が混乱して、なかなか祈りに集中できない。あの暗殺計画のことが頭から離れないのだ。
　ゆうべ「黒のマティルデ」は、ナジャに「何もしなくていい」と言った。でも、あの果樹園にいた一人がトライアかもしれないということに、マティルデは気づいているのだろうか？　気づいていないとしたら、言うべきなのだろうか？　でも、もしトライアではなかったら、彼女に不当な嫌疑がかかることになる。
　どうしたら……。ナジャは答えを請うような気持ちでビアンカの墓を見つめた。当然、墓が答えをくれるわけもなかったが、後ろの方で物音がした。ナジャはそちらを見る。すると、崩れかけた古い墓石の陰から、五歳ぐらいの女の子がこちらをのぞき込んでいた。
　——あの子。
　知っている子だ。といっても、話したことがあるわけではない。ただこれまでにも、ナジャがここにいるとき、たまに見かけることがあった。きっと、城で働いている誰かの子供なのだろう。栗色のふわふわした髪がとても愛らしいのだが、ナジャが話しかけようとすると、いつも

逃げていってしまう。

　でも、今日は違った。女の子はナジャの方に歩み寄ると、何も言わずに小さな紙切れを差し出したのだ。
「え？　これ、なあに？」
　ナジャが尋ねると、女の子は恥ずかしそうな顔で答えた。
「……頼まれた」
「え？　誰かに頼まれたの？　誰に？」
　ナジャが女の子の手から紙切れを受け取ると、女の子はナジャの質問に答えることなく、逃げるように去っていった。
　いったい、何なのかしら？　ナジャはいぶかしく思いながらも、小さく畳まれた紙切れを開いた。するとそこには、次のように書いてあった。

　今日、日が沈む直前に、果樹園の東の端に行け。
　そして、北の端にある木の影に沿って、城壁まで歩くこと。木の影と城壁が交差する場所の一番下にある壁石から、右に向かって以下の数だけ、壁石を数えよ。その数は、「その数自体を含まない約数の和が、その数よりも大きくなるような数の中で、三番目に小さいもの」である。
　たどり着いた壁石を取り除き、その下の地面に埋められたものを手に入れること。ただし、誰にも見られてはならない。真夜中に、それを部屋の目立たない場所に立てかけ、全身を映すこと。

　ナジャは息を呑んだ。ナジャにはこの手紙が、自分だけに分かるように書かれていることが分かった。しかしそのことは、ナジャをいっそう

混乱させた。なぜなら、このような手紙を自分に寄越す人間は、一人しかいないからだ。

——ビアンカ？　いいや、そんなはずはない。でも……。

ナジャは思い出す。ビアンカと「算え子」をしていたころ、少しでも時間が空くと二人で「数遊び」をした。遊びといっても、いつもビアンカがナジャに問題を出すだけなのだが、ビアンカの問題は、とても楽しいものだった。

たとえばある日、ビアンカはナジャにこういう問題を出した。

「ねえナジャ、48×52を、石板を使わないで計算できる？」

当時のナジャは考えてみたものの、すぐに首を振った。

「そんな計算、石板に書かないとできないよ」

「でもね、簡単な方法があるのよ」

「え……それは、どんな？」

「48は、50−2でしょう？　そして52は、50＋2よね？」

「うん」

「50−2と50＋2をかけた数は、50×50から2×2を引いた数と同じなのよ」

「そうなの？」

「やってみて。本当だから」

「ええと……50×50は、2500。2×2は、4。2500−4は、2496？　これが、48×52の答え？」

「そうよ。確かめれば分かるわ。その数を、48で割ってみて。52が出てくるから」

ナジャは地面に棒で数字を書き、2496を48で割ってみた。

「ええと、答えは……52。本当ね！　ビアンカ、すごい！」

ナジャがそう言って見上げると、ビアンカはとても誇らしげな、嬉しそうな顔をしたものだった。ビアンカは言った。一見難しそうな計算で

も、工夫をしたら簡単にできることがあるのよ、と。
　こういう「数遊び」をしていた当時、ナジャは王妃が数の計算を禁止しているのを知らなかった。つまりビアンカとの遊びは、けっして他人に知られてはならないものだったのだ。この国では、数の計算について知っていること自体が危険なことだ。そしてそのことから分かるのは、この手紙の主はナジャにこのような手紙を送ることで、相当な危険を冒しているということだ。
　——そこまでして、これを私に伝えたかったの？
　すぐにでも問題に取り組みたかったが、午後の仕事の時間が近づいている。ナジャは懐に手紙を隠して、離れへと向かった。

　今織っている幅広の布は、王妃の生誕祭のドレスの一つで、今まで以上に複雑だ。集中しなければ間違えてしまう。そして、一カ所でも間違うと、他の部分に影響する。ナジャは懸命に織機を動かし、どうにか今日仕上げておくべき部分を織り上げた。そして、幅が狭い飾り布を織る作業に移りながら、手紙のことを考える。もうだいぶ、日も傾いてきた。日没までに、「その数自体を含まない約数の和が、その数よりも大きくなるような数の中で、三番目に小さいもの」を考えなくてはならない。
　——ええと、「約数」っていうのは、その数を割り切れる数のことよね。
　ということは、割り算が必要になるということだ。ナジャは、割り算には自信がある。もちろん、あの算え子の仕事が終わって以来、人目のあるところで計算をしたことはない。だが、機織りの仕事をするには、多少なりとも計算は必要で、熟練の織り手は誰であれ、頭の中で計算をしているはずだ。王妃は自分で機織りをしないので、それを知らないのだ。

第二章　数を喰らう者

　ナジャは織機を動かしながら、手紙の問題を考える。

　——こういうときは、小さい数から順番に考えればいい。

　まずは、1。1 を割り切れる数は 1 そのもののみ。しかしここで問題
になるのは「その数自体を含まない約数」なので、1 に関してはそれは
「ない」ことになる。「ない」ものの和って、何？　たとえば、0？　そ
う考えるのは、無理があるような気がする。それに、もし無理に「ない
ものの和」を 0 と考えたとしても、それは 1 より小さい。だから 1 は、
ここで求められる数ではない。

　次の 2 について、「その数自体を含まない約数」は 1 だけだ。だから 2
は、「その数自体を含まない約数の和が、その数よりも大きくなるよう
な数」ではない。その次の、3 についても同じ。4 はどうか。4 の「そ
の数自体を含まない約数」としては、1 と 2 がある。1 と 2 を足すと、
3。3 は 4 より小さいので、ここで求められている数ではない。5 につ
いても同じ。

　6 について考えたとき、ナジャは少し面白いと思った。6 の「その数
自体を含まない約数」は、1 と 2 と 3。これらを足すと、6 になる。つ
まり 6 は「その数自体を含まない約数の和」と同じになるのだ。

　その後、7 から 11 までの間には、求める数は見つからない。12 にな
ってようやく状況が変わる。12 の約数は多く、12 自身以外では、1, 2,
3, 4, 6 の五つ。これらを足すと 16 で、12 より大きくなる。

　——やっと「一つ目」が見つかった。

　同じように考えていくと、「二つ目」として 18 が見つかった。18 の
約数は 1, 2, 3, 6, 9 で、和は 21 となる。そして「三つ目」は……。

　——20？

　ナジャは何度も確認する。「その数自体を含まない約数」は、1, 2, 4,
5, 10 で、和は 22。間違いない。

「あっ！」

39

いつのまにか、日が暮れかけている。ナジャは急いで機織り作業の後片付けをすると、夕暮れの庭に飛び出す。果樹園へ走り、東端の木の並びに沿って、一番北の木を探し当てる。その木の影は、城壁の方へと長く伸び、細くなって城壁と交差していた。ナジャはその中で一番下の壁石を確認する。

　ここから数えて、**20番目**。壁に沿って右に歩き、目当ての石を見つける。どう見ても周囲の石と変わりないが、そっと手を触れると、その石だけが動いた。どうやら、取り外せるらしい。

　ナジャは上を見上げ、衛兵がいないことを確認する。ナジャは背後も気にするが、すぐ後ろは高い草が茂っていて、遠くからは見えにくい。そして近くに、人の気配はない。

　ナジャは、外れた壁石の下の地面を手で掘り返す。しばらく掘っていくと、何か固いものに触れた。取り出すと、泥だらけの布に包まれた、円盤状のものが出てきた。大きさは、ナジャの両手に収まるくらい。布の泥を払って慎重に中身を取り出す。

　——鏡だ。

　それは奇妙な鏡だった。表面はきれいに磨かれているが、何も映らない。手紙の主はナジャにこれを渡して、どうしようというのか。とにかく、部屋に戻ってから考えよう。ナジャは布で鏡を再び包み、懐にしっかりとしまい込んだ。何か悪いことをしているような、そういう不安でいっぱいになる。ナジャは急いで自分の暮らす離れへたどり着き、中へ入ろうとする。

「ナジャさん」

　突然背後から声をかけられ、ナジャは体をびくりとさせた。恐る恐る振り向くと、あの若い詩人、ラムディクスが立っていた。驚くナジャに、詩人は優しげな笑みを返し、こう言った。

「なんだか、驚かせてしまったようですね。すみません」

夕日に照らされた詩人の顔は、とても美しかった。その美しい青年が自分に微笑み、話しかけている。ナジャは動揺のあまり、何が何だか分からなくなった。

「あ、あの、いいえ……」

そう答えるのが精一杯のナジャに、詩人は少しはにかみながら言う。「あの、昨日がナジャさんの成人のお祝いだったと聞いたので、一言お祝いを言いたくて。ナジャさん、おめでとうございます」

「あ、はい……」

ナジャは完全に頭に血が上っていた。もう少しましな返事ができないのかと、ナジャの中からごうごうと非難の声が上がる。しかし、そんなナジャの態度を気にするそぶりもなく、詩人は朗らかに、私がもう一日早く着いていれば成人の儀式に参加でき、ナジャさんをお祝いする歌を披露できたのに、残念です、というようなことを言う。取るに足らない、美しくもない自分がこのような言葉をかけてもらうなんて、何かの間違いではないか。とにかく何か、お礼を言わなければ。でも、なんと言えば？「お気持ちだけで十分です。ありがとうございます」。そうだ、そう言おう。

しかし、ナジャはそれを言うことができなかった。顔を上げたナジャの目が、詩人の背後に、こちらに向かってくる女の姿を認めたからだ。それは王妃だった。

王妃はこの上なく不愉快そうな顔をして、ややうわずった声で詩人の名を呼んだ。こんなところで何をしているの、あたくし、あなたのことをずっと探していたのよ、と。詩人は振り向いたが、とくに悪びれた様子もなく、恭しくひざまずいて王妃の言葉に応える。そしてナジャの方を振り向いて「ではまた今度」と言うと、立ち上がって王妃の方へ歩いていく。詩人と連れだって立ち去る間際、王妃は一瞬、ナジャの方を見た。

　　――あっ。

41

ナジャは思った。今、生まれて初めて、自分は王妃に「見られた」と。これまでにも、王妃がこちらに視線を向けることはあった。しかし、それらは「見る」という行為とは呼べないものだった。だが今、初めて、確かに王妃は自分を「見た」のだ。そしてそれは、ナジャの中に潜んでいた恐怖を残らずかき立てるような、恐ろしい視線だった。
　あれが「邪視」なの？　体中に冷や汗が出る。ナジャは恐ろしさのあまり、大急ぎで自分の部屋に入り、ベッドに潜り込んだ。

　目が覚めると、真っ暗だった。物音もしない。使用人たちも寝静まっていることが分かる。どうやら、食事の時間も夜のお祈りの時間も寝過ごしてしまったらしい。
　起き上がると、自分の腹のあたりに固くて薄いものがあるのに気がついた。そうだ、鏡。ナジャは鏡を取り出して見る。手紙の主は、夜中に鏡を壁に立てかけ、自分の姿を全面に映すように言っていた。そして今は夜中。実行するなら今だ。
　しかし、ナジャはためらう。夕方に見た、王妃の目。あれは敵に向けるもの。つまり、殺意に満ちた目だ。
　——王妃に逆らう者が、次々に死んでいる。
　昨日スムス伯夫人が言っていた言葉が思い出される。呪いの噂が本当かどうかは分からない。しかしナジャには、王妃に逆らうことの恐ろしさが、あの視線に如実に表れているように思われた。やはりあれは邪視で、私はもうすぐ、死ぬのでは？　その考えに思い至ると、ナジャは恐怖で跳び上がりそうになる。だが、身を隠すようにシーツを被ったナジャの頭に、ある言葉がよみがえった。
　——だいたい、長女のビアンカだって、あの女が殺したんじゃないの。

42

ナジャは弾かれたように、シーツを被ったまま起き上がる。これも、ゆうベスムス伯夫人が口にしていたことだ。
　——本当……なの？
　確かなことは分からない。でも、今となっては、本当であってもおかしくない気がする。王妃は他人に、簡単に「あのような殺意」を向けるのだ。しかも、自分のお気に入りの男と話したという、たったそれだけのことで。
　——ビアンカは、美しかった。
　それだけでも、王妃に殺意を向けられるに値する。ましてや、多くの人々がビアンカの生前、「この娘は母親よりも美しい」と噂していたのだ。
　ナジャの中に、しばらく忘れていた苦々しい思いがむくむくとわき上がってくる。いや、忘れていたのではない。今までにもずっとあった。ただ、押さえつけて、ないことにしていただけなのだ。これは、「憤り」。
　ナジャはベッドから降り、部屋の片隅の目立たないところに鏡を立てかける。鏡は鈍い光を発していたが、ナジャが正面に座ると、初めてその姿を映した。美しくもなんともない、赤毛で、くすんだ肌をした自分。ナジャは落胆したが、それは長くは続かなかった。なぜなら次の瞬間、ナジャは強い力で鏡の中に吸い込まれたからだ。

　鏡に吸い込まれる瞬間、ナジャはまるで水の中に飛び込んだかのような感覚を覚えた。しかしそれはすぐに消え、ナジャの足は地面に触れた。急に重力を感じたナジャは、よろけてその場に倒れてしまった。
「痛……」
　痛みをこらえながら顔を上げると、そこは薄暗い洞窟の中だった。そ

れも、かなりの広さのある空間。高い岩の天井。ごつごつした岩の床。腹ばいになったまま後ろを見ると、壁に小さな鏡が立てかけてある。あれは確かに、自分の部屋に立てかけたあの鏡と同じものだ。

　——私、あそこから来たの？

「おい」

　誰かに呼びかけられて、ナジャは驚いて起き上がった。ナジャは声の主の方を見る。

「妖精」

　ナジャは思わずつぶやいて、口を覆った。三人の、人間に似た人影。でも、人間ではない。人間の男性にそっくりだが、三人とも背丈がずいぶん小さい。しかし体は太く、頭も大きく、全体にがっしりしている。髪の色はさまざまで、ひげが生えているのもいれば、そうでないのもいる。目には白目の部分がなく、動物みたいな、真っ黒な目。そしてそれらが、ナジャの方を遠巻きに見ている。

　妖精の一人がこちらに近づいてきた。金色の長い髪を持ち、賢そうな切れ長の目をした妖精だ。背の高さはナジャの肘ぐらいで、髭はなく、顔は白くつるりとしている。彼が身につけている深紫色の衣はすり切れてぼろぼろになっているが、その材質、文様から、もとは美しい布だったことがうかがい知れる。首から下げた革ひもには、本の形をした小さな金属の飾りが付いている。金髪の妖精は低い声で、ナジャにこう尋ねた。

「お前は、俺たちを救いに来たのか？」

　何を言われているのか分からないナジャに、彼はまた質問する。

「答えろ、人間。お前がそうなのか？　お前は、俺たちを解放するために来たのか？」

　ナジャはただ首を振ることしかできない。それを見た金髪の妖精は、明らかに落胆した面持ちでこう言った。

「違うのか……」

肩を落とす彼に、もじゃもじゃの黒くて短い髪をした、熊のような顔の妖精が声をかける。

「でも、メム。ここに人間が入ってきたのは、初めてのことですよ。今の主(あるじ)の女だって入ってきたことないし、もう一人の黒い服の女だって、ここに入ろうとしても、できなかったじゃないですか。やっぱりこの人、我々にとっての『救いの主』なんじゃないですか？」

　そう言う妖精は、金髪の妖精よりも頭一つ大きく、背の高さはナジャの肩ぐらいまである。きっと、妖精としては「大柄」と言っていいのだろう。顔の下半分を黒い髭が覆っていて、いかにも怖そうだが、口調はとても丁寧だ。金髪の妖精——メムは、思い直したように顔を上げ、大柄な妖精に答える。

「まあ、確かに、そういう可能性もないことはないが……」

「この人間の女性は、まだ子供みたいだし、事情が分かってないだけなのかもしれませんよ」

「いやでも、ギメル。事情を分かってないっていうのが、一番の問題なんだよ」

「でも、この機会を逃したら、いったいいつになるのか……」

　そこに、もう一体の「大柄な」妖精が、ちょっと苛立った様子で口を挟む。

「メムは慎重すぎるんだよ！　それに、ギメルが『救いの主だ』って言ってんだから、そうに決まってるじゃねえか！　それに、もしこの人間がそうじゃなかったとしても、俺たちでそう決めちまえばいいだろ！　はい、あんたは俺たちの救いの主！　これで決定な！」

　金髪のメムがその妖精を諌める。

「おい、ダレト、勝手なことを言うな！　お前の言うことは信用できないんだ！　だってお前、いつだってギメルが正しいって決めてかかってるだろ！」

「だってそうじゃねえか！　ギメルの言うとおりにすればいいんだよ！」

　そのダレトという妖精は、ギメルと同じくらい大柄で、ぼさぼさした赤毛に無精髭を生やし、太った猫のような顔をしている。でも、怖そうな顔に似合わず、態度はまるで駄々っ子のようだ。気が短いようで、すぐに金髪のメムにつかみかかり、取っ組み合いを始めた。それを熊のようなギメルが止めに入る。三人がバタバタしているのを、ナジャは呆然として見ていたが、突然背後から大きな声が聞こえて背中をびくつかせた。

「ちょっとちょっとぉ！　ダレトとギメル、なんでメムをいじめてるんだよぉ！」

　振り返って見ると、声の主は、取っ組み合いをしている三人よりも少し小さな若い妖精だった。髭はなく、金色の短い髪をした彼も取っ組み合いに飛び込もうとするが、すぐにギメルに引き離される。

「ちょっとカフ、それは誤解ですよ！　私たちはただ、そこの人間の女性が『救いの主かどうか』について議論していただけです」

　ギメルにそう言われた若い妖精は、そこで初めてナジャの方を見た。この妖精の目は他の三人と違い、全体が青い色をしている。彼は人の良い笑顔を見せると、大きな声で「お嬢さん、こんにちは！」と言いながら小さな手を差し出した。ナジャも思わずつられて、体をかがめて手を差し出す。彼はその手を握ってぶんぶん振ると、明るい口調でこう自己紹介した。

「僕はカフ！　お嬢さんのお名前は？」

「あ、あの……ナジャ」

「ナジャさんか！　僕らの仕事場へようこそ！」

「仕事場？」

「そう、僕らはここで働いているんだ。ほら、あっちに、『作業台』が見えるでしょ？」

カフが指さす方を見ると、洞窟の地面が一段高くなっている場所があった。その上には、平たい岩がテーブルのように盛り上がっており、その両側には長椅子のように細長い岩が突き出ている。その片方に、別の妖精が座っていた。その妖精は、ヤマアラシの背中のように逆立った黒い髪をしていて、他の四人に比べて頭が小さく、手足がすらりと長い。そして、無表情だ。

「あそこに仏頂面の奴がいるだろ？　あいつはザインっていって、仕事がないときでも作業台の前を離れないんだ。おかしいよな！」

カフは自分でそう言いながら、おかしくてたまらないといったふうに大笑いする。ザインは細い線のような目でこちらをちらりと見たが、何も言おうとしない。かわりにカフが、またナジャを別の方へ引っ張っていこうとする。そんなカフを、背後からメムの声が引き留める。

「おいカフ、勝手なことをするな！」

「別にいいでしょ？　だって、ここにお客さんが来たの、初めてのことじゃない。メムは頭が固いな〜」

「おい！　カフ、言うことを聞け！」

メムはカフとナジャの方へ来ようとするが、大柄なギメルとダレトに押さえられて、動くことができない。いつのまにか、二対一になっているらしい。カフは彼らにかまわず、「ナジャさん、あっちを見て。あれが、『分解の書』だよ」と指さす。

カフが示す先には、左右に長く続く「壁」があった。そこにはたくさんの四角い紙が貼られている。それぞれの紙には何か異国の言葉らしい、ナジャの知らない文字が書いてある。

「この紙が、『分解の書』っていうの？」

「ここに貼ってある紙全体が『分解の書』で、それぞれの紙はその『頁』なんだ。まあ、元はさ、本の形をしてるんだけど、鏡の中に『配置』された時点でこうなるんだ」

そう言いながらカフは、まだ取っ組み合いを続けているメムの方を指
さし、「メムが首から下げてる入れ物、見える？　『分解の書』は、もと
もとあの中に入っていたんだよ」と言う。ナジャもさっき、メムの首飾
りの先についた「本の形をした金属」のことには気づいていた。しかし
あの小さな金属の中に、これだけの「ページ」が入っていたということ
なのだろうか？　しかしナジャの思考は、カフの声に遮られた。カフは
いつのまにか少し離れたところに移動していて、はしゃぎながらこちら
に向かって言う。

「ナジャさん、見て見て！　これが、最初のページ！」

　カフが示したページを見ても、ナジャにはまったく読めない。それを
見て取ったカフが説明する。

「『分解の書』に書いてあるのは、僕らに対する命令なんだ。つまり、
僕らの仕事の手順。このページに書いてあることはこうだよ。『大いな
る書』へ行き、主に指定された場所から運命数を取ってこい、って」

「大いなる書？」

　それは、『聖なる伝承』に出てくる、人々の運命数を収めた書のこと
だろうか。ナジャがそう尋ねると、カフはうなずいた。

「そうそう、よく知ってるねえ！　ええと、次のページはね、『大いな
る書』から取ってきた運命数を、素数表の数で割れって書いてあるん
だ。ええと、素数表っていうのは……ここからだ」

　カフは説明しながら、少し離れたところへ移動し、とある「ページ」
を指し示す。そこに書いてあることは、ナジャにも読めた。それは、ナ
ジャの知っている数字──「2」だったからだ。

「2？」

　ナジャは思わず口に出す。するとカフは「読めるの！？」と驚いて、
嬉しそうな顔をする。そしてはしゃぎながら「ねえ、これも読める？」
と、その右隣のページを指し示す。そこに書かれているのは、「3」。次

は「5」。その次は「7」。

「もしかして……11, 13, 17 と続くの？」

　そう尋ねると、カフはいっそう嬉しそうな顔をして、メムに向かって大声で叫ぶ。

「ねぇ、メムぅ！　ナジャさん、素数表のこと、知ってるよ！　やっぱりこの人、救いの主なんじゃないの！？」

　しかし、メムはまだ、ギメルとダレトの二人と揉めている。カフはそれを見て、楽しそうに目を細める。ナジャはカフに「素数表」のことを尋ねようとしたが、その前に耳慣れない声が、彼らに「おい」と話しかけた。声の主は、ひときわ高い作業台のそばに座ったままの、仏頂面のザインだった。彼は相変わらず無表情だったが、カフと目が合うと、ちらりと目線を斜め上に上げた。そして言う。

「来るぞ」

　ザインの視線の方向には壁があり、その上部が光っている。そしてそこに、こちらを見下ろすような楕円形の窓があった。いや、あの表面の感じは窓ではなく、鏡だ。縦に長い巨大な鏡はぼんやりと明るく輝いていたが、こちら側を映している様子はない。やがてその表面は、水面のように波打ち始める。

　カフの顔から笑みが消えた。争っていたメムとギメルとダレトも動きを止め、鏡の方を見る。表面の波が静まると、鏡面いっぱいに、美しい女の顔が映し出された。王妃だ。

　王妃は髪を下ろしていた。金色の髪は緩やかにカールし、白い頬に沿って、鎖骨のあたりへと下りていく。王妃の着ている黒い化粧着は、大きく開いた胸元を繊細なレースが飾り、たっぷりとした身頃と袖には複雑な折り襞が付いている。夜の寒さを防ぐためであろうか、毛皮で裏打ちと縁取りがなされた、大判の肩掛け布をかけている。

　ナジャは思わず、身を縮めた。見つかる、と思ったのだ。しかしカフ

はナジャの袖を強く握り、ぼそりと言った。

「安心して。あの女からは絶対に、『こっち』は見えない」

　カフはナジャから手を離し、作業台の方へ向かっていく。

「ああ、『仕事』が来ちまったか」

　そう言ったのは、さっきまでメムを押さえ込んでいたダレトだ。ギメルもメムから手を離し、険しい顔をしている。メムは立ち上がり、鏡を凝視する。まるで彼らの凝視に気づいているかのように、鏡の向こうの王妃も目を大きく見開いた。すると、王妃の姿は徐々に見えなくなり、かわりに、ややくたびれた顔の中年男性の顔が映る。その顔には、見覚えがあった。

「あれは！」

「ナジャさん、今映ってる人、知ってるの？」

　ナジャはうなずく。あれは、スムス伯。リヒャルトの暗殺を計画していた三人のうちの一人だ。なぜ突然、スムス伯の姿が映ったのだろう。ナジャの疑問に、カフが答える。

「あれは、あの女の力なんだ。自分が悪意をもって見つめた人間の姿を完全に記憶して、その『像』を映し出すことができる。つまり、『邪視』だね」

　さらにカフはこう付け加えた。どんな種類の「呪い」にも、邪視は不可欠なんだ、と。ナジャにはよく分からなかったが、鏡に映し出されたスムス伯の顔に重なるようにして、文字が浮かび上がってきた。カフが言う。

「そして、あの文字。あれは、今映し出されている人間の男性の、運命数のありかを示してる。つまり、『大いなる書』のどこにあるか、ってこと」

　そして、それを読み取ったらしいダレトは、不機嫌な猫のような顔をして口を尖らせる。

50

「あいつの『頁』の場所——『大いなる書』の北北北西の区画かあ。あの辺、『神の使い』がよくいるから行きたくねえんだよなあ」

　ギメルが諭すように言う。

「でも、ダレト。指定されたからには、行くしかないですよ。行かないっていう選択肢は、私たちにはないんですから」

「まあ、仕方ねえよな。んじゃ、メム、俺たち『あっち』行ってくるわ」

　メムは「頼む」と言ってうなずいたが、すぐに何か思い直したように、移動しようとしているダレトとギメルにこう告げた。

「ちょっと待ってくれ。そこの人間を、連れて行ってやってくれないか」

　メムはナジャを指さしている。

「え……私？」

　連れて行くって、どういうこと？　尋ねようとする前に、メムはナジャの前に来て、こう告げた。

「お前が俺たちの救いの主かどうかは分からない。そしてお前にも、自分がそうなのかどうか、分からないらしい。いや、それ以前に、お前は俺たちのことをまったく知らない。そうだな？」

　ナジャは戸惑いながらうなずく。メムは続ける。

「これから俺たちは、『仕事』をしなくちゃならない。あの鏡の向こうの女が命じた仕事をするんだ。とりあえず、お前はそれをしっかり見てくれ。俺たちが何をさせられているのかが分かったら、お前にも自分のことが分かるかもしれない」

　ギメルはメムに「それはいい考えだと思いますよ」と言いながら、ナジャの前に来て手を差し出す。「さあ、一緒に行きましょう」と。大きさこそナジャの手よりも少し小さいが、分厚くてしっかりした手だ。ナジャは迷う。ギメルの真っ黒な目は、とても優しげで、信頼できそうに思える。でも本当に、信じていいのか。そもそも自分は、ここで何をどうすべきなのか。何が「正解」——いや、「一番まし」なのか。分からない。

しかし、そんなナジャの右手を、別の手が強引に掴んだ。ダレトだ。

「あーもう、時間がねえんだから、さっさと行くぞ！　ギメルもそっちの手、持って！」

　ダレトにけしかけられるように、ギメルもすぐにナジャの左手を掴む。二人が突然宙に浮いたので、ナジャは驚いた。見ると、二人の背中からは透明な羽が出ていて、それがせわしなく動いている。

「まさか……飛ぶの？」

「大丈夫ですよ。私たち、ちゃんとあなたを持ってますから」

　こうなったらもう、ギメルのこの言葉を信頼するしかない。しかしそう決意しても、足が地面から離れた途端、「きゃっ」という声が出た。ギメルとダレトはそれに構わず、部屋の片隅に向かって飛ぶと、突然下降した。そこには大きな穴が開いていて、ギメルとダレトはものすごい勢いで、その穴の中を降りていく。こんな速さで、しかも下方に移動したことがないナジャは、気が動転して声も出せない。しかしすぐに下への移動はゆっくりになり、目の前には暗い、横への通路が開ける。

　ギメルとダレトはナジャを引っ張ったまま、通路を先へと急ぐ。通路はとても長く、分かれ道がいくつもある。そして、ものすごい速度で飛んでいるのに、なかなか終わりが見えない。しかしやがて、先の方に何かが見えてきた。青黒い色をした金属の扉だ。ギメルとダレトも徐々に速度を落としていく。

「あれが『裏口』です」

　扉の前に来ると、ダレトは扉に耳を近づけた。向こう側の様子をうかがっているようだ。そして彼は、慎重に扉を開く。

　突然目の前が明るくなり、激しい突風が正面からナジャを襲った。ナジャは吹き飛ばされそうになったが、ギメルとダレトの二人がしっかりとナジャの両手を握っていたので、大きく後方に体が揺らいだだけで済んだ。しかし、風がやみ、恐る恐る目を開けると、ナジャは叫びそうに

なった。

　地面が。地面が、ないのだ。あるのは、どこまで続くか分からない、青い空間。

「きゃ……」

　叫びかけたナジャの口を、両側の二人が自由な方の手で同時にふさぐ。ダレトの方は怖い顔をしながらも、小声でナジャをいさめる。

「大声出すんじゃねえ！　見つかっちまうじゃねえか！」

　見つかる？

「ここには見張りがいるんです。ほら、見て」

　ギメルが示す方を見ると、何やらきらきらと光るものが飛んでいた。遠目にも、それが何らかの虫であることが分かる。

「あれは神の使いで、『神 蜂』って呼ばれてる奴らです。あいつらに見つかったら、私たちはおしまいなんです。たぶん、あなたも。だから何があっても、絶対に、大声を出さないで」

　ギメルにそう言われて、ナジャは口をぐっと閉じ、無言でうなずいた。

「じゃ、行くぞ」

　ダレトとギメルが再び移動を開始する。移動の方向は、斜め右、斜め左と続く。彼ら二人が青い空間に浮かぶ深い霧のようなものの中を選んで飛んでいるのだということを、ナジャは徐々に理解した。そしてその霧の向こうに、何か黄金色に光るものが見えてきた。

　——錘？

　それは、糸つむぎに使う錘のように、中央が太く、上下に向かって徐々に細くなる円柱の形をしていた。上下の端は霧に覆われて見えないので、ナジャの目には、それが何もない空間に浮かんでいるように見える。そして、近づくにつれて、その「錘」がとてつもない大きさであることが分かってきた。錘のような形をしたそれは、小さく見積もっても、山二つ分ぐらいの大きさがある。まるで、山を二つ引っこ抜いてき

て、上下に貼り合わせたような形と大きさ。いや、もっと大きいかもしれない。その表面には細かな凹凸の模様がついているように見えたが、近づくと、それは模様ではなかった。おびただしい数の「紙」が、「錘」の表面から突き出ているのだ。巨大な錘の表面に、無数の金色の紙片がぎっしりと詰まっている。ギメルが小声でナジャに言う。

「あれが、『大いなる書』です」

それを聞いて、ナジャは『伝承』の一部を思い出す。

——神々は〈初めの一人〉のために、世界の中心の『大いなる書』に場所を設け、〈一人〉を形作る〈祝福された数〉を納めた。

すべての人の運命数が書かれているという、その『大いなる書』が目の前にある。ギメルとダレトが声を殺しながら話し合う。

「目指す『頁』は、あの辺ですね。ダレト、なんか見えますか?」

「いや、大丈夫だ。神蜂もいねえ。さっさと行こうぜ」

ギメルとダレトは飛ぶ速度を上げ、『大いなる書』に沿ってぐるりと回り込む。そして徐々に速度を落とし、一つの紙片——ギメルたちの言う「頁」の前で静止する。ギメルがそのページの表面をこちらに向けると、中央に78260という数字が大きく書かれていた。

「これだ。おい、人間。ギメルはこれから『写し』を取り出さないといけないから、左手を離せ。俺一人でも、お前一人ぐらいなら支えられるから」

ダレトにそう言われて、ナジャは慎重にギメルから左手を離した。ダレトがナジャの右手をより強く握る。手は小さいが、その力はしっかりしていた。ギメルは両手で力一杯、ページを引く。しかしなかなか抜けないようで、ダレトも片手で加勢する。するとページは勢いよく引き抜かれ、ギメルもダレトもページを持ったまま後ろに吹っ飛ぶ。ナジャも振り落とされそうになったが、懸命にダレトの右手を掴んだ。ギメルが抜き取った金色のページを丸めながら言う。

54

「苦労したけど、どうにか『写し』が取れました。早く行きましょう」

「写し？　ページを引っこ抜いたんじゃなくて？」

「抜けたのは、あくまで『写し』です。ほら見て。元のページは、ちゃんとあるでしょう？」

　見ると、ギメルの言うとおりだった。引き抜いたはずのページは変わらず『大いなる書』にくっついている。ギメルとダレトは再びナジャを二人で引っ張りながら、大急ぎでその場を離れた。あっという間に背後の『大いなる書』が小さくなり、真っ青な空間の中に黒い点が見えてくる。さっき通った「裏口」だ。それを抜けてまっすぐ。右、左。いくつもの分かれ道を抜けて、上へ。その速さにナジャは体が伸びきったように感じたが、すぐに上昇はゆっくりになり、上の方に洞窟の天井が見えてきた。そこへ昇りきる前に、ギメルがナジャに言う。

「ナジャさん、これから上であなたを地面に降ろしますけど、その後私たちはあなたに話しかけたりすることができません。あなたはご自分で、私たちの『作業』を見てください。くれぐれも、私たちに話しかけたり、ぶつかったりしないように」

　つまり、邪魔をするなということだろう。ナジャがギメルにうなずいてみせると、ダレトの方が「よし、じゃあ行くか！」と言う。目の前に作業部屋が見え、ナジャは静かに床に降ろされる。ナジャはギメルとダレトに礼を言おうとしたが、思いとどまった。それは、さっき「話しかけてはならない」と言われたことを思い出したからではなく、二人の目がぴったりと閉じられていたからだ。まるで、眠っているように。

　──どういうこと？

　そのとき、『分解の書』がびっしり貼られた壁の近くに立っているメムが、ギメルに何か言った。その言葉は、ナジャの知らない言葉だった。そしてメムも、目を閉じている。メムの言葉を受けたと思われるギメルはやはり目を閉じたまま、カフとザインの待ち構える「作業台」の

方へ「写し」を持って行く。そしてダレトの方は、壁に貼られた「頁」の一つをはぎ取って、作業台へ持って行く。やはり、目を閉じたまま。

　ナジャは彼らの邪魔をしないように、注意して作業台の方へ移動した。その間にもメムが知らない言葉で指示を飛ばし、ザインが何かをし始めた。ナジャが作業台をのぞき込むと、ザインは目を閉じたまま、78260と書かれた紙——『大いなる書』の「写し」の上で、何やら手を動かしていた。どうやら、78260と書かれた紙の上に別の紙をかざしているようだ。その「別の紙」に書かれた数字は、2。そして78260という数字は、39130という数字に変化する。ナジャは思った。

　——割り算をしているんだ。

　しかも「2で割っている」。ザインの正面に座ったカフが、目を閉じたまま、自分の前にある白紙に手をかざす。するとそこに「2」という数字が現れる。カフはダレトにその紙を渡し、ダレトはそれを壁の方へ持って行く。ザインがまた「2」と書かれた紙を「39130」の上でかざすと、39130はさらに19565に変化する。ナジャは、「また、2で割った」と考える。またカフの手元の紙に「2」が現れ、ダレトがそれを持って行く。

　ザインはさらに「19565」の上に「2」をかざしたが、今度は数字に変化はない。ザインは「2」の紙を脇に置いて、ギメルが新たに持ってきた紙を手に取る。それには「3」と書かれている。だが、ザインが「3」の紙を「19565」の上にかざしても、変化はない。正面のカフも、その横で待っているダレトも、何もしない。ザインは「3」の紙を脇にやり、ギメルが新たに持ってきた「5」の紙を「19565」の上にかざす。19565は3913に変化し、正面のカフの手元の紙には「5」が記録され、ダレトに渡される。

　——これ……「算え子」の仕事と、同じ。

　きっとそうだ。ギメルがザインに次々と持ってきている数は、2, 3,

5。そして今は 7。つまり「素の数」だ。ザインは『大いなる書』から写されてきた数を、「素の数」で次々に割っている。そして割り切れたら、そのときの「素の数」をカフが記録して、ダレトに渡しているのだ。そしてきっと、『分解の書』に従って、その作業を遠くから指揮しているのが、メム。

　ナジャは今度は、ダレトの動きに注目し、彼の後をついて壁の方へ行く。見ると、ダレトはカフに渡された数を、壁の白紙の「頁」に貼り付けている。すでに「2」、「2」、「5」が貼られ、その次にすぐ「7」と「13」が来る。その後、しばらくダレトはカフの方にいて壁の方には来なかったが、やがて「43」を貼りに来た。

　その時点で、メムは何かこれまでと違う、短い指示を出した。それに呼応するように、ダレトはさっき貼ったばかりの「2」「2」「5」「7」「13」「43」をすべてはぎ取り、高く飛んで、鏡の方へと持って行く。鏡の上に浮かび上がっているスムス伯の顔の上に、「2」「2」「5」「7」「13」「43」という六つの数字が浮かび上がった。ダレトが床に下りてくると、ダレトも、他の妖精たちもいっせいに大きく息を吐いた。そして、同時に目を開ける。

「はい、これで終わり！」

　ダレトが大きな声でこう言うと、メムがいさめる。

「おい、終了の合図は、お前の役目じゃないだろう」

「いいじゃねえかよ。俺が言ったって」

「ダメですよ。各自の役割を守らないと、危ないのは私たちですから」

　横からギメルに注意されて、ダレトは「ギメルが言うなら仕方ねえな」と納得する。メムは改めて、全員に合図する。

「よし、終了！」

　ダレトとギメルはすぐに、床に寝転んだ。カフも作業台の上に突っ伏して寝始める。ザインだけが姿勢をまっすぐにしたまま、瞑想するよう

に目を閉じる。それとほぼ同時に、鏡からスムス伯の顔が消え、再び王妃の姿が映し出される。王妃はしばらく、絵画のように静止していたが、やがて動き始めた。一瞬、体をびくりとさせたナジャに、メムが言う。

「大丈夫だ。あの女からこちらは見えない。あの女が動き出したのは、こちらの『仕事』が終わったからだ。俺たちが仕事をしている間、外の世界ではほとんど時間が流れない。あの女が俺たちに指示を出してから、俺たちが作業を終えるまで、一秒もかかっていないんだ」

王妃はこちら──鏡をのぞき込みながら、何やら書き物を始めた。それを眺めながら、ナジャはメムに言った。

「あの……ここでの皆さんの仕事に似たようなことを、私、したことがあるの」

「この仕事をしたことがあるって？　どういうことだ？」

ナジャは説明する。八年以上前に、同じようなことをさせられていたこと。つまり、「割り算の繰り返し」。2 で割れるかどうかから始めて、同じ数で割り切れるかぎり割り続け、割れなくなったら 3, 5, 7 について同じことをするのだ、と。するとメムはこう言った。

「そうか、お前も『分解』をやらされていたんだな。『運命数の分解』を。あの女にそそのかされてやっていたんだろうが、それは無駄になっただろう？　『大いなる書』を直接見に行かないと、正しい運命数は分からないからな。そして、『書』を直接見に行けるのは、俺たちフワリズミー妖精だけだ」

「どういうことなの？　運命数の分解って何？」

「運命数のことは知っているだろう。妖精や人間、神々を含め、あらゆるものに与えられた数のことだ。つまり、俺たち妖精も、お前たち人間も、何らかの数からできているんだ。そして『分解』っていうのは、特定の運命数がどんな素数から成り立っているかを調べる作業だ」

「素数って、素の数のこと？」

「そうだ。このあたりの人間はそう呼ぶんだったな」
　メムはこう説明する。どんな数も、素数を掛け合わせたもの——つまり素数の積として表現することができるのだ、と。そして「運命数の分解」とは、運命数を構成する素数を調べる作業なのだ、と。
「調べる？　それだけ？」
　ナジャは、分解というからには、「運命数をバラバラにする」のではないかと思ったのだ。そしてそれこそが「呪い」ではないか、と。しかし、メムは違うと言う。そう言うメムは、どこか辛そうな顔をしていた。
「『分解』そのものは呪いではない。むしろ、俺たちフワリズミー妖精にとっては神聖な『計算の手続き』なんだ。だが残念なことに、呪いにとっても必要な作業となっている。まあ、自分で見た方が早いな」
　そう言って、メムはナジャに手を差し出す。
「つかまれ。あの女が俺たちの仕事の結果をどう使うか、しっかり見るんだ」

「人間たちは、『邪視』だとか、そういうのを呪いだと思っているそうだな。だが、呪いっていうのは、そう簡単にできるものではないんだ。そもそも邪視ってのは、呪いの標的を定めるためのものだ。それがなければ人を呪うことはできないが、それだけでは足りない。誰かを呪うには、相手に『放つもの』——すなわち『悪霊』が必要になる」
　メムはそう説明しながら、ナジャの手を取って鏡の方へ上昇する。
「悪霊って、どんなものなの？」
「強いものから弱いものまで、種類はさまざまだ。だが、確実に相手を仕留められるような強い霊を放つには、希少な材料と、正確な情報、そして呪う側の身体の強靱さが必要になる」

メムに引っ張られて、楕円形の大きな鏡の正面に来ると、羊皮紙を眺める王妃の横顔が見えてきた。羊皮紙には、さっきギメルとダレトが鏡に映した数の列——2, 2, 5, 7, 13, 43 が書かれている。王妃はため息をついて、こう言った。

　——つまらない数だわ。あの男、こんな運命数しか持たないのに、よく生きていられるものね。「宝玉」は……ああ、一粒だけね。それなのに「刃」はしっかり、二つもある。これじゃあ、呪い甲斐がないわ。

　宝玉って？　刃って？　怪訝に思ったナジャはメムを見るが、メムは「後で説明する」と言わんばかりに、王妃をよく見るよう促す。

　王妃は部屋の右手へ移動した。そこには低い台があり、その下の床には黒くつやのある丸い壺がたくさん並べて置かれていた。壺はどれも、まるで拘束されているかのように編み紐でぐるぐる巻かれている。それらの紐の模様は、ナジャに細い蛇を思わせた。王妃はその壺の一つを手に取り、台の上に置く。

　台の上には、いくつかの小さな入れ物が並んでいた。形はそれぞれ違うが、どれも美しい。一つは、繊細な線で細工された、角張った銀製の入れ物。具象化された蜥蜴らしき模様の周囲を炎の模様が囲んでおり、中央には褐色の宝石がはめ込まれている。別の一つは、巻き貝を象った青緑色のガラス製で、蓋の上部が飛び跳ねる魚の形になっている。また別の陶製の容器は、なめらかな卵形で色は赤く、斜めに金色の花綱模様が施されている。メムは言う。

「あの銀製の容器の中身は、古の火蜥蜴の化石の粉末。青緑の容器の中身は、この土地の地下にある緑柱石の層に千年以上溜まっていた水をくみ上げたもの。赤い容器には、金色の斑点を持つ小型の血玉髄がたくさん入っている。どれも、このあたりでしか入手できない高価な材料だ。王妃はこれを大量に持っている」

　王妃はそれらの容器から、少しずつ慎重に、中身を黒い壺の中に移し

ていく。

「あの材料で、王妃は『悪霊』を作ろうとしているってこと？」

「そうだ。あの女は今、呪いに使える悪霊の中でも、最強最悪の霊を作ろうとしている。俺たち妖精の間では、『喰数霊』と呼ばれているやつだ」

「喰数霊……」

「つまり、他人の『数』を喰らう悪霊だ。人間も、俺たち妖精も、二つの体からできている。目に見える『肉体』と、運命数から形成される『数体』。喰数霊は、その『数体』を食べるんだ」

「そうしたら、相手はどうなるの？」

「死ぬ。肉体と数体は互いに作用し合っているからな。片方が破壊されたら、もう片方も破壊される」

　ナジャはぐっと拳を握る。今、王妃はそれをやろうとしているっていうの？　そうやって、人を呪い殺しているの？　それなのに……どうしてあんなに、普通の顔をしていられるの？

　鏡の向こうの王妃は一度壺の前を離れて、壁に造りつけられた大きな戸棚を開く。その中は細かく仕切られ、たくさんの簡素な瓶がひしめき合うように並べられている。そこから瓶を取り出し、少し眺めて脇に抱え、また別の瓶を取り出す王妃は、どこか楽しげに見える。王妃は合計五つの瓶を取り出し、壺のそばの作業台に置く。一つを開けて、小さじで中身をすくい、壺の中に入れる。王妃の方から、鼻歌が聞こえてくる。

　──まるで、料理でもしているみたい。

「あの女が壺の中に加えているのは、『素数蜂の毒』だ」

「素数蜂って、蜂なの？」

「そうだ。蜂の中には、さまざまな周期で繁殖するやつがいる。やたら成長が早くて、二日おきに繁殖する蜂もいれば、三日おき、五日おき、七日おきと、いろいろいる。そういう蜂の毒が、『喰数霊』を仕上げるのに必要なんだ」

「蜂……もしかして」

　あの薬草畑の隣の小屋で飼われている蜂。あれが、そうなのだろうか？

「今の呪いの相手を『分解した結果』は、2, 2, 5, 7, 13, 43。だから、2日周期で繁殖する素数蜂の毒を2杯。5日周期、7日周期、13日周期、43日周期で発生するやつの毒を、それぞれ1杯ずつ壺に入れる。そして……」

　王妃がすべての毒を入れ終わると、黒い壺は小刻みに動き始めた。壺に何重にも巻かれた蛇のような紐が、ブチブチと音を立てて切れ始める。そして最後の一本が切れたとき、壺の中から飛び出したものがあった。

「あれが喰数霊だ」

　その姿を見て、ナジャの全身は一瞬にして冷や汗でいっぱいになった。鳥肌が立ち、ひどい寒気がして、震えが止まらない。大きな蜥蜴の形。半透明の灰色。頭と顎と背中に光る、金色の斑点。それはまさしく、あの「惨劇」の夜に見た生き物！

「おい、大丈夫か？」

　メムに声をかけられるが、歯がガタガタ震えて答えられない。ナジャは深呼吸して、どうにか落ち着こうとする。その間にも、半透明の「喰数霊」は、王妃の部屋の壁を突き抜けて消えていく。ナジャはやっとの思いで、メムに尋ねた。

「あ、あれ……呪う相手のところへ行ったの？」

「そうだ。さっきあの女が『鏡に映した男』のところへな。そして、そいつの『数』を喰って帰ってくる。目を離すな、もし呪いが成功したら、すぐに戻ってくるはずだから」

　メムの言うとおり、喰数霊は数分も経たずに戻ってきた。

「……呪いは成功したらしい。相手は死んだな」

　メムはそう言うが、ナジャは信じられない思いでいた。八年前に算え

子たちを殺したのは、間違いなく喰数霊だ。だが、「呪いの様子」を呪う側から見ると、あまりにもあっさりしている。

　しかし王妃は、さっきとは打って変わって、険しい表情で喰数霊を睨んでいた。喰数霊はすぐに、王妃の周囲をものすごい勢いで回り始めた。王妃は両手で顔を守るように覆う。

「あっ！」

　王妃の両手の甲に、小さな傷がついた。刃物でかすったようなまっすぐな切り傷が、二つ。すると喰数霊は急に動く方向を変え、黒い壺の中へと入っていく。壺がかたかたと鳴り、そして止まる。王妃は両手を顔から離し、小さな傷のついた手の甲を眺める。

「あの傷は、呪いの代償だ。相手の『数』の中に、刃があったってことだ。それを喰数霊が喰らって帰ってきた。呪いを行う者は、それを避けることはできない」

「刃って……？」

「刃に相当する数があるんだ。俺が今そらで言える範囲では、5, 13, 17, 29 なんかがそれだが、もっと大きい数にも刃がある。呪う相手の運命数の中にそれらが入っていると、術者にとってはやっかいなんだ。まあ、人を呪うことには、そういう代償もあるってことだな」

　王妃はしばらく険しい顔で傷を眺めていたが、すぐに部屋の壁の方へ行き、そこに付けられた小さな鐘を鳴らす。するとほとんど間を置かず、誰かが部屋に入ってきた。

　──マティルデ。

　夜中だというのに、マティルデは寝ていた様子もなく、昼間とまったく同じ服で、黒い髪もきっちりまとめたままだ。もちろん、眼帯も付けている。王妃はマティルデに、ぶっきらぼうにこう言った。

　──5 と 13。早くなさい。

　マティルデは小さく「かしこまりました」と言い、部屋の外へ出る。

そして一分も経たずに、手に小さな鉢と刷毛を持って戻ってきた。王妃は少し苛立ったような顔で、マティルデに手を差し出す。マティルデは刷毛を鉢の中身につけると、それで王妃の両手の傷を軽く撫でた。すると、傷がじわじわと消えていく。

「治った……」

「フィボナ草で作った薬だ。有名な万能薬だ」

王妃はああやって傷を治しながら、敵を呪っているということか。傷が治ったとたん、王妃はマティルデに無言で、出て行くよう指示した。まるで、邪魔な虫を追い払うかのように。マティルデの方はいつもと変わらず、王妃に一礼すると、風のように外に出て行く。

再び一人になった王妃は黒い壺の方へ向き直り、中に手を入れた。王妃が取り出した小さなものに、ナジャは見覚えがあった。王妃がよく身につけている、あのまばゆい宝石だ。小指の爪ほどの大きさで、眩しいぐらいに輝いている。

「あれが、宝玉だ」

「宝玉って、さっき王妃が言ってた……？」

確か、王妃は「たった一粒」とか言っていた。

「さっきの『運命数の分解結果』に、7が入っていただろう。7が入っている相手の数を喰った『霊』は、宝玉を持ち帰ってくるんだ。宝玉になる数は、7以外にも、3とか、31とか、127とかがある。3は胡椒の粒ぐらいの大きさだが、31となると、そうだな……大きめの葡萄の実ぐらいの大きさになる。127となれば見事なものだ」

知っている、とナジャは心の中でつぶやく。だが、次のメムの言葉に、ナジャは耳を疑った。

「あの女は、宝玉を集めるために、大勢の人間を呪い殺しているんだ」

「えっ？　敵を倒すためじゃなくて？」

今王妃が呪った相手——スムス伯爵は、王妃の愛息リヒャルトの暗殺

を計画していた。王妃はそれを察知して、計画をくじくために呪ったのではないのか。ナジャはメムにそう言うが、メムはあまり納得していないようだ。

「まあ、あの女が呪いを使って敵を殺すことはあるだろうな。さっきの相手は、たまたまそうだったのかもしれん。だが、これだけは断言できる。あの女が呪いを使う主な目的は、宝玉だ。俺たちがここに閉じ込められてから数年経つが、あの女は毎晩、数人から数十人の人間を呪っているんだ。いくらなんでも、そんなに敵がいるとは考えにくい」

「宝玉って、そんなにいいものなの？」

「聞いたところでは、老いを防ぐ効果があるらしい」

老いを……。ナジャは王妃を眺める。王妃は新たに手に入れた宝玉をうっとりと眺めている。ナジャは拳を握る。もしメムが言っていることが本当だとしたら、王妃はこれからも、大勢を呪い殺すだろう。それを、ただ見ているしかないのだろうか。

「私、何も……何もできないの？」

「そんなことはない。もしお前が俺たちを解放してくれたら、俺たちはあの女の言うことを聞かなくて済むようになるんだ」

「それ、どうやったらできるの？　お願い、教えて！」

「お前にしてほしいことはいくつかある。まずは、俺たちが外に出られるようにすること。あそこの扉から」

メムはナジャの手を取って、洞窟の端の方へ飛ぶ。そこには錆びついた両開きの扉があり、扉の上部には、**4899999991** という数字が書いてある。

「俺たちはとある理由で、この扉からここへ入ってきた。そして、用が終われば出るはずだったんだ。だが、俺たちがここに入っている間に、あの女が『鏡』の所有権を不正に奪い、俺たちを奴隷にした。奴隷となった俺たちは、この扉から出るための『鍵』をなくしてしまった」

「鍵って、どこにあるの？」

「鍵といっても、目に見える鍵ではなくて、『あの数を割り切れる、1ではない二つの数』のことなんだ。その二つというのは、俺とカフの運命数。つまりあの 4899999991 というのは、俺の運命数と、カフの運命数をかけたものだ。右の扉の上に俺の運命数を指で書き、左の扉の上にカフの運命数を指で書けば、扉が開く」

「そこまで分かっているのに、なぜ開けないの？」

「それは俺たちが、自分たちの運命数を忘れてしまったからだ。あの女の奴隷になったせいで、ここから出るのに必要なことはすべて記憶から消された。だからお前には、あの扉の数を割り切れる二つの数を見つけてほしいんだ」

「あなたたちは『計算』ができるんでしょう？　自分で探せないの？」

「俺たちは、この中ではあの女に言われた計算しかできないし、あの女の指示に逆らうとすぐに死ぬ。頭の中で計算することも許されない。それをやると、この部屋を管理している『鏡虫』ってのが現れて、俺たちは殺される。まあ、鏡虫に殺されなくても、『大いなる書』を管理している神の使いに見つかれば殺されるし、それを免れても、こんなところに長くいればいずれ病を得て死ぬ。俺たちの体は、外の世界の純粋な気——〈母なる数〉から生み出された神聖な大気に触れずにいると、弱ってしまうんだ」

　メムはそう言いながら、作業台のカフの方とちらりと見た。そして切羽詰まった顔で言う。

「だから頼む！　俺たちには、もう時間がないんだ」

　ナジャは、メムを助けたいと思う。しかし自分に、「鍵」——メムとカフの運命数を突き止められるのだろうか。経験から言って、大きな数には、それを割り切れる数がたくさんある。その中のどれがメムとカフの運命数か、分かるのだろうか。そう問うと、メムは言う。

「俺たち妖精の運命数は、大きな素数——つまり〈祝福された数〉なんだ。だから、俺とカフの数は『それ自身と1以外では割り切れない』」

「つまり、あの『素数表』に書いてあるような数なのね」

「そうだ。だから、4899999991 を割り切れる数を一つ見つけたら、もう一つも必ず見つかる。大きい方が俺の数、小さい方がカフの数だ。ここに縛りつけられている俺たちは、それを割り出すことができない。だが、お前なら……。もう、お前にしか頼れないんだ」

　メムの必死な様子にナジャは動揺したが、メムはナジャの肘のあたりを掴んで、さらに言う。

「そして、俺とカフの運命数を突き止めたら、お前の鏡を持って、城を出ろ」

「ええっ！　城を？」

「ああ。できるだけ城から遠くに、鏡を持っていくんだ。お前の鏡は『通信鏡』といって、鏡どうしの通信に使えるし、俺たち妖精にとっては鏡の世界と外の世界の出入り口にもなる。つまり、お前の鏡から外に出られるんだ」

「だったら、今、私の鏡から外に出れば……」

「無理だ。まずは俺たちが『扉』から出て、あの女の僕の身分から自由にならなければならない。鏡から出るのはその後だ。だから、できるだけ、この城から離れてほしい」

　ナジャは気が遠くなった。そんなこと、自分にできるのだろうか。

「それからもう一つ」

「えっ、まだあるの？」

「ああ。お前が城を出るとき、『フィボナ草』を、できるだけたくさん持って出てほしい」

「フィボナ草って、さっき言ってた『万能薬』？」

「そうだ。この近くに大量に生えているはずなんだ。あの女が刃に付け

られた傷の治療に使っているのを見ただろう。あの黒い服の『もう一人の女』が持ってきたやつだ」
　マティルデのことだ。
「とにかく、フィボナ草をありったけ用意する。ここいらへんにあるのは全部ほしい」
「そんな、どこにあるかも分からないし、大量に用意するなんて」
「あの黒い服の女が知っているはずだ。あの女に聞くんだ」
「マティルデに？　なぜ？」
　メムにそう尋ねたとき、ナジャは突然、自分を引っ張る強い力を背中に感じた。メムが舌打ちをする。
「ちっ、時間切れか！」
　ナジャが振り向くと、洞窟の壁際で、小さな鏡が光を放っていた。あれはナジャの鏡だ。そして体がそちらに吸い寄せられる。メムが、そして妖精たちの姿が、遠くなっていく。
「おい、お前！　俺が言ったこと、忘れるなよ！　頼む、お前が俺たちの最後の希望……」
　メムの言葉をすべて聞き終わる前に、ナジャは背中から鏡に吸い込まれた。水に飛び込んだような感触の次に、背中が感じたのは、自分の部屋の冷たく固い石床。背中を打った痛みにしばらく耐えた後、ナジャは体を起こして、荒い息をしながら鏡を見た。鏡の表面は、もう何も映していなかった。

　翌朝、ナジャの目覚めは良くなかった。激しい疲れを感じてベッドに倒れ込んだ後は、夜通し、おかしな夢ばかり見た。しかし、あの鏡の中の出来事ほど、悪夢じみたものはなかった。

第二章　数を喰らう者

　——あれはすべて、夢だったのではないかしら？

　ナジャはそう思いたかった。あの妖精——メムに頼まれたことは、しっかりと覚えている。でも、私にはあんなこと、とてもできない。どうか、夢であってほしい。妖精たちも、王妃の「呪い」も。

　ナジャは頭にしびれを感じながら、機織り部屋へ行く。部屋に入ると使用人たちが、作業そっちのけで何やら話をしている。

「何かあったんですか？」

　尋ねるナジャに、年配の織り手が答える。

「ナジャ様、お聞きになられました？　スムス伯と、スムス伯夫人が昨晩、突然亡くなられたとかで」

「えっ！」

「ついさっき知らせが入って、大騒ぎになってますよ。領地に帰る途中に宿泊していた僧院で、亡くなっているのが見つかったそうです」

69

第三章　女戦士と侍女

第三章

女戦士と侍女

　スムス伯夫妻が死んだ。

　――「呪い」だ。

　間違いない。やっぱり昨日見たものは、夢ではなかったのだ。

　昨日、メムは王妃が「宝玉」を集めるために人を呪っていると言って
いた。だがスムス伯夫妻が呪い殺された原因は間違いなく、リヒャルト
の暗殺計画を立てていたことだろう。

　――マティルデだ。マティルデが、スムス伯夫妻の計画を王妃に伝え
たんだ。

　そして、暗殺が実行に移される前に、王妃が二人を呪い殺した。ゆう
べ王妃はスムス伯爵を呪った後に、夫人の方も呪ったのだろう。

　――だとしたら、もう一人は？

　あの夜、果樹園にはスムス伯夫妻の他に、もう一人いた。王妃はもう
一人のことも呪い殺したはずだ。王妃は絶対に、リヒャルトを殺そうと
する者たちを許さないだろうから。ナジャは機織り部屋にいる使用人た
ちに言う。

「すみません。気分が悪いので、部屋で休んでいていいでしょうか」

　ナジャがこんなふうに仕事を休むことは、めったにない。今までナジャ

は、どんなに体調が悪いときでも、使用人たちに遠慮して何も言わず働いてきたからだ。使用人たちは驚いたが、よほど気分が悪いのだろうと思ったらしく、ナジャを心配し、どうぞお休みくださいと言ってくれた。今は、王妃の生誕祭の準備で忙しい時期だ。ナジャは申し訳ない気持ちでいっぱいだったが、部屋に戻るとすぐに机の中から石板と白亜の棒を取り出し、ベッドに潜り込み、頭からシーツをかぶった。そして石板に書く。

「4899999991」。

　気の遠くなる作業であることは分かっている。でも、やってみなくては。王妃のあんな恐ろしい行為を、許していいはずがない。メムに頼まれたことが、全部できるとは思えない。でも、少しでもできそうなこと——彼らを王妃の奴隷の身分から解放する扉の「鍵」、つまりメムとカフの運命数を探す作業だけでも、やってみなくては。

　——とにかく、小さい「素の数」から割っていく。

　4899999991が2で割れないのは明らか。3でも、5でも割れない。では、7では？

　ナジャはその日、日が暮れるまで石板に白亜の棒を走らせた。

　それから数日、ナジャは寝る間も惜しんで計算を続けた。使える時間はすべて、計算につぎ込んだ。しかし、何日計算を繰り返しても「4899999991を割り切れる数」が見つからない。それに、「割り切れる数の候補」が大きくなるにつれ、別の問題が起こった。その「候補」がそもそも、「素の数」——素数かどうかが分からなくなるのだ。

　ナジャは、小さい方から30個ぐらいの素数——127まではすべて暗記している。しかしそれ以降の数については、それが素数かどうか分か

らない。そしてそれを調べるのに、また手間がかかる。

　ナジャは結局、「割り切れる数の候補」が素数かどうかを調べるのを
やめた。とにかく 127 から先は、素数かもしれない数はすべて「候補」
に入れて、それで 4899999991 を割ってみることにした。こっちの方が
きっと、効率がいいはずだ。

　だがそれでも、なかなか見つからない。それに「候補」が大きくなる
と、割り算自体が難しくなる。「計算を間違えたのかしら」とか、「実
は、さっきの数で割り切れたのでは？」などと考え始めてしまい、計算
をやり直し、また時間が取られてしまう。

　――こんなことでは、見つかるまで何日かかるか分からない。

　何か、手がかりはないだろうか。ナジャはたびたび「鏡」を部屋の隅
に置き、自分の姿を映してみた。しかし、中に入ることはできない。ナ
ジャは鏡に何度も呼びかけてみたが、鏡は何も映さず、妖精たちも応え
ない。

　ナジャは結局何日もかかって、2143 までの数を使った割り算を試し
たが、まだ「割り切れる数」は見つからない。そんなある日、ナジャに
とってあまり好ましくない知らせが入った。王妃の長男、王子リヒャル
トが城に帰ってきたのだ。リヒャルトの帰還は予定よりも早かったらし
く、しかもリヒャルトは負傷しているという。

　使用人たちの話では、リヒャルトは少し前、エルデ大公国とハール＝
レオン王国との国境付近で敵に襲われ、利き腕を負傷したらしい。得意
の剣を振るえなくなったリヒャルトは、敵の追跡を恐れて極秘に帰国を
決め、しかもどの経路で戻るか情報を出さなかったという。リヒャルト
は王妃にすら、帰還する日を知らせなかったため、王妃はたいそう驚い
たという話だった。王妃は今、リヒャルトの怪我を嘆き、祭司たちや侍
女たちを総動員して傷の手当てに当たらせているという。

「王子様には気の毒だが、剣を振るえないのはありがたい」。使用人た

ちは小声でそう言い合っている。今までリヒャルトの気まぐれで怪我をさせられたり、殺されたりした使用人や衛兵の数を考えれば、そう言われるのも無理はない。ナジャ自身も、できればリヒャルトには会いたくないと思っている。

しかしリヒャルトの帰還のせいで使用人たちはますます忙しくなり、ナジャの仕事もさらに増えた。そして、計算は進まない。ナジャの焦りは募るばかりだ。

　――今日は、来るだろうか？
　メムは待っている。待っているのはもちろん、「救いの主かもしれない人間の少女」、ナジャだ。あの「もう一人の女」が言っていたとおり、鏡の中に入れる人間がいたこと。それは、メムにとっては大きな希望になった。しかし希望は時に、心をかき乱す。それをよく知っているメムは、あえて冷静であろうと努めている。だが、切羽詰まった状況を考えると、それも難しい。何日もナジャが姿を見せないとなると、なおさらだ。まさか、王妃に殺されたのではないだろうか。いや、差し詰め、自分とカフの運命数を割り出すのに時間がかかっているといったところだろう。

　それにしてもこの前、ナジャにもう少し、こちらの状況をくわしく伝えるべきだったのではなかったか。しかしナジャがあまりにも何も知らなかったため、基本的なことを伝えるだけで終わってしまった。次に会ったら、とにかく時間がないことを伝えなければならない。
　――時間がない。
　メムは作業台に近づき、その脇で寝ているカフを見る。起きているときは陽気でうるさく、顔に笑みを絶やさないカフだが、その寝顔は打つ

て変わって青白く、死んでいるようにさえ見える。いや、間違いなく、カフは死に近づいているのだ。あの王妃のせいで。ここに閉じ込められたせいで。

　──いや、違う。俺のせいだ。

　メムとカフは、はとこ同士だ。実のところ、フワリズミー妖精の一族はみな広い意味で親戚なのだが、メムはなぜか、このカフとつながりが強かった。カフは子供の頃から、メムにくっついて歩いた。メムとカフはそれなりに歳が離れているし、昔から思慮深く口数が少なかったメムは、幼くてうるさいカフにまとわりつかれて閉口したものだった。しかもやっかいなのは、カフは子供のくせに、なぜかいつもメムに一人前として見てもらいたがったことだ。カフはメムが行くところには必ず付いてきたし、メムがすることは何でも一緒にやりたがった。そのせいでカフが危険な目に遭うと、助けるのはいつもメムの役割だった。そのうち、メムは好むと好まざるとにかかわらず、カフの保護者のようになってしまった。カフが成長して自分と同じ神官の職に就いてからも、ずいぶんと迷惑をかけられたものだ。

　──だが、こいつをこんなことに巻き込んだのは、俺の失態だ。

　眠るカフが眉間にしわを寄せ、かすかにうめき声を上げる。苦しいのだろう。しかし今は、どうしてやることもできない。メムは唇をかみしめ、拳を握りしめる。

「そんなに思い詰めるな、メム」

　横から話しかけられて、メムは我に返る。話しかけてきたのは、作業台の向こう側に座るザインだった。

「起きてたのか、ザイン。いつものように、座ったまま寝てるのかと思ったぞ」

「たった今起きた。なあ、メム。お前のことだから、カフの状態がどうとか、自分の責任がどうとか、そんなことを考えているんだろう」

心を見透かされたようで、メムはすぐに言葉を返すことができない。ザインは続ける。

「お前は、俺たちの中で一番、優秀な神官だ。だから俺たちもみな、お前の判断を尊重したし、ツァディ王も尊重した。カフだってそうだ。お前に責任はない。問題は、あの女が最初から俺たちを欺くつもりだったこと。それだけだ」

「……お前の言うとおりだとしても、こうなった以上、何も変わらない」

　メムは青白い顔で眠るカフを見ながら、苦しげに言う。ザインは軽くため息をつく。

「まあ、そうだが、俺が言いたいのはな、あまり思い詰めるなっていうことだよ。お前はこんな苦しい状況に『はとこ』を巻き込んで辛いのだろうが、こんな苦境の中でも仲のいい親族と一緒にいられるというのは、考えようによってはいいもんだと思うぞ。ギメルとダレトも『いとこ』だしな。その点、俺は……」

　ザインは、メムたちが仕えている王──妖精王ツァディの双子の弟で、兄との絆は強い。故郷で兄がどうしているか、心配しているのだろう。その気持ちが分かるぶん、メムは深刻になりすぎないよう、努めて軽口を返す。

「まあ、カフみたいなのが近い親戚にいると、うるさいぞ」

　それを聞いたザインは、少しだけ笑った。

「お前はそう思ってるんだろうが、お前は、カフにまとわりつかれてるときの方が、そうでないときよりも楽しそうだよ」

「そんなわけあるか！　お前、普段しゃべらないくせに、たまにしゃべると余計なこと言いやがって」

「それはお互い様だろ。とにかく俺は、故郷に──俺たちの『フワリズミーの森』に帰りたい。みんな一緒に生きたままで、ツァディのところへ、な」

メムにとっても、他の者たちにとっても、ツァディは尊敬すべき王であり、同時にかけがえのない友人でもある。おそらくツァディの方も、自分たち神官のことを思って、心を痛めているだろう。

「……そうだな。皆で帰ろう、王のところへ」

メムがそう言ったとき、壁の一角が明るくなった。メムは、ナジャが来たのかと期待したが、違った。いつもの大きな楕円形。王妃だ。

王妃はすぐにはこちらに指示を出してこず、しばらくは台の上に並べた黒い壺を前にして、喰数霊を飛ばすのに専念していた。これは毎日のことだ。誰だか分からないが、王妃はここ数年、毎日のように誰か特定の人物に向けて、何体もの喰数霊を飛ばしている。相手の運命数を構成する素数は分かっているらしく、いちいちこちらに「分解」をさせたりはせず、一度に何体も飛ばす。しかし、それらの喰数霊が戻ってきたことはない。

喰数霊が戻ってこないということは、通常は、呪った相手がきわめて遠方にいるか、すでに別の理由で死んでいることを意味する。だがこの相手に関しては、王妃はそのようには考えないらしい。おそらく相手は王妃にとって、呪いにくい手強い人間だということだろう。メムはそう考えていた。

今日も喰数霊は帰ってこず、王妃はため息をついた。しかし部屋に「息子」が入ってきたので、王妃はそちらに顔を向ける。息子の方は、何年ぶりに見ただろうか。前に見たときより体は大きくなっていたが、母親そっくりの顔は変わらないままだ。

息子は負傷しているらしく、王妃は息子をしきりに気遣っている。王妃は息子としばらく言葉を交わしたあと、息子を鏡の前に立たせて言う。「あなたを殺そうとした男のことをよく思い浮かべて。それで、鏡をしっかり見るのよ」と。息子はやや面倒くさそうにしながらも、母親の指示に従った。

やがて、浅黒い顔をした男の顔が鏡に映し出され、王妃と息子の姿は
その奥に消える。だが二人の会話はまだ聞こえてくる。女の声が息子に
「こいつなのね？　間違いないわね？」と確認している。

　——リヒャルト、いいこと？　あなたはあたくしと同じで「邪視」が
使えるんだから、これからは、殺したい相手がいたら、顔をよく見るの
よ。目を大きく見開いて、じっくり見るの。そうすれば、「鏡」に相手
のことを教えることができるわ。そうなったら、あとは母様が呪ってあ
げますからね。そういう人間は、母様がこの世から消してあげます。あ
たくし、あなたが怪我をしたと聞いて、どんなに心配したか……。

　懸命に諭す母親とは対照的に、息子の方はろくに返事をしない。しか
し王妃が「壺」を準備し始めた物音に続いて、息子の言葉がはっきり聞
こえた。

　——僕がやる。僕にやらせて。

　——だめよ。これは、母様しかできないの。

　——嫌だよ、僕がやる。あいつを切り刻んでやりたかったのに、でき
なかったんだ。せめて、自分の手で。

　——だめ。

　そういうやりとりが続き、ついに息子が腹を立てた。

　——僕の邪魔をするの？　母様なんか嫌いだ。母様を呪ってやる！

　王妃は息子を、猫なで声でなだめる。

　——何を言っているの。いいこと？　母様には、呪いは効かないの
よ。母様の「数」はね、〈初めの一人〉と同じ、〈祝福された数〉なの。
「大きくて、ひびがない、素の数」。そこら辺の人間とは違うのよ。だか
ら、母様には呪いは効かないし、どんなに強い相手にも簡単には傷つけ
られないわ。

　——ねえ、僕の数は？　僕の数は、母様と一緒じゃないの？

　——残念ながら、違うわ。あなたの数は、普通の人間と同じ。

78

王妃がそう言うと、息子はまたぶつくさと文句を言う。王妃は「大丈夫、あなたに何かあっても、母様が助けてあげますから」となだめすかす。その間に、鏡の表面には、呪う相手の運命数のありか――『大いなる書』の頁(ページ)の位置を示す文字が浮かび上がってきた。また、嫌な仕事が始まる。今日は何人分、「運命数の分解」をやらないといけないのか。問題は、カフの体がもつかどうかだ。考えていると、息子がこう言うのが聞こえた。
　――母様。僕、他にも殺したい奴がいるんだけど。
　王妃は息子に、それが誰かを言うように促す。息子が口にしたのはこうだった。「衛兵隊長トライア」。
　――あの女のことは、なんか気に入らないんだ。今回ここに戻ってきたら殺そうと思ってたんだけど、腕を怪我したからさ……。
　その申し出に、なぜか王妃はいい返事をしなかった。珍しく、息子に思いとどまらせようとしている。どうやらその衛兵隊長というのは、王妃にとって役に立つ人間であるようだ。あまり殺したくないのだろう。しかし息子は譲らない。王妃はついに折れて、ため息交じりに言う。
　――仕方ないわね。でもね、トライアを直接殺すのはとても危険なことなのよ。殺すとしたら、誰か、他の人間にやらせましょうね。

　深夜、衛兵隊長トライアは詰め所で「城の内外ともに異常なし」との報告を受けた。見張りの者たちも全員時間通りに交替した。トライアは二人の部下を伴い、その日最後の見回りに向かう。途中、果樹園の近くを通り過ぎるとき、トライアは誰かに見られている気配を感じた。
　――狙いは、私のようだな。
　トライアは部下たちを先に行かせ、その場で一人立ち止まり、相手が

出てくるのを待つ。今夜は満月だが、今は黒い雲がその姿を隠している。それでも百戦錬磨の戦士であるトライアには、相手がどこに潜んでいるかが分かる。トライアが一人になったのを見て取ったのか、隠れていた相手は、木の陰から姿を現した。

「やはり、お前か。黒のマティルデ」

　トライアは声をかける。相手は自分よりもずっと小柄だが、油断できない人物であることは重々承知している。

「私を直接、始末しに来たのか?」

　マティルデは黙っている。しかしトライアはそれを、肯定の返事と踏んだ。

　——王妃は私に対して、自分自身で手を下すつもりがないということか。だから、刺客を寄越して始末させる気なのだ。

　これは、王妃がトライアの運命数の「性質」を知っているということを意味する。それはトライアにとっては悪い知らせだった。だがそれ以外に理由が考えられない以上、ここはあきらめて、相手を倒すことに専念しなくてはならない。トライアは剣を抜く。

　——「黒のマティルデ」が使うのは、ある意味、飛び道具だ。

　しかも、ただの飛び道具ではない。マティルデの意のままに操られる「蜂」。その脅威を、トライアはつい数日前に経験していた。王妃の養女ナジャの成人の儀式があった日の夜に、ここ、果樹園で。

　無数の蜂の攻撃をかわしながら相手を仕留めるのは難しい。ここは先に攻撃しなくてはならない。剣を握るトライアの右手に、力が入る。一息に踏み出そうと足に力を入れかけたとき、マティルデが言葉を発した。

「勘違いしないでください、トライア。私は、あなたのことを殺しに来たのではない」

　トライアは驚き、踏み出そうとした勢いのまま、素早く一歩後ずさった。

「どういうことだ?」

「私は、あなたと話をしに来たのです。単刀直入に言わせてもらいます。王子リヒャルトの暗殺を、取りやめていただきたい」

「何っ？」

「あなたが先日この果樹園で、リヒャルトの暗殺についてスムス伯夫妻と話していたことは知っています。ご存知のとおり、スムス伯夫妻は死にました。しかし、あなたはそれにかまわず、いずれ暗殺を実行するつもりでしょう。違いますか？」

　そのとおりだ。そして、先日の暗殺計画をマティルデに聞かれたことにも気づいていた。スムス伯夫妻が死んだと聞いたとき、夫妻と自分の計画が、マティルデから王妃に伝えられたのだと確信した。そして今、ついに王妃が刺客を放ってきたと思ったのだ。だがその刺客がこのようなことを言うとは。

「マティルデ。お前は王妃の操り人形だろう。今だって、私を殺すためにここにいるのだろうが」

「違います。私は、あなたのことだけは、王妃に報告していない」

「何だと？」

「私は、スムス伯夫妻が王子の暗殺を計画している、と王妃に伝えました。しかし、あなたがその場にいたことは、報告していないのです」

　トライアはますます理解に苦しむ。

「なぜだ？　なぜ、報告しなかった？　三人のうち、王子の暗殺を実行するのは私だと分かっていたはずだ。王妃と王子にとって一番危険なのは、私であるはず。それなのに……」

「あなたのことを王妃に報告したとしても、王妃はあなたを『呪えない』し、『殺せない』。だから、無意味だと思いました」

　トライアは驚く。この女にまで「知られている」のか。

「トライア、あなたは戦士の一族として古い歴史を持つ、タラゴン家の出身ですね？　あの家には、運命数の中に大きな『刃』を持つ者が生ま

81

れることがあると聞きます。あなたもきっと、そうなのでしょう？　大きな刃を持つ人間を、喰数霊で呪うのには支障がある。実際、王妃にはまだ、あなたのような人を呪うための準備ができていない」

「なぜ、それが分かる」

「王妃のために素数蜂の毒を調達しているのが誰か、お忘れですか？　毎日蜂の様子を見て、毒を採取しているのは、この私です。おそらく、あなたの運命数を構成する数の中には、四桁以上の大きな数があるのでしょう？　それほど大きな数に相当する毒を出す素数蜂は、希少で入手しづらい。ここにも、三桁以上の蜂はほとんどいません。あなたは王妃に自分を『呪ってほしい』のでしょうが、現実的に考えて、王妃には『できない』のです」

　トライアは眉をひそめる。なぜこいつは、何もかも知っているのだ。私が、「王妃に呪ってほしい」と思っていることまで。トライアが問う前に、マティルデは言う。

「過去の記録を見れば、タラゴン家の人間を殺した者は、その殺し方が何であれ、みなその直後に無残な死を遂げている。『殺させて殺す』。それがあなた方一族の、究極のやり方でしょう？」

「……」

　トライアは返す言葉を持たない。同時に、絶望もしていた。ここまで知られていては、もはや「目的」を遂げることはできない。

　トライアは以前から、王妃が呪いを実践していることに気づいていた。夜間に城を見張ることの多いトライアは、城から飛んでいく喰数霊をたびたび見ていたのだ。夜の闇に紛れる喰数霊は、普通の人間の目にはほとんど見えないが、熟練の兵士である彼女には見えていた。そしてあれが、呪いに使われる悪霊であること、そしてその出所が王妃の私室であることも突き止めた。トライアは、兄クァルドの娘ユイルダ——つまり自分の姪も、王妃に呪い殺されたのだと確信した。そして兄ととも

に、王妃の暴挙を止める方法を探っていたのだ。だがその兄も三年前に、王子リヒャルトの不意打ちのために死んだ。

　自分の姪を呪い殺した王妃。兄を卑怯な手段で殺した王子。彼らに復讐をしたくないと言えば、嘘になる。だがトライアの真の目的は、今後のことにあった。部下である衛兵たち、城の使用人たち、メルセイン王国の民を守るために、王妃と王子にこれ以上の狼藉を働かせるわけにはいかない。

「やはり、私があの王妃を仕留めるしかないのだ。そのためには、私が王妃に恨まれ、殺される必要がある。そのためにも、まず私が息子を殺して……」

　そう言うトライアの言葉を、マティルデはぴしゃりと遮る。

「いけません。王子リヒャルトが死ぬようなことがあれば、ナジャ様の身が危険にさらされます。きっとナジャ様は、すぐに王妃に殺される」

「ナジャ様が王妃に？　なぜだ！」

「それは……」

　マティルデは淡々と説明する。だがその口調にはわずかながら、怒りがこもっているように思われた。そして理由を聞いているうちに、トライアの中にも、王妃への怒り、そして、ナジャへの憐れみがこみ上げてきた。

「なんと……なんと、ひどい理由だ」

　そんなことがあっていいのか。トライアは怒りに震えながらも、あることに思い至り、マティルデに尋ねる。

「もしや……八年前、あの算え子たちが死んだ日、ナジャ様だけが生き残ったのも、『その理由』のためなのか？」

　マティルデはうなずく。

「そのとおりです、トライア。王子リヒャルトが生きているかぎり、ナジャ様の安全も保証される。しかし王子が死ねば、ナジャ様はすぐに殺

される。だから、王子が死ぬようなことがあってはならないのです。少なくとも、ナジャ様を安全な場所に逃がすまでは」
「ナジャ様を、安全な場所に？」
「ええ。そのことで、あなたに協力をしていただきたいのです」
　マティルデは、近いうちにナジャをここから逃がすつもりだと言った。聞けば、ナジャは今、王妃が呪いに利用している妖精たちを解放しようとしているのだという。
「王妃は、他人の運命数を構成する数を計算するために、フワリズミー妖精の魔法の鏡の一つ、『演算鏡（えんざんきょう）』を利用しています。ナジャ様は神々の導きによって、その中に閉じ込められた妖精たちを解放する役割を課されました」
「あのナジャ様が、そんな危険な役目を？」
　王妃の養女ナジャは、利口な少女には違いない。だが、ほんの子供に過ぎない。
「危険であることは、私も承知しています。だからこそ、彼女を守り、しかるべき時機に、彼女を城の外へ安全に逃がす必要がある。そしてその時が来る前に、ナジャ様が王妃に殺されるようなことは、絶対に避けなくてはならない」
　トライアは思う。どうやらこのマティルデは何もかも把握していて、しかも自分の味方でもあるらしい。しかし、戦士としての長年の経験が、こうも訴えている。この人物を全面的に信頼していいのか、と。
「黒のマティルデ。お前はいったい、何者なのだ」
　四年前にこの城に来てからというもの、王妃の忠実な僕（しもべ）として、王妃の呪いに協力してきた女。それなのに、王妃に対抗しようとする自分に助言をし、ナジャを守らせようとする。いったい、何者なのだ？　トライアの鋭い視線を受けながら、マティルデはゆっくりと歩み、木々の間から芝の上へ移動する。雲が切れ、満月が姿を現す。マティルデはおも

むろに、左目にかかった眼帯を外した。月光に照らされた人影が、まったく別の人物の「像」を浮かび上がらせる。
「あ……あなたは！」
　すぐに月は隠れ、「像」は消える。彼女は眼帯を再びつける。そこにいるのは、元のマティルデだ。トライアは、自分が見たものが信じられず、しばらくの間放心していた。いったい何がどうなって、「そうなって」いるのか。しかし、頭で確信するよりも先に、トライアはその場にひざまずいていた。彼女はうつむき、マティルデの前で涙を流した。トライアはしばらくそのままでいたが、やがて涙に濡れた顔を上げ、はっきりとこう言った。
「分かりました。王子の暗殺は断念しましょう。そしてあなたのお望みどおりに、ナジャ様を助けます。ですからどうぞ、なんなりとご指示を」

　リヒャルトが城に戻ってきて三日目の昼。ナジャは、自室に籠もって刺繍をしていた。ナジャが刺繍しているのは、リヒャルト用のフード付きガウン。リヒャルトの回復を祈るために、王妃が使用人たちに仕立てさせたものだ。絹と毛の混紡のしなやかな糸で織られており、丈も幅もたっぷりとあり、袖はゆったりと広い。色は、自然の回復力を象徴する深緑色。刺繍はナジャの担当で、生命の樹を精緻にパターン化した模様を、銀糸の極小のクロス・ステッチでかたどっていく。完成すれば、日光の下でも夜の明かりの下でも美しく輝くだろう。作業の早いナジャは、仕上げようと思えば今日中にでも仕上げられる。だが、これをすぐに仕上げてしまう気にはなれなかった。それよりも、中断していた「計算」を再開しなくてはならない。
　ナジャはリヒャルト用のガウンをきれいに畳み、物入れの中に仕舞

う。中に保管してあるビアンカの服を見て、ナジャはふと、このガウンはリヒャルトではなく、ビアンカの方に似合うのでは、と思った。ビアンカの金髪。少し緑がかった、青い瞳。でも、そんなことを考えても仕方がない。ナジャは頭を切り換えて、石板と白亜の棒を取り出す。

　日を追うごとに、ナジャの計算は速くなっている。しかし、まだ**4899999991** を割り切れる数は見つかっていない。夕方には、**3533** で割り算をするところまで行ったが、これでも割り切れなかった。いったい、何日かかるのだろう。気が遠くなったナジャが窓の外に目をやると、夕暮れの中、薬草畑が見えた。ナジャは、メムに言われた「フィボナ草」のことを思い出す。

　——メムが言っていたフィボナ草って、もしかして、あそこに植えられている草のことかしら。

　ナジャは立ち上がり、薬草畑に向かう。蜂に警戒したが、蜂小屋の外には出てきていないようだ。ナジャは畑にしゃがみ込み、草を見る。

　この草をこれほどしげしげと眺めたのは初めてだった。茎の下の方から上の方まで規則的に付いている葉は、形はぎざぎざしているが、触ると柔らかい。そして上の方に、赤みがかった黄色の小さな花が付いている。ナジャが見た草には、大きめの塩粒ぐらいの花が五つだけ、固まって付いていた。他の草はどうなのだろう。その近くの草を見ても、まったく同じ。微小な花が、五つ。

　ナジャは立ち上がって、畑を見渡す。よく見ると、畑が細かく区画分けされているのが分かる。一つの区画は、一辺がナジャの肩幅ぐらいの四角で、それぞれに草が数本植えられている。それぞれの区画の中央には、地面に刺さった木片があり、番号が書かれていた。ナジャが今いる区画の木片に書かれている番号は、「**F5**」。ナジャは今いる区画の左隣——**F4** を見る。そこの草はどれも、花がさらに少ない。一本の草に、たった三つ。その左隣の **F3** は二つ。その左の **F2** は一つ。

——いくつ花を付けるかで、薬草を分けているの？

しかし、その左、畑の左端の区画にあたる **F1** の草も、花は一つだった。ナジャは回れ右をして、今度は端の区画から右に向かって歩く。一本の草につく花の数は、**1, 1, 2, 3, 5** と増えていく。ナジャはさらに右の区画、**F6** の草を見る。一本の草につき、花は **8**。その右隣の **F7** は、**13**。微小な花の数が、右の区画へ行くほど増えていく。

——この増え方、何か意味があるのかしら。

「今あなたが見ている草は、すぐ左の二つの区画の草を交配させたものですよ」

突然背後から話しかけられて、ナジャは跳び上がりそうになった。恐る恐る振り向くと、そこには王妃のお気に入りの若い詩人、ラムディクスがいた。

「いつから……」

人の気配に、まったく気がつかなかった。怯えながら尋ねるナジャに、詩人は穏やかに答える。

「いや、ナジャさんが、熱心に草をご覧になっていたものだから」

詩人のすまなさそうな顔に、悪意は感じられない。でも、ナジャは警戒をゆるめない。それに気づいているのかいないのか、詩人は続ける。

「あなたが見ている **F7** 区画の草には、**13** 個の花が付いているでしょう。その左にある **F6** 区画の草と、**F5** 区画の草を交配させてできたものなのです。花の数は、交配させた二つの種の花を合わせた数になる」

警戒しながら聞いていたナジャも、詩人の説明についつい聞き入ってしまう。詩人の説明が正しいなら、**F3** の草は、**F1** と **F2** を交配させたもので、**F1** と **F2** の花の数はそれぞれ **1** と **1** だから、**F3** の花の数は **2** になる。**F4** はというと、**F2** と **F3** を交配させたものだから、**1** 足す **2** で、**3**。**F5** は、**2** 足す **3** で、**5**。**1, 1, 2, 3, 5, 8, 13**……。確かに、詩人の言うとおりになっているようだ。

「この草は、大自然の摂理を体現している素晴らしい植物です。この草が付ける花の数は、自然界に多く見られる数なのです。さまざまな植物の花弁の数や、果実に入った種の数など、枚挙にいとまがありません。このことは、この草が万能薬であることと無関係ではないでしょうね」

　万能薬。やはりこれが、探していた草なのでは？　ナジャは思い切って、詩人に聞いてみることにした。

「あの、この草の名前は……」

「フィボナ草です。よく似たものにリュッカ草というのもありますが、それは少し違う。何が違うかというと……」

　詩人は説明を続けるが、その先は耳に入ってこない。ナジャの頭の中が、メムたちのことでいっぱいになったからだ。これが、フィボナ草。メムたちから頼まれた草。メムは、ここらへんにあるだけ、たくさん必要だと言っていた。でも……。

　──こんな量、私一人で持ち出せるわけがない。

　ナジャは気が遠くなる。めまいを感じてふらついたナジャは、足もとにある土のくぼみにつまずいてしまった。

「危ない！」

　転びそうになったところを、詩人に支えられた。詩人に手を取られていることを認識したナジャは、気が動転して、思わず手を払いのける。

「大丈夫ですか？」

　そう声を掛けられ、ナジャは詩人が自分を助けてくれたのだと思い起こし、すまない気持ちになった。

「……ごめんなさい」

「謝ることはありませんよ」

　詩人はこちらに笑顔を見せる。夕日に照らされたその顔は、いっそう美しく見えた。ナジャの頬は熱くなるが、同時に体の奥底から、警告のようなものがわき上がってくる。

──この前みたいに、王妃に見られたら。

ナジャは慌てて、詩人に言う。

「あの、私、離れに戻ります」

「どうしたんですか、急に」

詩人は、一度ナジャさんとゆっくり話してみたかった、だからもう少し……というようなことを言った。ナジャは嬉しさと恥ずかしさと恐ろしさで、どうすればよいか分からなくなった。そして気がついたら、こう口走っていた。

「その、あの、……王妃様が」

「王妃様？　お母様がどうかしたのですか？」

「ええと、怖いんです」

ナジャは自分がどんな顔をしてそう言っているのか分からなかった。分からない方がいいとすら思う。しかし詩人は微笑みながら言う。

「王妃様は、あなたのお母様でしょう。怖がるのはおかしなことですよ」

「でも……」

「王妃様はいつもお忙しい。この国を治めるので手一杯でいらっしゃいますから。でも、心の奥底では、あなた様のことを思っていらっしゃるはずです。王妃様はこう言っておられましたよ。城は危険が多いから、娘を──あなた様を離れに置いているのだ、と」

ナジャは耳を疑った。本当なのだろうか。にわかには信じられないが、この詩人の言うことは無視できない。

「王妃様は誤解を受けやすい方です。巷では、王妃様が呪いを使うとかいう噂を流す輩がいますが、そんなことがあるわけがない。私はそもそも、呪いなんてものを信じていない」

「でも、スムス伯夫妻が」

ナジャがそう言うと、詩人は悲しそうな顔をする。

「そのことですか。実は昨日、スムス伯夫妻が宿泊していた僧院の僧が

捕らえられました。その僧がスムス伯夫妻の食事に毒を盛っていたそうです」

「本当ですか？」

「ええ。ナジャ様にまで疑われていることを知ったら、王妃様はきっと、悲しまれますよ」

そのとき、居館の方から、晩餐の開始を告げるラッパが鳴った。詩人は「ああ、行かなくてはなりません」と名残惜しそうな顔をしながら、ナジャに笑顔を見せてその場を立ち去った。ナジャはその場に立ち尽くしたまま、混乱し続けていた。

いったい、何を、誰を、どこまで信じればいいのだろう。ナジャは部屋に戻り計算を続けるが、進み方は思わしくない。疲れているからか、それとも、詩人の言葉に影響されているからなのか。

外がすっかり闇に包まれた頃、何やら騒がしくなった。

——何？　何かあったのかしら？

窓から外を眺めると、衛兵たちが数人、こちらへ向かってやってくるのが見えた。

「ナジャ様！　ナジャ様はおられるか！」

切羽詰まった様子に、ナジャは部屋を出て、離れの出口から外に出る。ナジャの姿を認めた衛兵は、慌てた様子でこう言った。

「ナジャ様、王妃様がお呼びです」

「どうしたんですか？　何があったのですか？」

「それが……リヒャルト様が……刺客の手によって、暗殺されました」

「ええっ！」

「王妃様から、ナジャ様をすぐに神殿にお連れするよう命じられました。今、王妃様はナジャ様を必要としておいでです。一緒にお越しください」

あまりのことにナジャは動転したが、行かないと言えるはずもない。

ナジャはただ言われるがまま、衛兵たちに伴われて神殿へ向かう。

　衛兵たちが、神殿の大きな木の扉を開ける。中は暗くて、よく見えない。祭壇があるはずの方向から、王妃の声だけが聞こえてきた。

　——ご苦労でした。ナジャ以外の者は、下がって。神殿の外を見張りなさい。

「はっ」

　衛兵たちはナジャを残し、神殿を出た。

　——ナジャ、こちらへ。

　そう言う王妃の姿は、相変わらずよく見えない。王妃の声に導かれるまま、ナジャは神殿の暗がりを進む。やがてうっすらと、神殿奥の壁画と、祭壇の前にいる王妃が見えてくる。王妃はナジャに駆け寄り、その体を抱きしめる。

　——ああ、ナジャ。リヒャルトにたいへんなことが起こり、あたくしの心は張り裂けそうです。でも、こんなときにあなたという「娘」がいてくれて、あたくし、どんなに心強いか……。

　王妃は涙を流していた。ナジャは耳を疑ったが、その言葉は、本心から出ているように思われた。自分という「娘」が存在することを、王妃が今、心から喜んでいる。ナジャはひどく動揺したが、自分の中に、王妃を疑ったのは間違いだったのではないかという思いが湧き上がってくるのを感じた。メムたちに見せられたものは、やはり幻だったのではないか。さっき詩人が言ったとおり、王妃は呪いを行ってなどいなかったのではないか——。

　しかし王妃は、次にこう言った。

　——あなたがいるから、リヒャルトは生き返るのよ。あたくし、あなたを「娘」にしておいて、本当に良かった。

「え？」

　どういうこと？　疑問に思ったときは遅かった。王妃はナジャから体

を離すと、ナジャの背後に向かって何か合図をした。すぐに、ナジャの両腕と両肩が、複数の人間によって押さえられた。口もふさがれる。ナジャを拘束したのは、ここの祭司たちだ。王妃は言う。

　——ナジャ、今からあなたの数を、リヒャルトに移すわね。あなたの運命数、**124155** の約数を全部足し合わせると、リヒャルトの運命数になるのよ。だから、あなたの数を使えば、リヒャルトは生き返ることができるの。どう？　あなたは死んじゃうけど、あたくしの役に立てて、嬉しいでしょう？　だって……。

　その続きを聞いたとき、ナジャは抵抗する力を失った。

　——だって、あなたには、それしか価値がないんですもの。

第四章

扉の向こうへ

　部下から王子リヒャルト死亡の知らせを聞いたとき、衛兵隊長トライアは耳を疑った。
「何かの間違いではないのか？」
「いいえ、間違いありません」
「いったい、誰が！」
「それが……」
　部下は非常に言いづらそうにしながら答える。
「手を下したのは、我らが国王の護衛二人です。すでに捕らえましたが」
　部下はその護衛たちの名を告げる。どちらも、よく知っている名だ。
「彼らが、なぜ……」
「それが……国王じきじきの命令とか」
「何っ？」
　部下によれば、国王は数日前ひそかに城を抜け出し、愛人とともに隣のエルデ大公国の保護下に入ったのだという。国王は、王妃との間に生まれたリヒャルトを廃し、愛人が身ごもった自分の子をメルセイン王国の跡継ぎにするために、隣国の協力を取り付けているというのだ。
「何ということだ……」

国王。もう長年、王妃から脇に追いやられていた夫。その夫が、ついに妻に牙をむいたのだ。

——私以外にも、王子リヒャルトを狙っている者がいたのか。

先日の「黒のマティルデ」の助言に従い、自分が王子暗殺を断念した直後に、別の者が手を下すことになるとは。完全に想定外だが、戦においてそれは当たり前のこと。トライアはすぐに頭を切り換える。こうなったら、すべきことはただ一つ。

「ナジャ様を！　今すぐナジャ様を保護するのだ」

「なぜナジャ様を？　ナジャ様なら、先ほど別の者たちがお迎えに行きましたが。王妃様のご命令で、ナジャ様を神殿にお連れするように、と」

トライアは青ざめる。すでに王妃は、「邪法」を実行しようとしているのだ。今すぐ止めなければ。しかも、後々のことを考えると、部下を巻き込むわけにはいかない。あくまで「自分の独断で」行う必要がある。トライアは一人、兵舎から飛び出す。

——息子を死から救うために、養女を犠牲にする。そのための「邪法」。

数日前にマティルデから聞かされた、王妃の恐ろしい計画。マティルデは言った。リヒャルトとナジャの運命数には、深いつながりがあるのだ、と。

——ナジャ様の運命数は **124155**。リヒャルト王子は **100485**。ナジャ様の運命数の約数のうち、運命数そのもの以外のものは、**1, 3, 5, 9, 15, 31, 45, 89, 93, 155, 267, 279, 445, 465, 801, 1335, 1395, 2759, 4005, 8277, 13795, 24831, 41385**。これらをすべて足し合わせると、リヒャルト様の運命数になる。

マティルデの話では、その逆も成り立つということだった。つまりリヒャルトの運命数の約数のうち、運命数それ自体を除いたものをすべて足し合わせると、ナジャの運命数になる。

そしてこの性質は、万一片方が死亡した場合に利用することができる。一方の者の死から数時間以内に、特殊な方法で他方を殺し、その血によって「運命数の約数」を「積み上げ、移す」ことで、死んだ者の運命数を「復元」する。そうすれば、蘇生が可能になるのだ、と。
　——つまり王妃にとって、ナジャ様の存在は……王子リヒャルトにもしものことがあった場合の、「運命数の貯蔵庫」。
　恐ろしい。こんな話があっていいのかと、トライアは思う。そしてナジャが不憫でならない。
　トライアは神殿に向かって移動しながら、自らに向かって問いかける。自分の中に流れる、タラゴン家の血。その血が作り上げる「反骨の大刃」。自分を殺めるものは、その方法が何であろうと、その刃を受ける。トライアはできることなら、その相手が王妃か王子であることを願ってきたが、今はそれどころではない。全力を尽くして、哀れなナジャを救出しなければならない。
「トライア」
　突然名を呼ばれ、トライアは足を止めた。見ると、そこにマティルデが立っていた。
「なぜ、呼び止められるのです？　すぐに行かなくては、ナジャ様が！」
「分かっています。しかし、あなたには神殿に行かず、別のことをしていただきたいのです」
「神殿に行かない？　では、誰がナジャ様をお助けするのです？」
「それについては心配ありません。あなたは、ナジャが城から出られるように、準備をしてください」

ナジャは透明なガラスの棺に入れられ、神殿の祭壇の左側に「置かれて」いる。祭壇の右には、死んだリヒャルトを入れたガラスの棺がある。王妃と祭司たちはそのあたりで何か話をしているが、ナジャはそちらを見ることもせず、ただ棺のガラス越しに神殿の天井を見上げていた。「あなたには、それしか価値がないんですもの」。さっきの王妃の言葉が、何度も何度も頭によみがえる。

　昔から、王妃にとって自分は価値のない存在なのだろうとは思っていた。王妃の態度から、それは明らかだった。でも、面と向かってそう言われるまで、心のどこかで「もしかしたら、自分の思い違いなのかもしれない」と思っていたのだろう。王妃はそっけないだけで、本当は自分のことを考えてくれているのかもしれない。養女として引き取られた自分には、王妃にそうさせるだけの「何か」があるのかもしれない、と。

　その「何か」が、さっき王妃本人の口から、はっきりと語られた。ナジャは、悲しくはない。寂しくもない。ただ……体に、力が入らない。今自分は、生きる気力を失っているのだ。

　馬鹿みたい。ナジャは力なく笑った。自分のかすかな笑いの向こう、ガラスの棺の外で、王妃と祭司たちが話し合っているのが聞こえる。

　――まだなの？　早くなさい！

　――そう言われましても、まだ準備が……

　――リヒャルトを生き返らせないといけないのよ！　急がないと……

　――リヒャルト様なら大丈夫です。このガラスの箱の中なら、数日は死んですぐの状態のまま保存できます。その間に「血の積み上げ」を行えば、完全に復活なさいます。

　――よくもそんな、悠長なことを言っていられるわね。あたくし、今すぐに、あの愚かな夫への対処もしなくちゃならないのよ！　その前にリヒャルトがよみがえらないことには、安心して夫を始末できないじゃないの！

——しかし、準備に時間がかかりますので……

　王妃は「とにかく急げ」の一点張りで、祭司たちが準備の必要性を訴えるほどに、怒りは募るようだった。ついに王妃は激高し、祭司たちを怒鳴りつけ、次に自分がここに戻ったときにリヒャルトが生き返っていなかったらお前たちを全員殺すと、口汚く罵った。そして、側近の兵士たちを連れて出て行く。祭司たちは呆然として王妃を見送ったが、神殿の扉が閉まるやいなや、準備に励み始めた。ナジャは思う。

　——あれが、あの人の本性。

　王妃は祭司たちのことも、明らかに「人」として見ていない。「ただの道具」だ。それは、王妃にとってナジャが「ただの数」であるのと変わらない。

　そう思ったとき、ナジャの中に芽生えた感情があった。それは、ふつふつと熱く、ナジャの全身を駆け巡る。長いこと、抑えつけてきた感情。

　——私、怒ってるんだわ。

　あらゆることが頭の中に蘇ってくる。ビアンカの怪我を無視し、リヒャルトだけをかばった王妃。人々を欺き、多くの人を呪い殺してきた王妃。「算え子」の娘たちも、あの作業を指示していた侍女長も……きっとビアンカも、王妃に殺されている。そして、呪いのための道具として、今も犠牲になっている妖精たち。

　——頼む。

　金髪のメムの切羽詰まった顔が思い浮かぶ。ナジャは、申し訳ない気持ちでいっぱいになった。自分は結局、彼らのために、何もしてやれなかった。メムとカフの運命数を割り出すことすら。

　——もう少し、時間があればよかったのかしら。

　4899999991は大きな数だ。これを割り切れる数を見つけるために、あと何日かかったか分からない。でも、もう少し早く答えが見つかっていれば、こんなことにはならなかったかもしれない。このままなら、メ

ムが言っていたように、遅かれ早かれ妖精たちは死ぬのだろう。王妃に利用され続けたあげく、故郷を想いながら、あの暗い洞窟の中で死ぬのだ。

　——悔しい。

　ナジャは唇を噛み、目をきつく閉じる。全身に力が入る。仕方のないことだと分かっていても、諦めきれない自分がいることに、ナジャははっきりと気づく。でも、自分には力が足りない。

　私じゃなくて、ビアンカだったら。ビアンカなら、何か不思議なひらめきをもって、答えを導き出せたかもしれない。ビアンカはいつだってそうだった。あのときだって。「48×52 を、紙を使わないで計算できる?」と問われたときも、その答えの導き方に、ナジャは感動したものだ。「48 は、$50-2$ でしょう?　そして 52 は、$50+2$ よね?　$50-2$ と $50+2$ をかけた数は、50×50 から 2×2 を引いた数と同じなのよ」

　他のあらゆる数についても、同じことが当てはまった。$100-5$ と $100+5$ をかけた数は、100×100 から 5×5 を引いた数と同じ。だから、95×105 は、$10000-25$ で、答えは 9975。そして、$70-3$ と $70+3$ をかけた数は、$70 \times 70-3 \times 3$ と同じ。だから、67×73 は、$4900-9$ で、4891。

　——4891?

　ナジャは気がついた。この数は、4899999991 に似ている。

　ナジャは目を開く。ガラスの棺の真上に吊されたランプの光が目に飛び込んでくる。目がくらんだ一瞬、ナジャの頭にひらめいたことがあった。

　——4899999991 は、4900000000 から、9 を引いた数だ。

　4899999991 は、$4900000000-9$ と等しい。そして 4900000000 は 70000×70000 と等しく、9 は 3×3 と等しい。つまり 4899999991 は、$70000 \times 70000-3 \times 3$ と等しいのだ。

　そして、ナジャの頭の中に、二つの数が浮かぶ。

　——これが、答えだというの?　本当に?

　心に疑問が芽生えるのとほぼ同時に、ナジャの頭は二つの数を掛け合

わせて「確かめる」。二つの数の積は確かに、**4899999991**。つまりそれらの数は、**4899999991** を割り切れる、二つの数なのだ。

　——ああ、分かった。

　メムとカフの運命数が。あの扉を開くための数が！

「出して！　ここから！　お願い！」

　ナジャは両手を上げて、ガラスの棺の蓋を叩く。蓋は頑丈で、しかも自分が発した叫びは棺の外には出て行かず、ガラスの壁の中で心許なく消えてゆく。なぜさっき、ここに閉じ込められる前に、もっと抵抗しなかったのだろう。ナジャはそれを悔やみながらも、今度は手足、全身を使って、棺のあらゆる側面を叩いたり、押したりしてみる。しかし棺はびくともせず、祭壇付近の祭司たちはこちらの物音に気づいた様子もなく、ただ準備にいそしんでいる。やがて祭司の一人が、祭壇の前で光る大剣を掲げながら祈り始めた。他の祭司たちもひざまずいて祈っている。神殿のランプの光に、大剣がぎらりと光る。ナジャは嫌な予感がした。いや、予感ではない。間違いなく、あれは自分を殺すためのものだ。

　そのうちに祭司たちの祈りは終わり、大剣を持った祭司がこちらへやってくる。一人一つずつ香炉を手にした祭司たちも彼に続く。大剣を持っているのは、ついこの前、ナジャの成人の儀式を主導した大祭司。同じ人物が今、自分を殺しに近づいてきているのだ。大祭司はナジャの入った棺のそばまで来ると、剣を持っていない方の手で、ガラスの蓋の中央あたりを触った。するとそこに、細長い切れ目が現れた。ちょうど、大剣を突き通せるぐらいの切れ目。そしてその真下には、ナジャの心臓がある。

「やめて！　出して！」

　ナジャはありったけの力をこめて、涙を流しながら叫んだ。蓋の切れ目から、ナジャの声が聞こえたのだろう。大祭司は祈りながら辛そうな顔をした。しかし彼は、ほんの一瞬動きを止めただけで、祈りをやめよ

うとはしなかった。そして彼は大剣の切っ先を一度天に向け、いっそう
低い声で短い祈りを唱えた後、今度は大剣の向きを変え、切っ先を真下
に向ける。そして、ガラスの蓋の切れ目の真上に、大剣を据えた。
「汝の体内のすべての血の中に、汝の数をゆだね、汝の兄リヒャルトの
中に積み上げるべし」
　──ああ。
　もう、おしまいだ。せっかく、答えを見つけたのに。
　──ごめんなさい、メム。
　私も結局、王妃に利用されるだけの運命だったのだ。大剣がガラスの
蓋の切れ目の方へ、ゆっくりと下りてくる。その切っ先を見たとき、ナ
ジャは恐怖で気を失いかけた。頭から血の気が引き、目の前が真っ暗に
なる。
「おい、何者だ！　そいつを！　そいつを捕まえてくれ！」
　気を失いかけていたナジャは、外から聞こえる物音で我に返った。大
祭司はまだ大剣を持っていたが、目はこちらを見ていなかった。彼の視
線をたどると、他の祭司たちが慌てた様子で、神殿の一角に向かって行
くのが分かった。
　何？　何があったの？　ナジャの方からはよく見えないが、何やら混
乱し始めた祭司たちの間から、人影が飛び出すのが見えた。
　その人影はものすごい速さでこちらへ向かってきた。祭司たちは追う
が、追いつけない。ナジャの棺のすぐそばにいる大祭司は、すぐさまナ
ジャの方に向き直り、急いで大剣をナジャの体に突き立てようとした。
だがそれは、こちらに駆け寄ってきた人物に阻まれた。その人物は、ナ
ジャの棺の上を軽々と飛び越え、大祭司のそばに降り立ってその腕を掴
み、手から大剣を取り上げたのだ。
　──誰？
　見たことのない人だ。でも、若い女性であることは分かる。顎までし

かない、短い銀色の髪。だが彼女が纏っているガウンには、見覚えがあった。

　——私が刺繍したガウン！

　あれはリヒャルトのために作っていた、深緑色のガウンだ。確か、自分の部屋に置いていたはずなのに、なぜ……。いったい、誰なの？

　銀髪の女は大祭司としばらくもみ合った後、大祭司の腹のあたりを大剣の束でしたたかに殴りつけた。大祭司はよろけ、倒れる。しかしすぐに他の祭司たちがそれぞれに武器を構えて、女とナジャの棺を取り囲む。女にも自分にも、もう逃げ場がない。ナジャはそう思った。

　そのとき、銀髪の女は不意に大剣を手放し、ナジャの棺の上にひらりと飛び乗った。彼女は棺に覆い被さるようにして、両手と両膝をガラスの蓋につける。ナジャは彼女を真正面から見た。長めの細い首に、小さな顔。一重まぶたの、少しつり上がった目。美しいが、やっぱり知らない人だ。しかし彼女が胸元に手を入れて何かを取り出したとき、その喉元に、はっきりと見えたものがあった。

　それは、傷。新月の次の日の月のように、細く弧を描いた形。

　——あの傷は！

　ナジャが驚いている間にも、祭司たちは棺の上の女に襲いかかろうとする。祭司の一人が女に向かって剣を振り上げる。

「逃げて！」

　ナジャは女に向かって叫んだが、女は逃げない。かわりに、彼女はナジャに向かってほんの少しだけ、微笑んで見せた。そして、懐から取り出したものを、ナジャの方に向ける。

　鏡だった。ナジャが自分の部屋に置いていた、あの鏡。

　ナジャは鏡の中に吸い込まれていく。ガラスの蓋もナジャを阻まず、ナジャの体はただ、鏡に向かって引っ張られる。鏡に吸い込まれる直前、ナジャはもう一度、銀髪の女を見た。その喉元の傷も。そして気が

つくと、彼女に向かってこう言っていた。

　——ビアンカ。

　　　　　　　　　　　　　　◇

　カフが血を吐いた。それは、彼の運命数が、すでに元の百分の一以下にまで減ったことを意味している。

　——「運命数の泡立ち」が進んでいる。もう、いつ死んでもおかしくない。

　カフは作業台の上に横たわり、苦しそうに息をする。それを見ながら、メムは無念さを隠せないでいた。その上、鏡の向こうでは王妃が、またこちらに指示を出そうとしているのだ。

　しかし、もうこれ以上、カフを動かしてはならない。

　——こうなったら、一か八かの賭けに出るしかない。

　外に出るための扉を開ける「鍵」、つまり自分とカフの運命数をナジャが突き止めてここへ来るということについては、メムたちはもう諦めていた。そして彼らは、「力尽くで扉をこじ開けて逃げる」という可能性に賭けることにしたのだ。

　それがうまくいく保証はない。ただし今の今まで、扉を力によって開けることを試さなかったのも事実だ。もしそれを試みたら、すぐさま鏡虫が現れて、全員殺されることが分かっていたからだ。しかし今、女の命令に従って「仕事」をすれば、カフは死ぬ。仕事を拒否すれば、鏡虫が現れる。メムたちは仕事を拒否する方を選び、鏡虫の攻撃をかわしながら、どうにか扉を開けて脱出できないかと考えているのだ。

　扉が開かなかった場合、おそらく全員が死ぬだろう。しかしメムはすでに覚悟を決めていたし、カフが寝ている間に、ギメルとダレト、ザインにも話をしていた。誰も、メムに反対しなかった。みな、妖精王に仕

102

える神官になったときから、すでに覚悟はできている。

「……メム」

　カフに呼びかけられて、メムは視線を落とす。

「おい、しゃべるな」

「命令……来てるでしょ。仕事……しなきゃ」

　カフは起き上がろうとする。

「いいんだ、カフ」

「駄目だよ」

　カフは、再び自分を寝かしつけようとするメムの手を遮って、震えながら起き上がる。その顔は真っ青だが、笑っている。

「メムには、まだ時間がある。他のみんなにも……」

「それは、もういいんだ」

「駄目だよ……メムたちは、フワリズミーの森へ……ツァディ王のところへ、帰らなきゃ。王様が、きっと待ってる」

　メムは言葉を失う。カフには昔から、こういうところがある。何も考えていないように見えて、時々真実を突くようなことを言うのだ。メムの動揺を見て取ったのか、カフは冗談めかして言う。

「僕らの王様は……とても立派だけど……本当は恐がりで、寂しがり屋だから……きっとずっと、みんなを待ってる」

　メムが返す言葉を探している間に、カフは天井に目をやる。

「僕だって……一人で死ぬのは寂しいよ。でも……みんなを『あんな奴ら』に喰わせたくない」

　メムも天井を見上げる。体じゅうに無数の棘の生えた、巨大なミミズ。「鏡虫」だ。そいつらが五体、天井付近を飛び回っている。それらの体は鏡のように光り輝いている。

　──来やがったか。

「主」の命令に従わないでいると、奴らが現れる。鏡虫はしばらく天井

を飛び回るが、一定時間が経つと、こちらの命を奪いに下りてくる。それが、鏡の中の世界の掟だ。

「おう、どうするよ、メム」

　ダレトが鼻息を荒くする。隣のギメルも上を見ながら言う。

「私は準備できてますよ」

　メムはザインの方を見る。彼も、いつも座っていた場所から飛び降りた。

「俺も準備できてる。どうだ、メム」

　メムはうなずく。一人、カフだけが苦しそうに首を振る。

「駄目だよ……みんな……駄目だ……」

「お前は大人しく、扉の向こうに運ばれていけばいいんだ」

　メムはカフの頭に手をやって、軽くポンポンと叩く。昔から、はしゃぎすぎたカフをたしなめたりなだめたりするときは、そうしてきたのだ。そうすると、カフは少し困ったような、納得できないような顔をして、口をつぐんだ。そして次の瞬間、大量の血を吐いて、地面に倒れた。

「カフ！」

　全員がカフに駆け寄る。カフは数回咳き込んだ後、動かなくなった。ダレトが悲痛な叫び声を上げる。

「カフ、くたばっちまったのか！？」

　ザインがしゃがみ込んで、カフの体に手を当てる。

「いいや、まだ生きてる！　さあメム、指示を出してくれ！」

　ザインにそう言われて、メムは腹の底に力を入れた。

「ダレトとギメルはカフを扉へ運んでくれ！　そして、扉に体当たりをしてこじ開けるんだ。俺とザインは、鏡虫を引きつける！　いいな、ザイン」

「分かった」

　メムとザインは鏡虫の注意を引き付けるように動きながら、できるだけ扉から離れた場所に陣取る。五体の鏡虫は旋回しながら、しばらくこ

ちらの様子をうかがっていたが、急に一体が降下してザインに向かって
きた。
　——服の中に入られたら、終わりだ。
　虫の形をした悪霊のほとんどは、服の袖口や襟、裾などの開口部から
侵入してくる。この鏡虫も同じだ。奴らに服の中に入られたら、棘で傷
を付けられたあげく、体の中心に穴を開けられてしまう。
　ザインは、向かってきた鏡虫を両手で阻もうとした。しかし手で触れ
た瞬間、そいつは速度を上げてザインの右肩に激突した。ザインの肩か
ら血が噴き出す。
「ザイン！」
　メムはその鏡虫に向かっていくが、別の鏡虫が下りてきて、彼の背中
をかすめる。メムの服が切れて、血がにじむ。メムは勇敢にその鏡虫と
やり合おうとするが、また別の奴が背後から突っ込んでくる。メムはそ
れをかわしながら、扉近くにいるダレトとギメルに向かって叫ぶ。
「どうだ！　扉は、開きそうか！」
「いいや！　びくともしねえ！　ちくしょう！」
　ダレトの無念さに満ちた返答を聞いて、メムは思う。
　——もはや、これまでということか。いいや、まだだ。
「ザイン、お前も扉の方へ行って、開けるのを手伝ってくれ！　鏡虫は
俺が一人で引きつける！」
　ザインは肩から血を流したまま、メムに不安げな視線を送ったが、す
ぐに頷いて扉の方へ飛んでいく。メムは一人、鏡虫たちの方を向いて立
った。五体の鏡虫がすべて、メムの方を向く。
　——俺はもう駄目かもしれないが、どうかみんなは脱出してくれ！
　メムが悲壮な覚悟を決めた、そのとき。洞窟の片隅に、小さな丸い光
が現れた。そしてそこから、飛び込んで来た者があった。
「ナジャ！」

メムは驚きのあまり叫んだ。ナジャは洞窟の床に尻餅をつき、痛そうに顔をゆがめていたが、メムの姿を認めると立ち上がり、こちらへ向かって駆け出した。

「メム！　分かったの！　あなたとカフの運命数が！　扉を開く方法が！」

「何だって！」

「きゃあっ」

ナジャが悲鳴を上げる。鏡虫たちがいっせいに、ナジャに向かっていったのだ。

「ナジャ！　そいつらに近寄られるな！　服の中に入られたら終わりだ！」

しかし、遅かった。鏡虫の一つがすでに、ナジャのスカートの裾に近づいていた。膝のあたりにぶつかられて、ナジャは転倒する。

「ああ！」

メムは叫んだが、同時に、奇妙なことが起こった。ナジャにぶつかった鏡虫が、耳をつんざくような不快な音を発したかと思うと、頭の方から二つに裂け、地面に落ちたのだ。

「あれは……」

裂けた鏡虫は、洞窟の床にし・み・のようになって動かなくなった。そうしているうちに、ナジャは再び立ち上がる。彼女に、別の鏡虫二体が襲いかかる。彼女の両袖を狙っているのだ。それに気づいていないのか、ナジャはメムに向かって叫んだ。

「**70003** と、**69997** よ！　あなたとカフの運命数は！」

「袖を守れ！」

メムの叫びにもかかわらず、鏡虫二体はナジャの袖に到達した。しかし次の瞬間、それらは吹き飛ばされたかのようにナジャから離れ、頭から裂けて落ちた。

「何がなんだか分からねえが、あいつ、すげえじゃねえか！」

　遠くから見ていたダレトが興奮する。その間にザインが、扉にメムとカフの運命数を指で記した。すると、びくともしなかった扉が、軋みながら奥に向かって開いていく。ダレトとギメルはすかさずカフを向こう側に運んだ。ザインが叫ぶ。

「メム、ナジャ、早くこっちへ！」

「お前たちは扉の向こう側にいろ！　すぐに行くから！」

　その間にもナジャには、残った鏡虫二体が襲いかかろうとしている。一体がナジャの襟元めがけて飛んでいったが、襟に触れた瞬間、頭から裂けた。メムはナジャの方へ飛びながら、あることに気がついた。

　──鋸歯文、か。

　ナジャの服の開口部の文様。細かい三角形が鋸の歯のように並んでいる。刺繍されているのか織り込まれているのか分からないが、あの文様が鏡虫を防いでいるのだ。つまり、悪霊を噛みちぎる「歯」となって。

　──しかし通常、魔除けの文様が威力を発揮するのは、それぞれの部分で一回のみ。

　そして、鏡虫はもう一体残っていて、ナジャを背後から追いかけている。そいつがナジャの襟元の背中側から侵入しようとした瞬間、メムはナジャの右手を取って、高く宙に浮いた。しかし鏡虫はすぐにこちらを追ってくる。

「追いつかれるぞ！　メム！　早く！」

　扉の前でこちらを待ち構えているザインが叫ぶ。彼の言うとおり、鏡虫は近くに迫ってきている。メムは全速力で飛んでいるが、ナジャを運んでいる分、背後の鏡虫の方が速い。このままでは、鏡虫に追いつかれてしまうか、鏡虫もろとも扉をくぐることになる。どうすれば……。

「ねえ！」

　ナジャが話しかけてくる。

「話している暇はないぞ！　黙ってろ！」

「違うの！　さっきどうして、ミミズが私から離れたの？」

　ナジャは、さっきのことを尋ねているのだ。メムは答える。

「お前の服の模様だ。鋸歯文——三角の文様が、お前を悪霊から守ったんだ」

「ということは、あの棘だらけのミミズは、魔除けの模様に弱いのね？」

「そうだが、もうお前の服の鋸歯文は力を失った。両袖、襟、裾の四つの部位でミミズを撃退したからな」

「ねえ！　三角の模様じゃないと駄目なの？」

　どういうことだ？　メムがナジャに目をやると、ナジャのすぐ下まで鏡虫が迫っているのが見えた。ナジャは自由な方の左手を腰に回し、ベルトを取り外した。そのベルトの文様を見たメムは、ナジャの意図を悟る。

　——迷路文。

　ナジャは下の鏡虫に向かってベルトを投げつける。すると、鏡虫はベルトに吸い込まれるかのように、姿を消した。

「やった！　魔除けが効いたわ！」

「あれは一時的なものだ！　油断するな！」

　迷路文には、悪霊を迷い込ませる効果がある。ただし、よほど出来が良くなければ、一秒も経たずに悪霊は出てくる。だが、ナジャのベルトの迷路文には効果があった。明らかに、数秒を稼ぐことができたからだ。メムはナジャにしっかりつかまるように言い、力の限り加速する。扉はもうそこだ。ザインが待ち構えている。

「ザイン、入れ！　俺たちはこのまま突っ込む！」

　ザインはうなずいて、扉の中へ滑り込んだ。

「来たわ！」

　ナジャの言ったとおり、鏡虫はベルトの「迷路」を脱し、再びこちら

108

に追いつこうとしている。

　——扉まで、あと三秒……二秒……一秒……

「今だ！　扉を閉めろ！」

　扉の向こう側に飛び込んだメムは、その勢いのまま流されながら、後ろを振り返る。ダレトが扉の左側、ギメル、ザインの二人が扉の右側を力一杯押しているのが見える。そして左右の扉に、鏡虫のぎらぎら光る頭部が挟まれている。そのせいで、扉を閉め切ることができない。ギメルが叫ぶ。

「ザイン！　こっちの扉、しっかり支えててくださいよ！」

　ザインはうなずく。ギメルが一度扉から体を離すと、鏡虫はさらに体をこちらにめり込ませてきて、扉が一瞬、開きそうになった。ザインとダレトが鬼の形相で扉を押さえる中、ギメルは助走を付けて、左右の扉の中間めがけて体当たりをした。

　ものすごい音がして、扉が大きく向こう側に傾いた。鏡虫の体の大部分はギメルの体当たりによってはじき出され、頭の先端は両側の扉によってちぎれ、その場に落ちた。ギメルは扉にぶつかった勢いで手前にはじかれて大の字になったが、扉は完全に閉じた。

「助かった……扉から、出られた」

　速度を落としながら、メムはつぶやく。もう、自由だ。あの女の、奴隷ではないのだ。

「なんだか明るくなってきたわ」

　ナジャの言うとおり、扉が完全に閉じてから徐々に明るくなり、周囲の様子がよく見えるようになった。白く滑らかな壁に囲まれた、ドーム状の空間。正面の壁中央には、大気を象徴する渦巻きに蔦の葉が絡まった、フワリズミーの森の紋章がある。そこは確かに八年前、彼らが鏡に入るときに通ってきた場所だった。そして光の源は、壁の上の方にある。

「メム、見て！　あれは……」

ナジャが指さす方を見ると、小さな丸い鏡があった。
「あれ、私の鏡よね？」
　光源を指差すナジャに、メムが答える。
「そうだ、あれが、出口になるんだ」
　メムは他の者たちをその場に止まらせ、一人で鏡に近づき、外の様子を伺う。そこは、安全だろうか？　メムは警戒したが、ある人物の姿を認めて、彼の心に安堵が広がっていった。それは、これまで自分たちのことをたびたび励まし、「救いの主」の存在——つまりナジャのことを予言していた、黒い服の女。女の右目と、メムの目が合う。女はメムに、無言でうなずいて見せた。たったそれだけでも、メムには女の言いたいことが分かる。
　——ああ、よかった。外は、安全だ。
「どうなの、メム？　出られそう？」
　ナジャがメムに声をかけたとき、黒い服の女はもう、鏡から見えるところにはいなかった。やがて鏡の放つ光は強く、大きくなり、メムとナジャ、扉のそばのギメル、ダレト、ザイン、そして寝かされたままのカフを包んでいく。
「これは……この光は……？」
　ナジャの問いに、メムは心の中でこう答える。
　——俺たちを解放する光だ。俺たちは外に出る。全員で。そして、賢く気高い、「救いの主」とともに。

　鏡の前で、王妃は苛立っていた。
「どういうことよ！　なぜ、いつまでも答えを返さないの？　『運命数の分解』はどうなったのよ！」

王妃が怒鳴っても、鏡はまったく反応しない。王妃の苛立ちは募る。リヒャルトが助かることが確実になった今、すぐにすべきなのは、あのつまらない夫の反逆を阻止することなのだ。

——夫を呪い殺そうと思えばいつでもできた。あたくしが今まであんたを殺さずにいたのは、あたくしの慈悲だったのよ。

愚かな夫はエルデ大公国の力を借りて、近いうちにここを攻めてくるつもりに違いない。その前に——自分に刃向かったその日のうちに、あの男の息の根を止めてやる。そうしなくてはならないのだ。それなのに、なぜか鏡が、言うことを聞かない。

——あの卑しい妖精ども。何を怠けているのかしら！

「下僕ども」は、いったい何をしているのだろうか。こちらに従わなければ、すぐに死ぬというのに。

そのとき、部屋の外が騒がしくなった。自分を呼ぶ声もする。王妃が肩を怒らせながら外に出ると、廊下で衛兵たちが騒いでいた。いったい、何なのよ！　怒号を発する王妃に、衛兵たちはひざまずいて報告する。

「それが……神殿に何者かが侵入し、ナジャ様が姿を消しました」

王妃は、自分が何を聞いているのかまったく理解できなかった。衛兵はしどろもどろに続ける。

「その、侵入者というのは、見たこともない、銀色の髪の女です。その女がナジャ様に何かをして、ナジャ様の姿が消えて……」

「何してるのよ！　その女、捕らえなさい！」

「それが、逃げられてしまって……」

「それで、ナジャは！」

「見つかりません」

信じられない王妃は、衛兵たちを怒鳴りつけて道を開けさせ、自ら神殿へと急ぐ。衛兵たちはその後をぞろぞろとついてくる。その気配も、王妃を苛立たせる。

——どいつもこいつも、役立たずの、頭のからっぽな奴ばかり！　こいつらが、あたくしの邪魔をしている！

　怒りを爆発させながらたどり着いた神殿では、祭司たちがおろおろしていた。リヒャルトの体をそっちのけにして、ただうろたえている祭司たち。王妃は彼らを怒鳴りつけて状況を説明させるが、彼らはナジャがどこに消えたかは言わず、ただ自分たちの落ち度を取り繕うことしかしない。

「言い訳はもう聞きたくないわ！　そんなのはどうでもいいから、全員でナジャを探すのよ！　さっさとやりなさい！」

　王妃の剣幕に、祭司たち、衛兵たちはみな震え上がって、すぐに捜索に取りかかった。王妃は叫ぶ。

「マティルデ！　マティルデはどこ！？」

「ここに」

「黒のマティルデ」はすぐに、どこからともなく現れた。王妃は怒鳴るように命令する。

「『蜂』を使ってナジャを探しなさい！　今すぐ！」

「かしこまりました」

　こんなときでも、マティルデは冷静に答え、颯爽と外へ出て行く。王妃は祭壇の右側に置かれたガラスの棺に目をやる。リヒャルトは相変わらず青白い顔で、棺の中に横たわっている。王妃はそちらに駆け寄って、棺を抱きしめるように覆い被さった。かわいそうなリヒャルト。すぐにナジャを捕まえて、あなたを救ってあげますからね。

　きっと、ナジャは見つかるはず。王妃には、自信があった。これまでの人生で、自分の思いどおりにならなかったことは一つもないのだ。何があろうと、万事うまくいくことが約束された人生。

　——だって、あたくしの運命数は、特別ですもの。

　自分の数のことを思うと、王妃はいつも嬉しくなる。こんなときで

112

第四章　扉の向こうへ

も、自分の数は希望を与えてくれる。衛兵たちが自分を呼ぶ声が聞こえ
てきた。きっと、良い知らせに違いない。王妃は顔を上げ、期待をこめ
て尋ねる。

「ナジャが見つかったのね？　そうでしょう！」

「いいえ……違うのです。その……薬草畑の草が、すべて盗まれました」

　耳を疑う王妃に、衛兵はさらに信じられないことを言った。

「使用人たちの話では……衛兵隊長トライアに『王妃様のご命令』と聞
かされて、短時間ですべて刈り取ったそうです。トライアはそれを馬に
引かせて、裏門から持ち出したとか」

　王妃の目の前は、真っ暗になった。

第五章　約束の楽園

第五章

約束の楽園

　目を覚ましたとき、ナジャは自分が「箱の中にいる」と思った。窓は
なく、外は見えないが、馬の蹄（ひづめ）の音と、がたがたという車輪の音がす
る。そしてかすかな、草の匂いも。

　ナジャは壁に寄りかかって寝ていたようだ。自分の足下から大きないび
きが聞こえる。見ると、ギメルが仰向けに寝ており、その奥に、壁の
方を向いて寝ているザインの背中がある。

　ナジャが眠りにつく前のことを思い出すまでに、少し時間がかかっ
た。確か、妖精たちと一緒に鏡の外へ出たら、森の中にいたのだ。そこ
には馬車があり、そのそばに衛兵隊長トライアが待ち構えていた。ナジ
ャは当然、トライアが王妃の命令を受けて自分を捕まえに来たと思った
が、トライアは否定した。「私は王妃の敵であり、ナジャ様の味方です。
これからナジャ様を安全な場所へお連れします」と。トライアはメムた
ちのこともあらかじめ知っていたようで、病人──カフを寝かせるため
の小さな寝台や、怪我の手当てのための道具、食料や水も用意してい
た。メムたちはすぐにトライアを信用し、戸惑うナジャを促して一緒に
馬車に乗り込んだ。馬車が動き出してからは、ナジャは妖精たちの怪我
の手当てを手伝い、カフの看病を手伝って、眠りについたのだった。

115

「起きたのか？」

　右上の方から声が聞こえた。そこは一段高くなっており、ダレトが座っていた。そのそばにしつらえられた寝台に、カフが仰向けに寝かされている。

「カフは、大丈夫なの？」

「意識はねえけど、なんとか生きてるよ。相変わらず危険な状態だが、あそこを脱出できたから、まだ希望はあるわな。とりあえず、カフをあの嫌な場所で死なせずに済んだだけでも、俺たちは嬉しい。ありがとうよ」

　いつも不機嫌そうにしているダレトが、珍しく穏やかな顔でナジャに礼を言う。ナジャは少し照れながら、ダレトに尋ねる。

「私たち、今、どこにいるの？」

「俺もよく分からねえんだが、かなり遠くまで来たことは確かだ」

　やがて馬の蹄の音がゆっくりになり、馬車が止まった。ナジャが寄りかかっていた壁のすぐ横から風が吹き込んでくる。そこが出入り口だったということを、ナジャは思い出す。そしてそこに、兜を被った女性の顔が現れる。トライアだ。

「ナジャ様、お目覚めですか。体調はいかがですか？」

「私は大丈夫。でも、どうしてトライアが、私たちを……」

「それについては、いずれゆっくりお話しします。まずは必要なことだけ申し上げましょう。私たちはすでに国境を越えて、エルデ大公国領に入りました」

「ということは……メルセイン城からは、もうずいぶん遠くに来たのね？」

「夜通し馬車を走らせましたからね。私は朝方に軽く仮眠を取りましたが、その後にもかなり移動しました。もう、城どころか、メルセイン王国の土地も見えませんよ。さあ、こちらへ」

　トライアは手を差し伸べて、ナジャが地面に降りるのを手助けする。

第五章　約束の楽園

すでに日はだいぶ傾いてきている。青っぽい山々の影を見ながら、ナジャは思う。生まれて初めて、城からこんなに離れた。今まで、自分が城から出られるとは思っていなかった。でも、実際に離れてみると、城にいるときよりも気分が軽いような気がする。

　──王妃から離れたから。

　トライアは馬車の前方へ行き、馬たちの世話を始める。馬の一頭の上には、メムが腰掛けていた。メムはナジャを認めると、馬からひょいと下りる。

「ナジャ、体調はどうだ？」

「私は、なんともないわ」

「そうか、良かった。お前には感謝するぞ。お前が外の世界で、こんなに頼もしい協力者を得ていたとはな」

　メムはトライアを見ながらそう言う。「頼もしい協力者」とは彼女のことらしい。トライアの協力について何も知らなかったナジャは、それをメムに言おうとするが、メムの方が先に口を開く。

「このトライア殿は、俺たちフワリズミー妖精と縁の深いお方なのだ。大昔の話だが、この方のご先祖に、当時の妖精王が救われたことがある。妖精王は〈影〉に捕まっていたんだが、トライア殿のご先祖によって〈影〉から解放された」

　──〈影〉。『聖なる伝承』に出てくる、〈影〉のことだろうか？　最初に造られた人間である〈初めの一人〉をそそのかした存在。ナジャがトライアにそう尋ねると、彼女は馬の世話を続けながら言う。

「ええ、『伝承』にも出てくる〈影〉のことです。メム殿のおっしゃるとおり、我がタラゴン家の先祖は、〈影〉と戦ったことがあるのです。かの先祖は当時、とある城主に仕えていましたが、その城主があるとき突然『自分は神になる』と言い出して、見境なく領民を殺し始めたのだそうです。その暴挙を止めるため、我が先祖は他の家臣たちと協力して

117

城主を討ちました。しかし実のところ、その城主は、側近の一人であった若く美しい男に操られていたのです。そしてその男の正体が、〈影〉だったわけです」

　ナジャは、『伝承』の記述を思い起こす。

　——〈一人〉は楽園で何不自由なく暮らしていたが、ある日〈影〉にそそのかされた。〈影〉は言った。〈祝福された数〉を持っていたとしても、お前はいずれ年老いて死ぬ。老いを知らぬ神のような、より良い「数」が欲しくはないか、と。

　〈初めの一人〉は〈影〉にそのように言われて、〈不老神の数〉を求めたのだった。その状況は、今トライアから聞いた城主の話と似ている。だが、〈影〉というのは城の神殿の壁画に描かれていたとおり、ぼんやりした黒いもやのようなものではなかったか。人間に化けるなどとは、聞いたことがない。ナジャがそう言うと、トライアはこう答える。

　「確かに〈影〉は、壁画などでは明確な形を持たないものとして描かれています。しかし実際は、人間や妖精を自分の内部に取り込んで、その姿を取ることができるそうです。ただし完全な形を取るためには、一人を呑み込むのでは足りず、二人呑み込む必要があるのだとか。そして我が先祖が戦った〈影〉は、城主の側近の男の他に、妖精王も呑み込んでいたのです」

　トライアは、〈影〉と先祖の戦いの様子を話す。〈影〉は手強く、トライアの先祖もその部下たちもあわや全滅というところまで追い込まれた。そこで先祖は捨て身の攻撃に出て、命と引き換えに〈影〉を切り裂いたというのだ。

　「命と引き換えに？」

　「ええ。我がタラゴン家には、体内に大きな『刃』を持つ者が生まれることがあります。かの先祖も、そうでした。そしてその刃は、自分を殺す相手に跳ね返る。〈影〉は先祖を殺したが、その刃によって体の一部

第五章　約束の楽園

を切り取られ、体内に取り込んでいた二人——城主の側近だった男と、妖精王を手放してしまったのです」

メムが口を挟む。

「〈影〉はとりとめがなくて、普通の武器では切れないんだが、タラゴン家の刃は見事、奴を切り刻んだのだ。その結果、当時の妖精王は救われた。その武勇は、俺たちフワリズミー妖精の間でずっと語り継がれている」

トライアがメムに言う。

「タラゴン家でも、フワリズミーの妖精王のことは語り継がれていますよ。かの王が、我が先祖への『礼』として、タラゴン家に贈ってくださったもののことも」

そう言いながら、トライアは軽く笑顔を見せた。彼女が微笑むのを、ナジャは初めて見たような気がした。トライアは両腕の防具を外していて、その腕は太く、たくましい。ナジャの中に自然と、彼女に対する尊敬の念がわき上がってくる。

「ナジャ様。これから、〈楽園〉へ行きます」

「えっ？　楽園？」

突然そう言われて、ナジャは戸惑う。ナジャが聞いたことのある楽園と言えば、『伝承』に出てくる場所しかない。〈初めの一人〉が神に与えられ、後に追放された場所。まさかそこではないだろうと思ったが、トライアはそこに行くのだ、と言う。

「本当に、楽園なんていう場所があるの？」

「ええ、あります。エルデ大公国に隣接している土地です。私は行ったことはありませんが、噂ではごく普通の集落だと聞いています。メム殿は、行ったことは？」

「俺もないが、二百年以上前にそこに行ったことがあるという妖精の年寄りに話を聞いたことがある。険しい山脈によって他の土地と隔絶した

119

場所で、そこの長に許可された者しか入れない、と。それから、人間側の伝承では、〈初めの一人〉は楽園から追放されたとあるらしいが、俺たち妖精の伝承での記述は違う。俺たちの伝承では、〈初めの一人〉は楽園に閉じ込められた、とある」

「閉じ込められた？　追放されたのではなく？」

「そうだ。そして、〈初めの一人〉の直系の子孫も、楽園外に出られないのだそうだ」

「なぜ、そんなところに行くの？」

　ナジャの疑問に、トライアが答える。

「楽園の長に、カフ殿を治療する方法を教えてもらうためです。なんでも、カフ殿の病気は運命数に原因があるのだとか。楽園の長は、人間でありながら神々と意志を通じているため、運命数のことをよく知っているのだそうです。また、楽園が、王妃の目からナジャ様の身を隠すのにもっとも適しているらしいので」

　トライアは、誰かからそれを聞き知ったような言い方をする。

「カフ殿の治療に必要なフィボナ草も持ってきています。城に植えてあったのを全部刈り取ってきました」

　トライアは馬車の後方につながれている荷物を指さす。山のように積まれたフィボナ草が、大きな布で覆われて固定されている。

「私、フィボナ草のこと、すっかり忘れてたのに」

「ええ。ある方に、フィボナ草のことも頼まれましたので」

「それは、誰？」

「私の口から申し上げることはできません。しかし、これから行く場所で、答えが聞けるかもしれません」

　彼らが再び出発してまもなく、馬車は狭い山道に差し掛かった。御者を務めるトライアは疲労を微塵も見せないが、その右側に座るメム、左側に座るナジャは時折睡魔に襲われた。山道は長く、暗くなるにつれて

第五章　約束の楽園

鳥たちの声が不気味に響く。そして日が暮れるとほぼ同時に、山道が途切れた。

「さあ、降りましょう」

トライアに言われて、またうとうとしていたナジャは我に返る。目の前には鬱蒼とした木々しか見えない。

「ここが楽園？」

トライアは、手提げランプに火をともしながら答える。

「いいえ、その入り口の一つです。これから私たちは、楽園に入れてもらえるかどうか、お伺いを立てなくてはなりません。メム殿、後ろのお仲間に声をかけてください。カフ殿も一度降りる必要がある、と」

「分かった」

メムは羽を動かし、後ろに向かって飛んでいく。ナジャも地面に降り、途切れた道に向かうトライアの隣を歩く。すぐにメムも他の妖精たちを連れてくる。意識のないカフは、ギメルとダレトに寝台ごと運ばれている。

「ナジャ様、すみません。少しの間、ランプを持っていていただけますか？」

ナジャがトライアからランプを受け取ると、トライアはいつも被っている兜を脱ぎ、小脇に抱えた。ナジャは、トライアの顔を初めてまともに見た気がした。目の周りの黒い化粧も、今はかなり取れていて、切れ長の鋭い目がはっきりと見える。顔は大きく、横幅もあるが、鼻筋はまっすぐ通っている。美しく波打つ長い髪がふわりと風になびいて顔にかかる様を、ナジャは優美だと感じた。トライアは、高貴な人に面会するときのように姿勢を正し、途切れた道の向こうに向かって、周囲の木々をも振るわせるような大きな声を出した。

「我は、『反骨の大刃』タラゴン家の血を引く、トライアと申す者。メルセイン王国のメルセイン城から参った。楽園の長にお目にかかりたい」

すると、にわかに目の前の景色が歪み、大きな光の門が現れた。そして
てその向こうから、割れ鐘が鳴るような音が聞こえてきた。その音の大
きさに、ナジャはたじろぐ。近くの木に止まっていた鳥たちも飛び立つ
が、トライアと妖精たちは微動だにしない。鐘は九回鳴って止まり、そ
れに続くように、女性の声が聞こえてきた。

　──トライア殿とおっしゃるお方。そしてお連れの方々。「邪気払い
の鐘の音」に耐えたあなた方が、邪な者ではないことは分かりました。
用件を聞きましょう。

「我らをここに遣わしたのは、『巡る数』と名乗られるお方。ここにお
られるは、メルセイン王国姫君のナジャ様、そしてフワリズミーの森に
おいて『神職』にあった、メム殿、カフ殿、ギメル殿、ダレト殿、ザイ
ン殿です。我らはメルセイン王国王妃の手から逃れて参りました」

　──あなた方のことは、『巡る数』から聞いています。病人の治療が
必要である、と。さあ、お入りください。

　トライアが振り向いて指示を出す。

「妖精の皆様は、ナジャ様と一緒に入ってください。私は後ろから、馬
車を引いて参ります」

　ナジャもメムたちも、トライアにうなずいてみせる。メムと並んで
「光の門」に向かって歩くナジャは、真っ白な光に包まれた。しかしす
ぐに光は消え、再びあたりは暗くなる。目が慣れてくると、薄闇に覆わ
れた集落が目に入った。流れる川の音。ゆるやかな丘のところどころに
立つ家々。どの家からも明るい光が漏れ出ている。あちこちを蛍が飛び
回り、木々や草花を淡く照らす。

「わあ……」

　家々は石造りだが、屋根は分厚い藁でふかれている。そしてどの家
も、出入り口には赤や黒を基調とした大判の布がかけられ、その上には
牛か山羊の角が飾られ、両側には青い陶器で縁取られた丸い鏡が吊され

122

第五章　約束の楽園

ている。布をよく見ると、あるものは刺繍で、また別のものは染色で、小さな「目」の模様がびっしりと施されている。目の模様も確か、邪視避けになるはずだ。メムによれば、青い縁を持つ丸鏡にも邪視を跳ね返す効果があり、また動物の角は小型の悪霊を防ぐのだという。同じような丸鏡は、家だけでなく木々にも結び付けられ、蛍の光を反射している。

　目指す家はどこなのか。皆がそう思ったとき、近くの家に掛けられた鏡から、先ほどの女性の声が聞こえた。

「私は、皆さんの正面に見える丘の上の屋敷におります。どうぞお越しください」

　その屋敷は、ひときわ高い丘の上に建っていた。他の家と同じく屋根は茅葺きだが、かなり大きい。玄関口と思われる大きな扉には、他の家と同じ魔除けの他に、布で作った綿入りの三角形が飾ってあった。それらからは、丁字やヘンルーダなどの、香辛料の香りがする。きっと、中に入れてあるのだろう。

「お入りください」。玄関口の鏡から聞こえた指示に従い、ナジャは、トライア、メムに続いて家の中に入る。外からは想像できないほど、中は広くて整然としている。

　簡素ではあるが、明らかにそこは広間だった。奥の方では二人の女性が彼らを待っていた。彼女たちの間に見える奥の壁には、大きな丸い鏡がかけられている。二人のうち、右にいる人物がこちらに声をかけた。

「客人のみなさん、ようこそお越しくださいました。私はこの『楽園』を束ねる長。隣にいるのは私の娘、タニアです。まずは病人を」

　妖精たちがカフの寝台を床に下ろすと、長はこちらへ歩み寄ってきた。

「では、そのお若い方の状態をよく診ましょう」

　影になってよく見えなかった長の姿が、徐々にはっきりとしてくる。ほっそりとした女性。年齢は、五十歳ぐらいだろうか。目尻や口元には深い皺が見えるが、顔は小さく、輪郭はすっきりしている。少しつり上

がった大きな目は深い光を湛えている。繊細なレースのかぶり物の隙間から見える髪は、薄い茶色。幅広の袖に白糸で刺繍をあしらった黒い上衣は質素だが、彼女の品の良さを引き立てている。美しい人だ、とナジャは思う。そして気がつく。

　——似てる。

　この人の顔立ちは、王妃に似ている。髪の色も年齢も違うし、何よりも周囲に与える印象が違うが、顔かたちだけを見ればかなり似ているのだ。

　ナジャの動揺をよそに、長は寝かされたカフの様子を見る。長はカフの小さな胴体に右手を当てた。

「この方は、まだお若いにもかかわらず、命が尽きかけているようですね。原因は、『運命数の泡立ち』。そうですね？」

　長の問いかけにメムたちはうなずくが、ナジャは首をかしげる。「運命数の泡立ち」？　ナジャの疑問を見て取ったのか、長が補足する。

「運命数というものは原則として、人間や妖精が生きている間に変化することはありません。病であろうと怪我であろうと、命に関わるものでなければ、肉体が弱っても運命数は減らない。運命数が変化するのは、人間や妖精が死ぬときのみです。

　ただしいくつかの例外があり、その一つが、年老いて寿命を迎えた妖精に起こる、『運命数の泡立ち』です。『泡立ち』が始まると、運命数は増減を繰り返しながら徐々に小さくなっていく。そして最後は、数の持ち主が死に至る」

　トライアが質問する。

「それは、運命数の持ち主が生きたままなのに、運命数が他の数に変わりうる、ということですか？　運命数は確か、『大いなる書』に書かれた数と連動しているはず。つまり、運命数の持ち主が生きている間に、『大いなる書』に書かれた運命数が変わる場合がある、ということになりますか？」

第五章　約束の楽園

　長はトライアを見て、にこやかに答える。
「ああ、あなたはタラゴン家の血を引くお方でしたね。運命数について
よくご存知であるのもうなずけます。あなたのおっしゃるとおり、『大
いなる書』の中身は、神の使いがつねに監視していますから、容易に変
えられるものではありません。しかし、いくつかの変化は例外的に、神
の使いに見逃されるのです。『運命数の泡立ち』はその一つ。『泡立ち』
が起こす一回一回の変動は、『神の使い』から『自然な変化』と見なさ
れて、無視されるのです」
　その「一回一回の変動」とはどういうものなのだろう。ナジャは疑問
に思ったが、その場で尋ねることはできなかった。というのも、長がカ
フを見ながら、深刻な表情をしたからだ。
「このカフ殿は……運命数がもう 52 まで減っていますね。『泡立ち』が
このまま続くと、明日の昼前には死に至る。まずは私たち『楽園の民』
が力を合わせて、神に祈祷を捧げる必要があります。そうすることで、
カフ殿の『泡立ち』が、自然の摂理で起こったのではなく、理不尽な理
由で起こったことを神々に伝えます。そしてその上で、運命数を元に戻
してもらうのです」
　メムが尋ねる。
「ところでフィボナ草は、いつ必要になるのですか？」
「カフ殿の運命数が元に戻った後です。運命数が元に戻っても、運命数
が著しく減ったために起こった肉体の衰弱と損傷は治りません。それら
を治すために、フィボナ草を使うのです。その治療も、運命数が戻って
から半日のうちに行わなければ、カフ殿を助けることはできません。事態
は一刻を争います。まずは、運命数を戻すための祈りを始めましょう」
　長は広間に飾られた大きな鏡に向かって話しかけた。メムがつぶやく。
「あれは、通信鏡だな。かつて、フワリズミー妖精から楽園に贈られた
ものだ」

「通信鏡って、私が持ってた鏡と同じような？」

「そうだ。他の鏡と通信できる。長はあれで、楽園の人々を呼び出しているんだろう」

　ナジャはなるほどと思った。同時に、自分が持っていたあの小さな鏡はどこへ行ったのかしら、と思う。

　間もなく、長の家に数十人の人々が集まってきた。長と同じような服装をした老若男女が、静かに広間の奥の扉へと消えていく。

「これから奥の『聖域』にて、ここの民の力を結集して神々に祈りを捧げます。皆様はその間、別の部屋でお休みください。娘にお世話をさせますので」

　長の娘タニアが進み出て、「どうぞこちらへ」とナジャたちを案内する。タニアは三十代ぐらいの丸顔の女性で、柔らかい笑顔が印象的だ。彼女に案内された先は、広くはないが、落ちついた食堂だった。タニアがテーブルの上に、パンや果物、焼いた肉を運んでくる。ナジャもトライアも妖精たちも、タニアに促されるまま食事を取る。カフのことが心配で、誰も何も言わない。だが、簡素ながら味のよい食事とタニアのもてなしによって、皆の心と体は明らかに癒やされた。食事が終わった後、タニアが皆に声を掛け、再び広間に連れて行く。そこには長が一人で待っていた。

「皆様、お喜びください。祈祷の結果、神々に願いが聞き入れられました。カフ殿の運命数は、すでに元に戻っています」

　長の言葉に、皆が安堵する。メムは長いため息をつき、長に感謝の言葉を述べた。しかし長は言う。

「問題はここからです。先ほども言ったように、運命数が元に戻った今、すぐに肉体の損傷を治さなくてはなりません。そのために、フィボナ草の薬を正確に調合しなくてはなりません」

　長はナジャを見る。

「ナジャ。それを行うのは、あなたです」
「私が？」
　ナジャも妖精たちも耳を疑った。メムが言う。
「長。なぜ、ナジャなのです？　我々フワリズミー妖精ではいけないのですか？」
「あなたのお気持ちは分かります。しかし、これは神々の意志なのです。神託によれば、あなた方、妖精の皆様は、不正に閉じ込められた鏡の中から出てきたばかりで、まだ『穢れ』がある。よって、あなた方の手でフィボナ草を扱うことはできないというのです」
　メムが反論する。
「し、しかし、我々は好んで穢れたわけではないのです！　あの王妃に欺かれて……」
「ええ、分かっています。神々にも、そのように伝えました。ですが、ナジャを指名したのは、神々の意志」
　そう言って、長は再び、ナジャの方をまっすぐに見た。
「ナジャ。神々は、妖精たちを救ったあなたのことも見極めようとしています。カフ殿が生き延びるには、仲間の妖精たちの力だけではなく、人間でありながら彼らと深い縁を持った、あなたの力も必要なのだということです。よろしいですね？」
　ナジャは戸惑いながらも、長にうなずいてみせた。

　長からナジャに、薬の調合に関する具体的な指示が与えられた。それは簡単に言えば、「カフの回復に必要なフィボナ草を揃えよ」というものだ。
「フィボナ草には、交配によって作られるさまざまな種が存在します。

1つの花を付ける種である **F1** と **F2** が出発点となり、これらを交配させた種 **F3** は **2** つの花を付け、**F2** と **F3** を交配させた **F4** は **3** つの花を付けます」

　ナジャはその説明を聞いたことがあった。城を出る前、薬草畑で、詩人ラムディクスが教えてくれたのだ。

　——今あなたが見ている草は、すぐ左の二つの区画の草を交配させたものですよ。……花の数は、交配させた二つの種の花を合わせた数になる。

　説明によれば、フィボナ草の花の数は、**F1** から順に、**1, 1, 2, 3, 5, 8, 13......** となる。そして今、目の前には、**F30** までの三十種類のフィボナ草が、束ねられて並べられている。

＜フィボナ草　各種の花の数＞

F1種：1	F2種：1	F3種：2	F4種：3
F5種：5	F6種：8	F7種：13	F8種：21
F9種：34	F10種：55	F11種：89	F12種：144
F13種：233	F14種：377	F15種：610	F16種：987
F17種：1597	F18種：2584	F19種：4181	F20種：6765
F21種：10946	F22種：17711	F23種：28657	F24種：46368
F25種：75025	F26種：121393	F27種：196418	F28種：317811
F29種：514229	F30種：832040		

　F1 から **F10** ぐらいまでは、ナジャの手のひらに収まるくらいの小さな草だ。しかし徐々に大きくなり、832040個もの花を付ける **F30** の種となると、ナジャの背丈ぐらいの高さがあり、草全体を覆うように、びっしりと細かい花が付いている。

　長の説明によれば、フィボナ草の交配が可能なのは「隣り合う種」のみらしい。つまり **F1** と **F2**、**F2** と **F3** の交配は可能だが、**F1** と **F3**、**F2**

と F4 など、「離れた種」どうしを交配させても、種は得られないのだという。

「つまりフィボナ草には、4つの花を付ける種とか、6つとか7つとかの花を付ける種はないんですね？」

ナジャがそう尋ねると、長はうなずいた。そして長によって出された指示は、「フィボナ草を何本か選び、それらの花の数の合計が、カフの体の損傷に相当する数と同じになるようにせよ」というものだった。カフの体の損傷に相当する数は、69945。彼の元の運命数である 69997 から、さっきまでの運命数 52 を引いた数だ。

69945 という数の花を付ける種は、ナジャが見るかぎり存在しない。よって、何本かを組み合わせて、花の数の合計が 69945 になるようにしなければならない。しかし、単に合計を揃えればいいのではなく、二つの条件を満たす必要があった。

一つ目は、同じ種の草を二本以上使わないこと。

「たとえば、極端な話ですが、1つの花を付ける F1 種の草を 69945 本集めれば、花の合計は必要な数と等しくなります。しかし、このような選び方は許されません」

二つ目は、「隣り合う種」の草が含まれないようにすること。

「たとえば、もし F2 の種の草を選んだら、F1 と F3 の種の草は含んではなりません」

つまり、一つの種から選べる草の数は一本のみで、なおかつ、隣り合う種の草を選ばないようにする必要があるのだ。ナジャにはそれが、とても難しい問題であるように思える。それに、もし、そのような選び方が元から存在しなかったらどうなるのだろう。ナジャは長に尋ねる。

「あの……花の数の合計がぴったり 69945 になるような『草の選び方』って、本当にあるのですか？」

「ええ、あります。より正確に言えば、あらゆる数は、先の二つの条件

を満たすような仕方で選んだフィボナ草の花の数の合計として表現できるのです。このことはすでに、人間や妖精の賢者たちによって、正しいことが『証明』されています」

　長の説明を聞きながら、ナジャはさっきの質問をしたことを後悔した。
「あの……すみません。私なんかが、長を疑うようなことを言って……」

　ナジャがうつむき加減にそう言うと、長は少しだけ、悲しそうな顔をした。
「『私なんか』、ですか。あなたがご自分を誰と比べてそう言っているのか分かりませんが、あなたにとっては唯一の、大切な自分自身ですよ。そのように言ったら、あなた自身が可哀想です」

　ナジャはどきりとして顔を上げる。今まで、そのようなことを言われたことはなかったし、考えたこともなかった。長はさらに言う。
「それに、他人の言うことを鵜呑みにせず、疑問を持つのは大切なことです。さっきのあなたのように、何か問題を出されたとき、それに本当に『答えが存在するのか』と問うのも、とても重要なことです。世の中には、答えが存在しない問題もたくさんありますからね」

　長は窓の外に目をやる。
「本当ならば、さっき私が言ったこと——『あらゆる数は、先の二つの条件を満たすような仕方で選んだフィボナ草の花の数の合計として表現できる』ということの正しさが、どのように証明されるのかをあなたに説明すべきなのでしょう。しかし今は時間がありません。とりあえず、このことは正しいという前提のもとで、フィボナ草を揃える作業を開始しなければなりません。よろしいですね、ナジャ」

　ナジャはまた気が重くなった。すべきことはだいたい分かった気がするが、**69945** のような大きい数をフィボナ草で揃えるには、どんなふうに考えればいいのだろう。ナジャは大量のフィボナ草の束を見ながら、気が遠くなる思いがした。

——夜明けまでに、草を揃えないといけない。
　夜明けと共に、薬を作る作業が始まる。長が部屋を出て行き、一人になったナジャは、心を決めてフィボナ草に手を伸ばした。

「ナジャは、大丈夫なのかよ？」
　静寂を破ったのは、ダレトの問いだった。ずっとカフのことを考えていたメムは、ダレトの言葉で我に返った。ギメルがダレトに答える。
「どうなんでしょうねえ。私には、大丈夫な気がしますが。だってあの人、メムとカフの運命数も当てたでしょう」
「ギメルがそう言うならそうなんだろうけど……やっぱり俺は心配だなあ。確かにあの子は賢いよ。でも、まだ十三年しか生きてねえんだぜ？　俺たちの十分の一以下だよ」
　メムも実は、ダレトと同じようなことを考えていた。ザインはどうなのだろう。
「ザインはどう思う？」
　メムに問われて、ザインはこちらを見る。
「……分からないが、彼女には難しいかもしれない」
　そこへダレトが口を挟む。
「やっぱり、ザインもそう思うだろ？　なあメム、手伝ってやった方がいいって。お前は俺たち神官の中で一番偉いから、フワリズミーの森で管理してる『手続きの書』の中身は全部知ってるだろ？　当然、フィボナ草の計算に使える手続きも」
「……ああ」
「だったら、メムから『方法』を教えてやるべきだよ」
　ダレトの隣で、ギメルも「私も同感です」と言う。しかしメムは迷う。

「そういうことをしていいものかどうか……」

　ザインが言う。

「普通は、誰かが神々に課された仕事に対して、他の奴が『介入』することはできない」

「でも、それは神々が禁じてるとかじゃなくて、俺たち妖精の中での取り決めじゃないのか？」

　ダレトの問いに、ザインも「まあ、そうかもな」と答える。

「俺が知るかぎり、過去にそういう介入をして罰せられたとか、まずいことが起こったとか、そういう例はないはずだ。まあ、罰せられるとしても、普通に考えれば、介入を受けた側ではなくて、介入した側だろうし」

　ザインがそう言うと、ダレトはますます強く、メムに言う。

「なあ、メム。やっぱりお前がやり方を教えて、あの娘を助けてやれよ。実際に薬草を選ぶのはあの娘なんだから、いいじゃないか」

「だが……」

　そうしたいのはやまやまだが、メムはまだ決心がつかない。ダレトは眉間にしわを寄せ、辛そうな表情で言う。

「だって、あの娘が間違ったら、カフは死んじまうんだぞ。俺はそんなの、絶対に嫌だし、あの娘にだって可哀想な思いをさせちまうじゃないか。それにメム、俺たちの誰よりお前が、それを避けたいはずだろ？」

「ちょっと、考えさせてくれ」

　メムはそう言って、羽を動かして飛び上がり、部屋の窓から外に出た。

　目の前に、夜の「楽園」の風景が広がる。なだらかな丘の斜面、丘の下を流れる川、その向こうの湖、遠くの山脈の影、そしてその上に月が見える。

　昔、楽園に行ったことがあるという年老いた妖精の話を、カフと一緒に聞いたことがあった。老妖精は、楽園といってもかつての輝きはなく、

むしろ、そこの長にとっては牢獄のような場所なのだと話していた。そこの長——〈初めの一人〉の直系の子孫は、神々の指示が下りるまでそこから出られないのだ、と。メムは辛い話だと思って聞いていたが、カフはその話のどこに興奮したのか、鼻息を荒くして、自分は絶対に楽園に行くんだ、ねえメム、一緒に行こう、約束だよ、と言っていた。それが、こういう形で一緒に来ることになるとは。メムは拳を握る。
　——あの娘が間違ったら、カフは死んじまうんだぞ——あの娘にだって可哀想な思いをさせちまうじゃないか。
　さっきのダレトの言葉がよみがえる。メムはついに、心を決めた。
　——やり方を教えるだけだ。実際に草を選ぶのはナジャで、俺じゃない。
　それに、もしそれが禁じられた行為で、神々から罰が下るのであれば、それを受けるのは自分だ。自分に罰が下ることは、怖くない。
　——俺が罰を受ければいいんだ。俺一人が。
　メムは歩き出し、ナジャのいる部屋へ向かった。

　ナジャは、手に取ったフィボナ草を一本ずつ、また元の束に戻していく。
　——もう少しで、何かつかめそうなんだけど。
「どんな数も、隣り合わない種から一本ずつ選んだフィボナ草の花の合計で表現できる」。しかしそれ以外、何の手がかりもない。ナジャはとりあえず、適当に草を選んでみるところから始めた。隣り合う種は使えないので、そのことにだけ気をつけて、手当たり次第にさまざまな選び方をしてみたのだ。今のところ、カフの運命数にぴったり合うような組み合わせは見つかっていない。しかし、試すうちに、なんだかちょっとだけ、勝手が分かってきたような気がする。
　——もしかしたら、こうしたらいいのかも。でも、なぜ……。

夜明けまで、時間はもうあまりない。ナジャはとにかく、思いついたことを試そうと考えた。一度深呼吸して、フィボナ草に手を伸ばす。そのとき、部屋の外から自分の名を呼ぶ声が聞こえてきた。ナジャが立ち上がって扉を開け、視線を落とすと、メムがこちらを見上げていた。
「メム！　どうしたの？」
「ナジャ、何も言わずに聞いてくれ。フィボナ草は、『欲張りな方法』で選ぶんだ。そうすれば、答えが出る」
　メムの切羽詰まった様子に、ナジャは口を挟むことができない。メムは続ける。
「いいか、まず、治療に必要な数―― 69945 より少ない花をつける種のうち、一番花の数が多いやつを一本選ぶんだ。そしてその花の数を、69945 から引く。そして出た答えに対して、同じことをする。つまり、それより少ないけれど、一番花の数が多いやつを選ぶ。それを繰り返す。そうすれば、ぴったりの選び方になる。分かったな。そして、これを俺から聞いたことは、誰にも言うなよ」
　ナジャは言う。
「実は私、今、まったく同じ方法を試そうと思っていたの」
「なんだ……そうか」
　メムの肩から、急激に力が抜けるのが分かった。ナジャは、メムがカフのことを思って、自分に助言をしに来たのだと悟る。
「俺は、余計なことをしたのだな」
「そんなことないわ。とにかく、ありがとう。私も、自分が思いついた方法が正しいかどうか自信がなかったから、メムの口から『これが正しいんだ』って聞いて、安心したわ」
「そうか。お前には迷惑をかけて悪いが……カフのためにも、どうか、頼む」
　メムはそれだけ言うと、外へ出て行った。ナジャは大きなため息をつ

134

く。メムに「正解」を教えてもらった。そのことがナジャを大いに安堵させていた。あとは、メムに言われたとおりにするだけだ。ナジャは再びフィボナ草に向き合う。

　自分たちの部屋へ帰ろうとするメムは、廊下の先に誰かがいるのに気づき、足を止めた。
「長」
　こんな時間にどうしたのですか……と尋ねようとしたメムに、長は言った。
「メム殿。残念なことを言わなくてはなりません。あなたは、ナジャに『方法』を教えましたね」
　メムは背筋が寒くなった。……やはり、「介入」はまずいことだったのだろうか。
「……長には、私の行動はお見通しだったのですね。そのことで、何か罰があるのでしょうか？　もしそうであれば、罰は私にだけお与えいただきたく」
「ああ、メム殿。あなたはそこまで考えて、覚悟の上で介入を行ったのですね。あなたの気持ちは痛いほど分かります。しかし、あなたに神罰が下って終わり、というわけにはいかないのです。今回の作業の場合、介入があったことによる『責め』は、ナジャが受けることになります」
　メムは耳を疑った。そんなことがあるのだろうか。長は言う。
「あなたが介入する前は、ナジャはただ、カフ殿の治療に必要な草を揃えるだけでよかった。しかしあなたが介入したために、ナジャの義務はさらに重くなりました。彼女は、あなたが彼女に教えた方法が『なぜ正しいか』まで理解し、その上で草を選ばなければならなくなったので

す。ナジャにそれができなければ、カフ殿は回復しない。たとえ、草が正しく選ばれ、薬が作られたとしても」
　メムは愕然とする。
「そんな……。では、そのことを早く、ナジャに伝えないと」
「いけません」
　ぴしゃりと言う長を、メムはびくりとして見上げる。
「ナジャに、そのことを伝えてはなりません。彼女は誰からも言われずに、自分の中から疑問を発し、答えを見つけなければならないのです」
　メムは絶望した。良い方法を教えてもらったら、誰でもそれに飛びつくはずだ。ましてやナジャは、まだ十三歳の少女に過ぎない。疑いを持つはずがない。
　——俺のことを、疑ってくれたなら。
　ただ一つの希望はそれだ。しかし、あのナジャが、今さら自分を疑うだろうか。とてもそうは思えない。メムはめまいを感じ、床に膝をついてうなだれる。
「俺は……余計なことを……」
　これでカフが助からなかったら、俺のせいだ。
「メム殿。こうなったら、ナジャを信じるしかありません」
「……」
　メムは後悔のあまり、返す言葉がない。しかし長はこう言う。
「これもきっと、神々のお導きです。厳しい状況ですが、何が起こったとしても、受け入れなくてはなりません」

　夜が明けてすぐ、薬作りが始まった。ナジャが選んだフィボナ草を、長と娘のタニアが呪文を唱えながら刻み、一部は焼き、一部は蒸し、一

部は煮て、最後に大鉢の中で混ぜ合わせる。薬が出来上がったとき、日はだいぶ高く上がっていた。妖精たちは長に言われて、広間の奥にある聖域にカフを運び、祭壇に寝かせた。みながカフを見守る中、長とタニア、そして薬の入った大鉢を持ったナジャが聖域に入ってくる。

　金色に輝き、芳香を放つ薬を目にして、ギメルとダレトは感嘆の息を漏らす。ザインは何も言わないが、細い目をいつもよりも大きく見開いている。期待しているのだろう。メムだけが、眉間に皺を寄せ、胸に手を当てて悲痛な表情を浮かべている。

「では、始めます」

　長が祭壇の前に立ってそう言ったとき、メムはもう、我慢ができなくなった。

　――駄目だ、見ていられない。

　メムは一人、その場から逃げるように離れた。他の妖精たちは驚き、メムを追おうとしたが、長に止められた。メム以外の者たちが見守る中、儀式は始まり、進んでいく。

　メムは広間を抜け、屋敷の外に出た。太陽の光に目がくらみ、顔を覆ってその場にうずくまる。

　メムは想像する。フィボナ草の薬を、全身に注がれるカフ。期待して見つめる仲間たち。しかし、カフは起き上がらない。目も開けない。みなの期待が不安に変わり、絶望へと変化する様が目に浮かぶ。最後の機会を失い、永遠に戻らないカフの命。それもこれも、自分のせいで。

　――カフ、すまない。

　俺はまた、間違えてしまった。そしてその間違いに、カフを、仲間たちを、巻き込んでしまったのだ。メムはとうとう座っていることもできなくなり、その場に倒れ込んだ。

　そのとき、背後の屋敷の中から悲鳴のようなものが聞こえた。メムはびくりとして振り返る。ひどく騒がしい。

——ああ、やはり。

　予想したとおり、最悪のことが起こったのだろう。それでみんな、大声で泣いているのだ。ついにこのときが来てしまった。行って、みんなに言わなければ。これはナジャの責任ではなく、自分が悪かったのだ、自分のせいでカフがこうなったのだ、と。メムは立ち上がり、中に入ろうとする。しかしすぐに膝から崩れ落ちた。力が、入らない。

　カフがもう、この世にいない。そう思うだけで、こんなにも力を失ってしまうとは。メムはその場で地面に手をついて、涙をぽろぽろとこぼした。ぼやけた視界の中で、自分の涙が地面に吸い込まれていく。

「メムぅ！」

　バタバタと騒がしい音と共に、自分の名を呼ぶ声が聞こえた。弾かれたように顔を上げたメムは、誰かに勢いよく抱きつかれ、地面に仰向けになぎ倒された。頭を強く打ったメムは、気を失いそうになる。

「うわぁぁぁ、ごめん！」

　——まさか。

　自分を見下ろしている、青い目。

「嘘だ……」

　その顔は、確かにカフだ。唖然とするメムの頬を両手でぺちぺちと叩きながら、カフは言う。

「ごめん、メム！　目を覚ましたら、近くにメムがいないもんだから、つい慌てちゃって……」

　カフの後ろから、仲間たちも寄ってくる。メムは事態を把握した。どうやら、夢ではないようだ。メムは、やっとのことで言葉を発する。

「……昔から、慌てるなって……言ってるだろ」

「うん、ごめん！　もうしないからさ、だから起きてよ、メム」

　そう言われても、メムは起き上がることができなかった。メムは寝転んだまま、両手で顔を覆う。メムはそうやって、寝たまま顔を隠してい

たが、カフが「わあ！」と声を上げたので、ようやく涙を拭って起き上がる。
「ねえメム、見て見て！　僕ら、『楽園』にいるんだよ！」
　カフに言われて、メムは初めて、昼の楽園の風景をじっくり見た。空は晴れ渡り、明るい太陽に照らされて、丘も森も家々も光って見える。メムはすぐに、あちこちに吊された魔除けの鏡が光を反射しているのだと気づいたが、それでも美しいことには変わりなかった。野には色とりどりの花が咲き乱れ、清らかな川の流れが注ぎ込む先には、鏡のように凪(な)いだ湖が見える。メムの目からまた涙があふれてきたので、カフに見られないよう、彼は慌てて顔を隠す。
「メム、顔を隠してないで、ちゃんと見ようよ」
「俺はいいんだよ！」
　涙が止まるまで、メムは長いこと顔を隠していた。

　カフが蘇った後、全員が広間に集まり、神々に感謝の祈りを捧げた。祈りの間も、カフはメムにぴったり貼りつくようにして離れない。メムは祈りに集中できず閉口したが、それでも今日は、カフに対して強く出ることができない。祈りの後、長はおもむろにナジャに尋ねた。
「ナジャ、あなたはメムから『方法』を聞きましたね？　その後、どうしたのですか？」
　長の問いに、ナジャは神妙な顔で答える。
「メムの方法を、とりあえず試してみました。そして、うまくいくことが分かりました」
　カフの治療に必要な数は 69945。ナジャはメムに言われたとおり、この数に一番近い、46368個の花を付けるF24の種から草を選んだ。

69945 から 46368 を引くと、23577。それに一番近い種は、17711 の花を付ける、**F22**。23577 から 17711 を引くと、5866。これに一番近い種は、4181個の花を付ける F19。こうやって、引き算を繰り返しながら、一番近い種の草を選ぶことを繰り返していく。

69945−46368(F24)＝23577

23577−17711(F22)＝5866

5866−4181(F19)＝1685

1685−1597(F17)＝88

88−55(F10)＝33

33−21(F8)＝12

12−8(F6)＝4

4−3(F4)＝1(F2)

こうやってナジャは、**F24, F22, F19, F17, F10, F8, F6, F4, F2** の各種から一本ずつ、草を選んだ。そして花の数はぴったり、**69945** になったのだ。長はさらに尋ねる。

「しかし、ナジャ。あなたはそれで『終わり』としなかった。あなたは『なぜうまくいくのか』を考え、理解したはずですよ」

ナジャは答える。

「はい。メムに聞いた『欲張りな方法』がうまくいくのを見て、こう思ったんです。『話がうますぎる』って」

「話がうますぎる？」

「ええ。『欲張りな方法』は、分かってしまえば、とても簡単です。でも、なぜそれが、二つの条件を満たせるのだろう、と思ったんです」

メムはナジャの言葉をじっと聞いている。そこで疑問を持ってくれた

第五章　約束の楽園

からこそ、カフは救われたのだ。しかしどうやって、答えに至ったのだろう。

「まずは、メムに聞いた方法を、69945 以外の数でも試してみました。するとやはり、『同じ種類の草』が二本以上入ることもないし、『隣り合う種』どうしが入ることも、まったくないのです。これは、偶然うまくいっているのか、きちんとした理由があるのか、知りたいと思いました」

「それで、どのように考えたのですか?」

「ええと、ある数と、それより花が少ないフィボナ草の中でその数に一番近いものとの『差』について考えてみたんです。たとえば 69945 について考えてみると、これより花の数が少なくて、一番近いフィボナ草の種は F24 で、花の数は 46368 です。『欲張りな方法』では、69945 から 46368 を引いて、その差の 23577 というのを導き出します。

ここで、もしこの 23577 に、F24 の隣の F23 ——つまり、69945 に二番目に近い種の花の数が含まれていたら、この次に選ばれるのは F23 になるはずです。でも実際は、F23種の花の数は 28657 で、23577 より大きい。つまり、69945 から一番近いフィボナ草の花の数を引いた『差』よりも、二番目に近いフィボナ草の花の数が大きくなります」

つまり、69945－46368(F24)＝23577 よりも、28657(F23) の方が大きくなるということだ。

「だから、F24種を選んだ後に、F23種を選ぶことはありません。69945 から F24 を引いた『差』が、それより大きい F23 を含むわけがないからです。それから、F24 を選んだ後に、もう一度 F24 を選ぶこともありません。ええと、それはもう、当たり前っていうか……」

「当たり前というのはつまり、こういうことですね?　69945 から F24 を引いた『差』が F23 を含まないのに、F23 より大きな F24 がそれに含まれるはずがない、と」

長の補足に、ナジャは強くうなずく。

141

「そうです、そう言いたかったんです。ええと……それで、なぜ69945からF24を引いた『差』よりも、F23の方が大きくなるんだろう、って考えてみたんです。そうしたら、すぐに分かりました。69945より小さくて、一番近いフィボナ草の種がF24だっていうことは、同時に、69945という数は、F24の花の数とF25の花の数との間にあるっていうことになります」

つまり、69945は、F24より大きくて、F25より小さい。F24＜69945＜F25という関係が成り立つということだ。

「そこで、フィボナ草の交配の性質を考えると、F25の花の数は、F24にF23の花の数を足したものです。69945はF25の花の数より小さいのだから、それからF24の花の数を引いたら、それは必ず、F23の花の数より小さくなります」

つまり、F25＝F24＋F23という関係があるので、F25－F24＝F23だ。69945＜F25なので、両方からF24を引くと69945－F24＜F25－F24となり、F25－F24＝F23より、69945－F24＜F23が成り立つということだ。

「ええと、だから、69945からF24の花の数を引いた『差』の中に、F23の花の数は含まれないんです。だから、F24と隣り合うF23を選ぶことはありません。あ、もちろん、F23より大きな、F24も含まれないので、もう一度F24を選ぶこともありません」

ナジャの答えは訥々（とつとつ）としているが、メムには、彼女がしっかりと理解していることが分かった。

「……それで、次にその『差』についても同じように考えていったら……その『差』から一番近い花の数を引いたら、その中には二番目に近い花の数は含まれないし、その次、またその次も同じ、っていうことが分かりました」

長は「よろしい」と、満足そうな顔を見せた。

「よくそこまで考えましたね。他人の言うことを鵜呑みにせず、疑問を

持つことが大切だと、私は昨日あなたに言いました。あなたはそれをすぐに行動に移した。メムから教わった方法が、他の数についてもうまくいくことを確認し、またそれにとどまらず、『なぜそうなるのか』を考えた。素晴らしいことです」

　メムにぴったり貼りついているカフは、いやぁ、ナジャさんはすごいなあ、と感心しながらつぶやく。褒められて顔を赤くしているナジャに、長は言う。

「私たち人間は、『いくつかのものに、あることがあてはまる』ということを経験すると、ついつい『すべてのものがそうである』とか、『いつも、絶対にそうである』と単純化して考えてしまいがちです。でも、実際には『そういう場合がある』という事例が積み重なっているだけであることも多い。それに、『すべてのものがそうである』とか『いつも、絶対にそうである』ということは、『なぜそうなるのか』が明らかにならないかぎり、『証明』されたことにはなりません。

　この世には単純な面も、確かに存在します。しかし、すべてがそうではない。それなのに、物事を単純化して捉えてしまおうという誘惑は私たちを掴んで離さず、疑問を持つこと、自らの考えを客観的に見てみることを妨げます。とくに、何事もうまくいき、自分に都合の良いことが起こっている間は、自分の考えに疑問を持つのは難しいことです」

　長はそこまで言うと、ふと窓の外に目をやり、つぶやくようにこう言った。

「……残念なことに、私の姉には、そのことが理解できませんでした」

　メムが怪訝な顔をして長に問う。

「姉？　長には、お姉様がいらっしゃったのですか？　確か、楽園の長というのは、〈初めの一人〉の直系の子孫──つまり、長女が務めることになっているはずですが」

　長は、少し物憂げな顔をして答える。

「ええ、そのとおりです。私の姉は、楽園に留まるという掟を破り、ここの長になる義務を放棄して出て行きました。ですから、私が長を務めているのです」

　妖精たちは驚く。

「そのようなことがあったとは。神々の掟に逆らうとは、なんと恐ろしいことを……」

「ええ。実際、姉の行動によって、楽園は大きな犠牲を払いました。先代の長、つまり私の母は、そのために命を落としたのです」

「ひどい話だ。そしてその本人は、どんな罰を受けたのですか？」

「姉は罰を受けていません。姉はここを出た後も、神々の目をかいくぐり、罰を受けずに生きています。最近の姉のことは、私よりも、あなた方の方がよくご存知のはず」

　自分たちの方が、よく知っている？　互いに顔を見合わせる妖精たちに向かって、長はこう言った。

「私の姉は、あなた方を鏡の中に閉じ込めた張本人。つまり、メルセイン王国王妃です」

第六章

欺かれた日

　王妃が自分の姉だという長の告白に、ナジャも妖精たちも驚きを隠せなかった。

「あなた方が驚くのも無理はありませんね。姉の方が私よりもずっと若く見えるでしょうから。私は六十一歳ですが、姉は私より二つ上なので、六十三歳になっているはずです」

　ナジャは、王妃の年齢を初めて知った。しかし王妃はまだ二十代に見える。長はその理由を、運命数のためだと説明する。

「姉は、特別な運命数を持って生まれてきたのです。普通の人間の運命数は5桁から6桁ですが、姉のそれは12桁もあった。姉が生まれつき強靭な体を持ち、また若さを長く保っているのも、その運命数の大きさと無関係ではないでしょう」

「運命数って、大きければ大きいほどいいんですか？」

　ナジャの素朴な疑問に、長は慎重に答える。

「運命数のことは昔から研究されてきましたが、まだ分からないことの方が多いのです。しかし、運命数の大きさと生命力の強さとの間に関係があることは、ほぼ間違いないようです。これまでに分かっている例を見ても、大きな運命数を持つ人間には、強靭で長生きする者が多い。も

っとも長生きといっても、人間は所詮、妖精たちにはかないませんが。そうですね、メム殿」

　長がそう言うと、メムはうなずく。

「ええ。人間は長生きしてもせいぜい百年ほどですが、妖精は普通の者でも三百年は生きます。長寿の者は五百年以上生きることもある」

「そんなに？」

　驚くナジャに、カフが言う。

「僕ら妖精の運命数は、〈祝福された数〉だからね。人間の運命数は『ひびがある』から、いくら大きくても限界があるんだと思うよ」

　〈祝福された数〉については、『聖なる伝承』にも記述があった。「大きく、強く、傷がなく、ひび割れることもなく、またそれゆえにそれらは、〈不老の神々の数〉に似る」。つまり、「大きな素の数」であり、それ自身と 1 以外に、それを割り切れる数がないということだ。

「すべての人間の祖である〈初めの一人〉にはもともと、〈祝福された数〉が与えられていました。しかし、〈不老神の数〉を得ようとしたために神々の怒りを買い、その子孫たる私たちは、小さく、脆く、ひびの入った数を与えられることになった」

　長の説明を聞きながら、ナジャは成人の儀式での「問答」を思い出す。「すべての人間の母、すなわち〈初めの一人〉の罪の故に」。その罪とは、〈影〉にそそのかされ、〈不老神の数〉を望んだこと。

「以来、人間の中に〈祝福された数〉を持つ者は生まれないと言われてきました。しかし、私の姉——王妃は、自分の運命数が〈祝福された数〉であると考えています」

　つまり王妃の運命数は、12桁もの大きさを持った素数ということになる。「私たちのお母様は、神様から『特別な数』を授かっているんですって」。姉ビアンカはそう言っていた。巨大な素数を持つ王妃は、実際に特別な人間なのだろう。

ナジャは考える。そんなに恵まれた人間が、なぜあのような非道な行いを繰り返すのか。自分に与えられた恵みを他人に分け与えることを考えず、むしろ自分のさらなる欲を満たすために、他人を呪い殺して「宝玉」を集めている王妃。しかしナジャの思考は、長の言葉に遮られる。
「姉は、心に大きな恐怖を抱えた人間なのです」
「えっ？」
「姉が、他人より多くのものを持って生まれたのは事実です。しかし姉は、それらが本当は自分のものではないのではないか、いつの日かすべて失うのではないかと、心の奥底で恐れている。実のところ、それは真理です。この世に生まれる者はみな、何かを永遠に持ち続けることはできない。誰もがいずれは、財産、若さ、地位、健康、体、心、運命数といった『持ち物』をすべて失います。そういう意味で、何かが確実に自分のものであるということはないのです。我々は生まれたときから、いや、生まれる前も、死んだ後も、本当は何も持ってはいないのです。
　しかし、姉は臆病なため、その真実を直視することができない。それゆえに、より多くのものを自分のものにしようとする」
　ナジャにはよく分からないが、長は続ける。
「そして姉は、自分の運命数についても『思い違い』をしている。それは不幸なことです」

　464052305161。
　王妃は、この数字を何度も思い浮かべる。
　──あたくしの、〈祝福された数〉。
〈祝福された数〉は、「大きく、強く、傷がなく、ひび割れることもなく、またそれゆえにそれらは、不老の神々の数に似る」。人間として生

まれた者で、〈祝福された数〉を与えられた者は、〈初めの一人〉を除けば自分だけ。しかもこの数は、妖精たちに与えられた数と比べても、人間の運命数と比べても、圧倒的に大きい。

　この数の持ち主である自分は、他の誰よりも幸せな人生を歩むはずなのだ。そうでなければ「おかしい」。

　しかし、今。夫に刃向かわれ、頼りの息子は死に、息子の命を救うはずの養女は忽然と消えた。そして何よりも、王妃は「道具」を失った。彼女は鏡を見る。鏡はもう、彼女の命令に応えない。なぜ？　中の妖精たちが死に絶えてしまったのだろうか？　王妃にも、いずれ必ず、妖精たちが死んでいくことは分かっていた。だが、早すぎる。妖精たちは全部で五人いるのだ。一人か二人はもう死んでいるかもしれないが、最後の一人が死ぬまで、鏡は王妃の命令に従い続けるはずなのだ。では、他の可能性は？　まさか、逃げたのだろうか？　いいや、彼らは「出口」を開けないはず。王妃は頭を抱える。

「呪い」は、王妃にとっては宝玉を集める手段であるとともに、きわめて重要な武器だ。王妃の体は、身の程を知らない不届きな暗殺者たちに脅かされない強靱さを持ってはいる。だが、世の中の大きな動きを自分に都合良く制御するには、呪いの力が必要なのだ。呪いに必要な材料——古（いにしえ）の火蜥蜴の粉末、緑柱石の層に磨かれた水、金色の斑点を持つ血玉髄、そして素数蜂の毒を手に入れるために、メルセイン国王の妻の座を得たと言っても過言ではない。八年前にようやくフワリズミー妖精から「演算鏡（えんざんきょう）」を奪い取ってからは、万事順調に進んでいたのだ。

　——それなのに、鏡が動かなくなるなんて！

　近く攻めて来るであろう夫の軍に対して、真っ向から立ち向かうのは難しい。その上、城の守りを主導する立場であるはずの衛兵隊長トライアまでが姿を消しているのだ。しかも、大量のフィボナ草と一緒に！

　——ああ、あたくし、なんて可哀想なの！

第六章　欺かれた日

　王妃は自らの不幸を思い、鏡の前で涙した。自分は何も悪くない。悪いのは全部、他の者たち。自分に従わず、敵対し、刃向かい、あるいは逃げていく、つまらない者たち。
　——どいつもこいつも、あたくしよりつまらない「数」しか、持っていないくせに。
　王妃の心は徐々に、悲しみから怒りに染まっていく。そして自分をここまで怒らせた不届き者たちに囲まれた自らの境遇を思うと、また悲しみが襲ってくる。
「なぜ、泣いておられるのです」
　突然背後から話しかけられて、王妃は驚いた。振り向くと、部屋の扉が開いており、その向こうに詩人ラムディクスが立っている。
「ああ、来てくださったのね！」
　今まで王妃がいくら誘っても、詩人はなぜか、この「実験室」にだけは来ようとしなかった。だが今、彼はそこにいる。来てくれたのだ、自分のために。
　詩人の顔を見たとたん、王妃はほぼ無意識に「泣き方」を変える。より涙が美しく見え、自分が哀れでしおらしく見えるように。そして体の力を抜いてふらふらしながら、詩人の方へ寄っていく。詩人の方も部屋に入り、しっかりと、王妃の体を抱き留める。
「話は聞きました。たいへんなことになったようですね。でも、王妃様は何も悪くない」
　詩人のよく響く声がそのように言うのを聞いて、王妃は心の奥底に再び、喜びが生じたのを感じた。こんな逆境の時でも、自分は、この若く美しい男を支配する力を持っている。その確信、そして万能感は、いつも王妃に力を与える。詩人は王妃をなだめるように、彼女の髪を撫でながら言う。
「しかし、王子リヒャルト様のことはともかく、国王の方は、いつもの

ように呪い殺せばよいのでは？」

　詩人は、王妃の秘密を知っている数少ない者の一人だ。詩人はこれまでに各国を回ってきたため、呪術や魔術の知識も幅広い。いつのまにか、王妃にとっては良き相談相手になった。王妃は甘えた口調で、ううん、駄目なの、と言う。鏡がね、言うことを聞かないの。だから、呪えないの、と。

　王妃がこんなふうに幼子のようにしゃべると、いつもならば詩人は優しい笑顔を見せてくれる。だが今は事態が深刻なためか、彼は真顔で考え込んでいる。

「前からお話しくださっていた『鏡』というのは、それですか。フワリズミー妖精たちと、『分解の書』が中に入っているという」

　王妃はうなずく。

「鏡が言うことを聞かないということは、何らかの原因で妖精たちがいなくなったのでしょうね。しかし、いなくなったのなら造ればいい」

「造る、ですって？」

「ええ。私は過去に書物で読んだことがあります。妖精たちを造る方法を。もしそれがうまくいけば、再び鏡を使えるようになるかもしれません」

　突然もたらされた希望に、王妃は目を大きく見開く。詩人は説明する。

「妖精たちの体は一般に、我々と同じような『肉体』と、4桁から5桁の〈祝福された数〉からなる『数体』からできています。彼らの肉体そのものは人の手では作れませんが、『数体』の方は作ることができる。そして『数体』を何らかの『依り代』に入れれば、本物そっくりに動く『人工妖精』を作ることができる」

「人工の……？」

「ええ。人工の妖精たちには本物ほどの耐久性はありませんが、いくらでも造れるので、自由に取り替えることができます。それに、本物と違って、逃げたり刃向かったりする恐れもない」

第六章　欺かれた日

　王妃は、それを素晴らしい考えだと思った。さっそくその考えに飛びついた王妃は、くわしい作り方を尋ねる。
「私が読んだ書物には、まずは依り代としての『人形』を用意する必要がある、とありました。粗く織った麻の布を袋状に縫い、その中に、山羊の角と鹿の角を燃やした灰を詰め……」
　王妃は説明に聞き入る。人形を作る手順は、それほど複雑ではなさそうだ。すぐにでも、使用人たちに準備させられる。
「ただし人形はあくまで、人工妖精の『外側』でしかありません。人形の中に入れる、『数体』を生成する必要がある。そのための『仕組み』を作る必要があります。私に任せていただければ、明日の夜までに作って差し上げますが」
　王妃は喜び、詩人の提案を受け入れる。ええ、お任せするわ。いつだって、あなたの言うことに間違いはありませんもの、という甘い言葉を添えて。王妃の心は浮き立つ。詩人のおかげで……いや、この優秀で美しい男をここまで働かせることのできる自分の力で、この窮地を脱することができるのだ。
　しかし王妃は、他にもいくつか問題が残っていることを思い出す。まずは、フィボナ草のこと。詩人の言う「妖精を造る方法」がうまくいって呪いを再開できたとしても、喰数霊が持ち帰ってくる「刃」の問題がある。フィボナ草がなければ、敵の刃を喰らってきた喰数霊から受ける傷を癒やすことができない。フィボナ草は希少な草で、このあたりではこの城でしか栽培していない。それを言うと、詩人はこう答える。
「フィボナ草の種なら、私が持っています。私は諸外国を回って、さまざまな植物の種を集めてきた。その中にフィボナ草の種もある。それに私の技術なら、一日で三十世代の交配種を作ることができます。ただしそのためには、フィボナ草の管理を、私一人に任せていただかなくてはなりませんが……」

151

王妃はもちろん承知する。あのマティルデに頼むよりも、詩人に頼んだ方がよっぽど安心だ。この窮地にあっても、やはり自分には救いの手が差し伸べられる。王妃はそのことに満足した。

　しかしまだ、リヒャルトのことが残っている。それについて相談すると、詩人はこう言った。

「リヒャルト様のご遺体は、あのガラスの棺に入れておけばしばらくは保存できるのでしょう？　その間にナジャ様を捕まえればよいだけのことでは？」

　この返答には、王妃もさすがに同意できなかった。リヒャルトのことは、今すぐにでも蘇生させなくては安心できない。王妃がそう訴えると、詩人は少しだけすまなさそうな顔をした。

「王妃様のお気持ちは分かりました。もしナジャ様がすぐに見つからない場合、私が別の手立てを探しましょう。しかし、王妃様。お言葉ですが……」

　何かしら。王妃が耳を傾けると、詩人はやや言いづらそうにではあるが、はっきりとこう言った。

「王妃様にとって、リヒャルト様は、本当に必要なのでしょうか？」

　王妃は耳を疑う。そんなことを言われるとは。王妃は思わず強い口調で言い返す。何言ってるの、必要に決まっているじゃないの、リヒャルトは跡継ぎですもの、と。しかし詩人は動じない。

「後継者として必要、ですか。しかし、たとえば、こう考えてはいかがでしょう。王妃様は生まれつき、素晴らしい運命数をお持ちでいらっしゃいます。しかし所詮、それは〈祝福された数〉に過ぎず、『神の数』ではない。王妃様はきっと妖精たちのように長生きをされるでしょうが、いずれは年老いて、この世を去る運命にある」

　王妃は眉間にしわをよせる。そんな話は聞きたくない。しかし詩人は続ける。

第六章　欺かれた日

「王妃様がいずれ老いて亡くなるのであれば、後継者は必要です。しかし、もし王妃様ご自身が不老不死になったら、後継者は要らないはず。ご自身で永遠に、この国を『女王』として治めればいいのですから」
　王妃は驚く。そのようなことが可能なの？　と。
「ええ。そのためには、再び『呪い』が使えるようになることが必須ですが。もし、人工妖精を作る実験が成功して、再び『鏡』が動くようになったら……」
　次の言葉を待つ王妃に、詩人はこう言った。
「王妃様の運命数を、『神の数』に変えてはどうでしょうか」

　王妃が自分自身の運命数について、「思い違い」をしている。楽園の長がそう言ったとき、最初に反応したのはメムだった。
「それはどういうことですか？　まさか、あの王妃の運命数が、〈祝福された数〉ではない、と？」
　長は、メムにうなずいてみせる。
「ええ。本人はそう思っているでしょうが、違うのです。しかし、メム殿。あなたがそれほどまでに驚いているのは、なぜですか？」
　ナジャはすっかり話が分からなくなり、メムの方を見る。長もメムに、説明をするように促す。メムは仲間たちの顔を見回した後、ぽつぽつと話し始める。
「……長はご存知のことと思いますが、我々フワリズミー妖精は人間とほぼ同時期に、神々によって造られました。しかしそのときの我々は〈祝福された数〉を持たず、世界が造られたときの神聖な気、つまり〈母なる数〉から最初に生み出された純粋な大気を象徴する数──2の倍数をその運命数としていました。今でもフワリズミー妖精の王族の中

には、大きな 2 の累乗数を運命数として持つ者が生まれますが、それはそのときの名残です。

　我々が〈祝福された数〉を得ることになったのには、〈影〉と関係があります。人間にはあまり知られていないことだと思いますが、〈影〉は〈初めの一人〉を誘惑する前に、我々妖精の先祖にも近づいてきました。それも、262144、つまり 2 の 18 乗を運命数に持つ、初代の妖精王に。かの妖精王は〈影〉に連れ去られはしましたが、その誘惑を退け、自ら逃げた。そのことが神々に認められて、我々妖精は神々の信頼を得ることになった。結果、神々は人間から〈祝福された数〉を剥奪し、かわりに妖精に与えたというわけです」

　そういう経緯があったとは。人間側の『伝承』しか知らなかったナジャは、興味深く聞いていた。

「我々妖精は、神々の信頼と〈祝福された数〉を得ると同時に、新たな義務も与えられました。一つには、数を操作するさまざまな『計算の手続き』を管理すること。かつて私が管理し、あの王妃によって利用された『分解の書』も、そういった『手続き』の一つです。そしてもう一つは、誘惑に弱い存在である『人間』を助けること。とくに、神々の意志を体現する人間が現れたら、その者の望みをできるだけ叶えてやること」

　神々が妖精たちにそれらの仕事を託したのは、時間が経つにつれて、地上の世界における神々の影響が薄れていくのを見込んでのことだったという。

「長い歴史の中で、フワリズミー妖精の前には何人も、自分こそが神々の意志を体現する者だという人間がやってきました。しかし彼らのほとんどは、適格な者ではなかった。そして八年前、我々の森に、あの王妃がやってきたのです」

　メムによれば、王妃はそのとき、自分こそが神々の意志を体現し、すべての人間を救う使命を持つ者だと主張したという。

「あの女——王妃は、自分は人間の身ながら、非常に大きな〈祝福された数〉——464052305161 を持っていると言いました。我々の王ツァディも、王の神官であった我々も、その主張には驚きを隠せませんでした。なぜなら、〈祝福された数〉を持った人間が現れたということは、神々が〈初めの一人〉の罪を許し、再び人間を信頼し始めたということになるからです。そして、もしそれが本当であれば、我々は王妃を助ける義務がある。

　しかしご存知のように、大きな数について、それが〈祝福された数〉かどうか、つまり大きな素数であるかどうかを判断するのは困難なことです。私たちは戸惑いましたが、あの王妃はこう言いました」

　——あたくしの数が祝福されていることは、小フェルマ神が証明してくださいましたの。あたくしは、自分の城の祭司たちに何度も判定の儀式を行わせましたが、判定の結果はつねに同じでしたわ。

　ナジャは分からなくなって、メムに尋ねる。

「小フェルマ神が証明したって、どういうこと？」

「『小フェルマ神の判定』という、ある数が素数かどうかを判定する方法があるんだ」

　メムによれば、「小フェルマ神の判定」は次のように進む。まず、素数かどうかを調べたい数との間に共通の約数を 1 以外に持たないような数を、一つ選ぶ。次に、それを「調べたい数から 1 引いた個数」だけ、繰り返し掛け合わせる。その答えを、調べたい数で割る。その余りが 1であれば、調べたい数は素数であり、余りが 1 でなければ素数ではないというのだ。

「たとえば、5 が素数かどうかを調べたいとしよう。まず、5 と共通の約数を 1 以外に持たないような数として、2 を選ぶとする。次に、2 を5−1個、つまり 4個掛け合わせる。その答えは 16。そしてこの 16 を、5 で割る。余りは 1 になる。これは、5 が素数であることと一致する」

155

ナジャは頭の中で計算を追う。たしかに、素数である 5 については「余り 1 」という結果が出た。これに対し、たとえば素数ではない 9 の場合はどうなるか。9 と共通の約数を持たない数として、2 を選ぶ。2 を 9−1個、つまり 8 個掛け合わせると、答えは 256。これを 9 で割ると、商は 28 で、余りは 4。つまり余りが 1 にならないから、9 は素数ではないことになる。これは、事実と一致する。

ナジャは納得しかけたが、すぐに思いとどまった。自分は今、5 の例と 9 の例という、たった二つの例しか見ていない。本当に、すべての数に対して、正しい判定ができるのだろうか？ するとメムが長に言う。「私はツァディ王に、慎重な判定を申し出ました。先ほど説明したように、小フェルマ神の判定では、『調べたい数との間に共通の約数を 1 以外に持たないような数』を使います。私はあの王妃に、これまでにどんな数を使って判定したのか問いただしました。するとあの女は、2, 3, 4, 5 などの小さな数を答えました。『それで十分でしょ』、と。しかし私は、もっと他の数でも判定してみることを、ツァディ王に進言したのです」

ツァディ王はやや渋った。王妃の運命数は非常に大きいため、その「判定」を小フェルマ神に依頼するのは、たった一回でも大量の供物が要る。たとえば「調べたい数との間に 1 以外に共通の約数を持たないような数」を 7 とした場合は、7 を 464052305160個、掛け合わせなくてはならないのだ。そんな判定を何度も行おうとすると、妖精たちの財産をいくらつぎ込んでも足りない。王はなかなか首を縦に振らなかったが、カフ、ダレト、ギメル、ザインの四人の神官がメムを支持したので、ついに承諾した。そして言った。

五回。五回まで、神にお伺いを立てることを許す、と。

メムたちはその決定を受けて、判定に使う数を慎重に選び、何日もかけて儀式を行った。五回とも、小フェルマ神から返ってきた「答え」は、「余り 1 」。つまり、王妃の運命数が〈祝福された数〉であることを

示唆する結果だったのだ。ツァディ王は喜んだが、メムはまだ納得しなかった。そしてメムは、自分の管理する『分解の書』と、計算用の特別な鏡——「演算鏡」を使って、王妃の運命数を分解してみることを提案したのだった。『分解の書』の中に記録された素数は五百個程度に過ぎないので、その中に、王妃の運命数を割り切れるものがあるとは限らない。しかし、念のためそれも試しておくべきだと、メムは考えたのだ。

「あのときのメムの判断は、正しかったよ」

ザインはそう言ってくれるが、結果としてそれはその後の不幸を生むことになった。メムが『分解の書』を演算鏡の中に設置し、かつ神官五名全員が鏡の中に入ったのを見計らって、王妃は鏡を強奪したのだ。メムは鏡の中から、王妃のお供としてやってきた年老いた侍女が、懐から強烈な毒気を出す石を取り出すのを見た。あれは、妖精の弱点である「瘴気石」だったのだ。ツァディ王と、護衛を担当するヨッドたちは、瘴気石の毒気に当てられてすぐに気を失ってしまい、その間に王妃は鏡を持ってフワリズミーの森を後にしたのだった。鏡は、フワリズミーの森を離れるとその持ち主のものになり、中にいる妖精たちも自動的にその下僕となる。メムたちは外に出るための記憶を失い、また王妃の意のままに働かざるを得なくなったのだ。

メムはその時のことを思い出して、唇を噛みしめる。

「さいわい、我々は鏡の中から出ることができ、カフも死の淵から蘇った。しかし、私は今でも悔やみきれません。あのとき、なぜあの女の邪悪な本性を見抜けなかったのか、と」

ザインが言う。

「いや、メム。どっちにしても、あの女は演算鏡と俺たちを王から奪うつもりだったはずだ。メムが『小フェルマ神の判定』に納得して、あの女の運命数を〈祝福された数〉だと認めていたとしたら、ツァディがあの女の望みを叶えてやったはずだから」

他の仲間たちも口々にメムに言う。お前が悪いんじゃないんだ、と。ザインが長に問う。

「長は先ほど、あの王妃の運命数は〈祝福された数〉ではない、とおっしゃいましたね。それは、どういうことなのですか？　小フェルマ神の判定が、やはり信頼できるものではなかったということですか？」

　長は答える。

「小フェルマ神の判定は、すべての素数について成り立ちます。しかし、素数ではないひび割れた数の中にも、少数ですが、素数と同じ結果を出す数が存在します。

　たとえば、素数かどうかを調べたい数を341として、それと共通の約数を持たない数として2を選んだとしましょう。判定の手順どおりに、2を340個かけた数を341で割ると、余りが1になります。しかし341は、11と31で割り切れる数です。つまり実際は素数ではなく、ひび割れた数なのです」

　妖精たちは驚く。そんな簡単な「例外」があったとは。長は続ける。

「こういう場合、『共通の約数を持たない数』をいろいろ変えて判定を行えば、正しい結果が出ることがあります。341はそのいい例です。たとえば『共通の約数を持たない数』を3に変えて、3を340個かけた数を341で割ると、余りが56になる。これは『素数ではない』という結果ですね」

「では、あの王妃の数に対しても、もっとさまざまな数で『判定』を試せばよかったのでしょうか？　我々は五回までしか小フェルマ神にお伺いを立てられませんでしたが、もっと多くお伺いを立てることができれば、いずれ『余り1』以外の結果が出たのでしょうか？」

　メムの問いに、長は首を振る。

「姉の運命数に対しては、小フェルマ神の判定を何度行っても、結果は同じだったと思います」

妖精たちはみな、目を丸くする。
「何回やっても、結果は同じだった？　どういうことですか？」
「それには、姉の運命数の特殊性が関連しています。ひび割れた数の中には、『共通の約数を持たない数』をどのように変えて判定を行っても、余りが1になるようなものがあるのです。つまり、小フェルマ神の判定において、つねに素数と同じ結果を出すものがある。姉の持つ数は、そのような数の一つなのです」
　長は言った。王妃の数は、**464052305161**。これは、**4261, 8521, 12781**に分解される。これは素数ときわめて見分けのつきにくい、「ひび割れた数」なのだ、と。

　使用人たちに作らせた、顔も手足もない人形が作業台の上に並ぶ。ただでさえ国王の攻撃に備えて城が混乱している中、怯える使用人たちを怒鳴りつけながら大急ぎで作らせたものだ。一体一体は小さいので、外側は余り布で事足りたが、頭の部分に詰める鹿の角と山羊の角の灰を十分確保するのには骨が折れた。王妃は使用人たちの作業の遅さに不満だったが、とりあえず三十体揃った。そして今、詩人が作り上げた装置が、王妃の実験室に運び込まれてくる。
「そのあたりにある材料で急にこしらえたものですが、きちんと動くはずです」
　詩人の装置は奇妙な形をしていた。左端には、液体を注ぎ入れるためのガラスの漏斗。その下にある鉄の管は、正方形の板を横にしたような、中身の見えない鉄の容器につながっている。鉄の容器から右に向かう細い管は途中で、下に向かう管と、さらに右に向かう管に分かれる。下に向かう管は途中で途切れ、その下に乳鉢が置かれている。右に向か

う管は、上に丸い穴の開いた、丸みのある素焼きの容器につながる。

詩人は懐から、いくつかの小さな瓶を取りだす。中には、黄金色の液体が入っている。

「それは何？」

「『素数蜂の蜜』ですよ」

素数蜂の蜜？　王妃は、呪いに使う「素数蜂の毒」の方はよく知っているが、蜜もあるとは知らなかった。詩人は言う。

「ごく少量ですが、素数蜂も蜜を出すのです。あのマティルデが蜂小屋に保管していたものを、あるだけ取って来ました」

詩人が持って来た瓶には、2, 3, 5, 7, 11, 13, 37, 41 という番号が振ってある。詩人によれば、それぞれ、2日周期、3日周期、5日周期、7日周期、11日周期、13日周期、37日周期、41日周期で生まれる蜂の蜜だという。

「これだけの蜜が手に入ったのは良かった。とくに 41 番の蜂の蜜が豊富にあるのは幸運です」

「こんなものを、何に使うの？」

「素数蜂の蜜には、『数体』を構成する物質——『数体の核』が含まれているのです。たとえば2日周期で生まれる蜂の蜜には、1滴あたり2つの『核』が含まれ、41日周期で生まれる蜂の蜜には、1滴あたり41個の『核』が含まれている。それを使えば、人工の『数体』を作ることができる。ただし、単に素数蜂の蜜を混ぜ合わせるだけでは、小さな『数体』しか作れない。人工妖精を動かせるほど大きなものを作るには、これらを効率的に増殖させ、しかも妖精の運命数たる〈祝福された数〉になるようにしなくてはなりません」

そのための装置がこれなのです、と言いながら、詩人は装置の左側、正方形の鉄の板の下にランプを置き、板を熱し始める。そして、まずは試してみましょうと言い、13番の素数蜂の蜜を一滴、左端のガラスの

漏斗に垂らす。やがて漏斗から正方形の板の中に向かって、蜜が落ちる。鉄の正方形は熱されながら、徐々に金色に変色し始めた。やがて、正方形の板から右に伸びる細い管も金色に変わり始める。そして「枝分かれ」の部分で、下に向かう管から一滴、下の乳鉢に、無色の液体が落ちた。横に向かう管の変色部分はさらに右へと移動し、右端の丸みのある素焼き容器に至る。その時点で詩人は、41番の素数蜂の蜜を一滴、素焼きの容器に入れた。

詩人は装置の動作をこう説明する。正方形の平たい鉄の板は、素数蜂の蜜に含まれる「数体の核」を、その数の2乗にまで増殖させるのだと。そしてそれらは管を通り、途中でその一部——もともと装置に入れられたのと同じ数の「核」を、下向きの管から捨てる。残りは素焼きの容器の中で、41番の蜜と合わさる。

「さっき、左端のガラスに入れた『核』は13個。それが四角い板の中で169個まで増え、下向きの管からそのうちの13個が捨てられる。残った156個の『核』に対して、右端の容器で、41番の蜜一滴が含む41個が加えられる」

つまり、$13^2 - 13 + 41$ という式に相当するのです、と言う。詩人がそこまで言った時、右端の素焼きの容器が小刻みに振動し始めた。

「あっ」。王妃は声を上げた。素焼きの容器の上の穴——詩人がさっき41番の蜜を入れたところから、薄い水色に輝く透明な球体が、泡のように変形しながら浮いて出てきたのだ。

「これが人工の『数体』です」

詩人は人形の一つを取り上げ、空中に浮き上がった人工の「数体」に近づけた。しかし、「数体」は弾けるようにして消える。

「ああ、消えてしまったわ」

「今作った『数体』に相当する数は197。これも『ひびがなく、割れない』という意味で、〈祝福された数〉ではありますが、人工妖精の中に

入れるには、やや小さすぎたようです」

「じゃあ、もっと大きな『数体』を作らないと駄目じゃないの。すぐに作りなさいよ」

「ええ、次は、左端のガラスに入れる蜜を変えたり、増やしたりしてみましょう。とにかく、人形に入れるために最低限どれぐらいの大きさの『数体』が必要なのかを見極めて、手持ちの蜜から、できるだけ無駄なく、たくさんの『数体』を作る必要があります。ご心配は要りませんよ。人形に入れられる『数体』は必ずできますし、『数体』が入ればこの人形も妖精らしい姿になり、動けるようになるはずです」

王妃は詩人に、そんな面倒なことをしなくても、もっとたくさんの「数体の核」を含む蜂の蜜を取ってきて、装置に放り込めばいいじゃないの、と言う。しかし詩人は首を振る。

「そもそも素数蜂の蜜が希少なのです。それに、長い周期で生まれる蜂になればなるほど、めったに蜜を出さなくなる。今手元にある蜜から効率的に大きな『数体』を作るには、この方法が良いのです。さいわい、41番の蜜はかなり豊富にある」

詩人は、41番の蜜があれば、〈祝福された数〉を作りやすいのだと言った。つまり右端の素焼きの容器に41番の蜜一滴——つまり41個の「核」を入れると、左側のガラスに入れる「核」が40個までの数でさえあれば、出てくる「数体」は必ず〈祝福された数〉になるのだ、と。

「どうして、左から入ってくる核が『40個まで』に限られているの？」

「それ以上になると、〈祝福された数〉以外の『数体』が出てくるからです。一度でもそういう『数体』を生み出してしまうと、この装置は使えなくなる」

王妃にはよく分からなかったが、詩人がそう言うなら信頼していいだろうと考えた。詩人はさらに説明を続けようとするが、王妃はもう分かったと言わんばかりに遮り、フィボナ草の様子を尋ねる。

「フィボナ草の方ですが、本日だけで、三十世代の種がすべて発芽しました。明日には収穫できると思います」

　それなら、夫が攻撃を仕掛けてくるまでに間に合うだろう。王妃は美しい口元をわずかに歪めて笑う。

「ところで王妃様、あの話、考えていただけましたか？」

　詩人が言うのは、自分の運命数を「よりよい数」——〈不老神の数〉にするという話だ。王妃は表面上、その話を渋っていた。なぜならそれは、〈初めの一人〉と同じ過ちを犯すことになるからだ。しかし詩人は、「伝承はあくまで伝承だ」と言う。

「伝承で言われていることが正しいとはかぎりませんよ。古い話が長く伝わっていくうちに変わってしまうことはよくあります。それにあの話には、為政者が民の反抗心を抑えるためにでっち上げたという説すらあります」

　そのように言われるまでもなく、王妃の心はすでに詩人の申し出に飛びついていた。しかし口では、だめ、私、やっぱり怖いわ、などと言い、上目遣いに詩人を見る。

「それに、私自身のことよりも、やっぱりリヒャルトが心配だもの。そちらを先にどうにかしないと……」

　詩人は眩しそうに王妃を見る。王妃にとって、その視線は想定どおりのものだった。詩人は、王妃様はなんと愛情深い方だ、と言う。

「リヒャルト様のことは、私がどうにかして差し上げましょう。ですから、王妃様は安心して、ご自身のことを優先されては？」

　そう言われて、王妃は少し悩むそぶりを見せる。しかしそれは表面だけのことだ。リヒャルトのことよりも、とにかく自分が〈不老神の数〉を得ることを優先する。王妃の心はもう決まっていた。

　昨日、詩人に「リヒャルトのことは必要か」と問われて、王妃は改めて考えてみたのだ。なぜ今まで、リヒャルトを大切にしてきたか。後継

者であるということはもちろんその理由の一つだが、それだけではない。何よりも、リヒャルトが美しく、なおかつ自分を脅かさないものであったからだ。娘ビアンカも美しく、むしろリヒャルトよりも自分に従順な娘だったが、あれは「女」で、自分に似過ぎていた。美しい女は誰であれ、自分を脅かす。しかしリヒャルトはそうではないし、成長すれば立派な男になって、女である自分を守ってくれるはず。王妃はずっと、そう考えてきたのだ。

しかし、このところリヒャルトが成長して自分に逆らうようになり、だんだん手に余るようになってきたことも事実だ。昔からその傾向はあったが、小さい頃は愛らしい子猫や子犬が時々悪さをするぐらいにしか思っていなかった。しかし今、王妃は内心、息子を疎ましく感じることがある。息子がいなければ、自分の老後が寂しくなるのではないかと、王妃はずっと恐れてきた。しかし詩人が言ったとおり、自分が不老不死になる——つまり自分さえ大丈夫なら、息子がいようといまいと、関係ないのではないか。

——あなたが永遠に、この国を女王として治めればいいのです。

昨日の詩人の言葉に、王妃は心の中で答える。

それもそうね、と。

第七章　運命の文様

第七章

運命の文様

　翌日、ナジャは夜明け前に目を覚ました。前日はほとんど寝ていなかったのに、ほぼいつもどおりの時間に目が覚めた。そして、ここが城でないことに、改めて驚く。

　ナジャにあてがわれているのは、ベッドと机のある部屋。大きな窓があって、気持ちの良い部屋だ。ベッドの脇には着替えの服が用意されている。起き上がって着てみると、それは長やタニアの着ていた服と同じ形をしていた。ただし色は黒ではなく、きれいな空色。こんなに明るい青を身につけたことのないナジャは少し戸惑ったが、詰まった丸首の襟元の下と、幅広の袖に施された刺繍の美しさに思わず目を細める。

　太陽の光が差し込んで明るくなってきた頃、部屋の扉が小さく鳴った。ナジャが返事をすると、「ナジャさん、起きてる？　入っていい？」と、カフの声が聞こえる。ナジャは急いで髪をまとめ、ベッドを整え、窓を開いて朝の空気を入れた後、ようやく扉を開いた。ナジャの目線のはるか下から、カフの顔がこちらを見上げている。カフも新しい服を身につけていた。きっと、長たちが用意したのだろう。

「朝から暇でさ。ナジャさんが起きるのを待ってたんだ」

「暇って、メムたちはどうしたの？」

「それが……」

　メムたちは、ここ楽園の中心にある湖に行っているという。あの湖には特別な力があり、うまくいけば、どこにいるか分からない相手に連絡することができるらしい。カフは部屋に入り、ベッドにちょこんと飛び乗って話を続ける。

「メムたちは、フワリズミーの森と連絡を取ろうとしているんだ」

「フワリズミーの森って、みんなの故郷なんでしょ？　遠いの？」

「遠かったり、近かったりするんだ。今は、遠くにあるみたい」

　ナジャにはよく分からなかったが、カフの説明をよく聞くと、どうやらフワリズミーの森というのは不定期にあちこちに「移動」するものらしい。

「僕ら妖精は、天から降りてくる純粋な大気がたくさんあるところを好むんだ。そして僕らの森は、そういう空気が多い場所を求めて勝手に移動する。まあ、普段僕らはほとんど森から出ないから、森が動いてもあまり問題はないんだけど、今みたいなとき、決まった場所がないのは不便だ」

　カフによれば、鏡の中にいる頃から、みんなで森のことを心配していたのだという。

「とくに、僕らの王様ツァディのことを心配してるんだ。賢い王様だから、僕ら神官がいなくても大丈夫だろうとは話していたんだけど、やっぱり心配でね。それで、メムたちはさっそく湖に行って、どうにか様子を見ようとしてるみたい。で、僕も行こうとしたんだけど、メムから来るなって言われたんだ。昨日まで死にかけてたんだから、しっかり体を休めてろって」

「妖精の王様って、ザインの兄弟だったかしら？」

「そう。ザインの双子のお兄さん。でも、ツァディはザインとも僕らとも違って、特別な運命数を持っているんだ」

166

ほとんどの妖精は、4桁か5桁の素数、つまり〈祝福された数〉を運命数に持って生まれてくる。しかし、ツァディ王の運命数は2の累乗数なのだという。

「僕ら妖精はもともと、〈母なる数〉から最初に生み出された大気から生まれたんだ。その大気を象徴する数が『2』なんだよね。大昔に〈影〉の誘惑を退けて以来、僕らには〈祝福された数〉が与えられてるけど、妖精の王族の中にはたまに『2』にまつわる運命数を持つ者が生まれてくる。僕らはそれを、古く高貴な血の現れと考える。そして実際、そういう妖精は例外なく立派な王様になるんだ。でも、いいことばかりでもない」

「いいことばかりじゃないって？　寿命が短くなるとか？」

「いいや、寿命は僕らとあまり変わらないし、むしろ僕らより少し長いくらいだ。ただ、狙われやすくなるんだよね」

「狙われやすく？　誰に？」

「〈影〉に」

　ナジャは、楽園に来る前の移動中に聞いた、メムとトライアの会話を思い出す。

「そういえばメムが、昔の妖精の王様が〈影〉に呑み込まれたって言ってたわ。トライアのご先祖が、〈影〉の体を切って助けたとか」

「うん。それは、二回目の『誘拐』だね。それより前、一回目の『誘拐』のときにはまだ神々の影響が強かったらしくて、そのときの王様は自力で逃げられたんだけど、二回目は呑み込まれてしまった」

「〈影〉って、どういうものなの？　人間や妖精を呑み込んで、その姿を取ることができるんだって聞いたけど」

「〈影〉のことは、僕もよく知らない。見たこともないしね。悪霊の一種らしいんだけど、実際のところ、〈影〉がいったい何なのか、よく分かっていないみたいだよ。はっきり知られているのは、〈影〉が運命数

を持たない、忌まわしい存在だってことと、人間や妖精を二人まで呑み込めるってこと。そして、なぜかたびたび妖精の王様を狙うってこと。それぐらいかな」

「どうして、妖精の王様を狙うのかしら」

「さあね。ただ、ツァディ王はそのことをひどく恐れてる。ツァディの運命数は 2 の 18 乗、つまり 262144。最初に〈影〉に連れ去られた王様とも、二回目に連れ去られた王様とも、同じ運命数なんだ」

カフがそう言った直後、ナジャは突然、周囲の空気が歪んだように感じた。空気が自分の上に重くのしかかってくるような、圧力の変化。それに伴い、ナジャの背筋に悪寒が走り、手が小刻みに震え始める。それに少し遅れるようにして、ナジャは自分の中の感情を認識する。それは、紛れもなく恐怖だった。

異変に気づいたのはナジャだけではなかったようだ。カフも窓の外をにらみ付ける。

「この感じ……」

カフは羽を出して動かし、窓の方へ飛んでいく。

「ナジャさん、見て！　あそこに！」

ナジャは一度ぶるっと身震いをして立ち上がり、窓の外を見る。するとそこには、あの生き物がいた。灰色、半透明の蜥蜴の形。

「喰数霊！」

あの化け物が、こちらへ向かって飛んでくる。ナジャの額から冷や汗が出て、肩と両腕が硬直する。しかし喰数霊は突然向きを変えた。

「あっちへ──屋敷の裏手の方へ行くみたいだ。ナジャさん、行こう！」

ナジャは足がすくんで動けないが、カフはおかまいなしにナジャの手を取って飛ぶ。ナジャの体は軽々と浮き上がり、カフとともに扉をくぐり、廊下を抜け、屋敷の外へ向かって飛んでいく。カフはそのまま速度

を落とさず、屋敷の裏に回った。裏手は木立になっていて、まっすぐな幹を持った大きな木が、前後左右にほぼ同じ距離を隔てて並んでいる。喰数霊は、その整然とした木の並びを縫うようにして飛びながら、奥へ向かって行く。やがて、木立の間、喰数霊の行く先に、人影が見えた。

「あれは、長！」

長は木と木の間に佇み、自分に向かって飛んでくる喰数霊をまっすぐに見ていた。長はいつもの服の上に、黒く長いフード付きのマントを羽織っている。ふと、長に向かっていく喰数霊の体が、急にふくれあがったように見えた。ナジャはすぐに、喰数霊が口を開けたのだと悟る。もちろん、長を丸呑みにするために。

ナジャが悲鳴を上げそうになったそのとき、長はその身に纏った黒いマントを素早く動かした。マントの背中側の模様が、一瞬前に来る。マントの裾から上にかけて施されたその模様は、金色に輝く、大きな正三角形だった。

──三角形？　鋸歯文？

次の瞬間、水の入った皮袋が破裂したような音が聞こえてきて、周囲の空気がびりびりと震えた。その音とともに喰数霊の体が砕け散ったのを、ナジャとカフは確かに見た。長は何事もなかったかのように、マントを纏ったまま佇んでいる。

「すごいな。あのマントも、長も」

カフが感心したように言い、ナジャを伴ったまま長の方へ飛んでいこうとする。しかし長は彼らに言う。

「それ以上、近づいてはなりません。まだ来ます」

そう言われて、カフとナジャは長から少し離れた木の陰に降りた。その直後、またあの「圧力」が空気を支配した。ナジャが振り返って見ると、長が言ったとおり、すぐそこに別の喰数霊の姿が見える。しかも、今度は十体以上。

「あんなに、たくさん……」

　しかも、それらはすべて長に向かっていく。次々と襲ってくる霊を、長は眉一つ動かさずに、黒いマントで撃退する。

「すごい……」

「でも見て、ナジャさん。あのマント、壊れかけてる」

　カフの言うとおり、長の黒いマントは縁の方が灰色に変色し、崩れかけていた。まるで縁の方から燃え落ちていくように、その崩れは広がる。おおよそ十体ほどを撃退したところで、長のマントは粉々になって消えた。

「壊れた……マントが……」

　しかし、まだ喰数霊は途切れない。ナジャは胃の底が冷える思いがしたが、長の表情はまったく変わらない。次の喰数霊がいよいよ近づいたとき、長の背後からタニアが現れた。タニアは手に、丸い輪をいくつか持っており、その輪の中には糸が張り巡らされている。

「なるほど。捕霊網（ゴースト・キャッチャー）を使うんだな」

「あの網のこと？」

「うん。悪霊を捕まえる網だよ。悪霊に対抗できる武器として有名なんだ」

　タニアは長の隣に立ち、間近に迫った喰数霊の頭部めがけて輪を投げた。頭部を網に捉えられた喰数霊は、勢いを失って落ちる。まるで、地面から強い力で引っ張られたかのように。カフはそれを見て興奮気味に手を叩く。

　タニアはその後も同じように、三体を捕霊網で捕まえた。しかし、手持ちの網はそれで終わってしまった。遠くの方には、まだ一体の喰数霊の影が見える。長がタニアに声をかける。

「タニア、もう限界ね。残り一体は、『平方の陣（へいほうじん）』で迎え撃ちましょう」

「ええ、準備はできています、お母様」

　長とタニアは迫る喰数霊に背を向け、木立の奥へ向かって素早く移動

170

した。カフとナジャも彼女らの後を追う。

「長とタニアさん、どうするのかしら？」

　不安げなナジャがそう尋ねると、カフは少し考えた様子を見せ、こうつぶやいた。

「長、さっき『平方の陣』って言ってたよね？　ということは……」

　カフがその先を言い終わらないうちに、長とタニアは立ち止まった。そこは、四本の高い木がちょうど正方形の頂点のように、等間隔に立っている場所だった。四本の木には、長方形の呪符が貼り付けられ、淡い光を放っている。カフは「やっぱり」と言うが、ナジャにはまったく分からない。

　長は、四本の木がなす正方形の空間の中央あたりに座り込んだ。タニアはそこから離れて、カフとナジャの方へ来る。タニアが彼らのそばまで来たとき、喰数霊が長の方へまっしぐらに飛んでいった。喰数霊の半透明の体が肥大する。長を丸呑みにすべく、大きく開く顎。そして何よりも、間近で感じる喰数霊の圧力に、ナジャは打ちのめされていた。ナジャは立っていられないほどの恐怖を覚える。

「大丈夫だから、しっかり見ていて」

　タニアはナジャに穏やかに言い、ナジャの肩に優しく触れる。恐ろしさのあまり目を閉じかけていたナジャは、タニアにそう言われて目を開く。すると、座っている長の姿が一瞬、何体にも分かれて正方形の空間に広がったように見えた。喰数霊は中央の「長の姿」に飛びかかって丸呑みにした後、さっきよりも遅い速度であたりを旋回し始めた。まるで、出口を探っているかのように。

　──長は！？

　正方形の空間から、長の姿は完全に消えていた。

「よく見ていて。右の方と左の方に、見えてくるから」

　タニアが言ったとおり、正方形の空間の右と左に一体ずつ、ぼんやり

と長の姿らしきものが現れた。やがてその二つの「像」は互いに引き寄せられるように動き、中央で一つにまとまる。やがてそこには元どおり、静かに座る長の姿があった。長は目を開く。

「タニア、お疲れ様。ではさっそくその霊を、地下へ」

　タニアは正方形の空間に入り、そこに穴を掘り始めた。彼女の手際は良く、あっという間に地面に深く大きい穴が開く。長はタニアの作業を見届けると、ゆっくりと旋回を続ける喰数霊に向かって、何やら呪文を唱えた。喰数霊は吸い込まれるように穴の中に入っていく。タニアはどこからか、人の頭ぐらいの大きさの丸い石を持ってきて穴を塞ぎ、石を赤い紐でぐるりと巻いて縛ると、その上から土をかけて固めた。そして長に、「喰数霊の封印、終わりました」と告げる。

　長はタニアに向かってうなずいてみせたあと、ナジャとカフに向き直る。

「お二人とも、驚かせてしまったと思うけれど、私はこのとおり無傷です。心配ありませんよ」

　カフが長に尋ねる。

「もしかして、長を襲ったのは、あの王妃が放った喰数霊ですか？」

　王妃が？　ナジャは驚くが、長は平然と答える。

「ええ、そのとおりです。カフ殿はよくお分かりで」

「僕ら、鏡の中から見てたんです。あの王妃が八年前から、毎日同じ運命数の人間を狙って喰数霊を放っているのを。毎日、最低でも二十は放ってたかな。でも、一度もその霊が戻ってきたことはなくて、どうなったんだろうと思ってたんです。ここで撃退されてたんですね」

　どことなく楽しげに話すカフとは対照的に、ナジャは言葉を失っていた。あの王妃が、実の妹を呪うために、喰数霊を放っていたというのか。しかも、こんなに多く。

「僕、捕霊網は前にも見たことあったんですけど、あのマントは初めて見ました。三角文が悪霊を嚙み砕くのはよく知られていますけど、あの

172

ように強力な文様があるとは」

「あの三角文は『運命の三角文』と言われているものです。悪しき霊の攻撃を防ぐ、最も強力な文様です」

「あれは、僕らの王様にも教えてあげたいな。あのマントがあれば、王様も〈影〉に狙われなくて済むかもしれない。でも、あのマントが壊れて、その上捕霊網が足りなくなった後に、長が喰数霊に自分の『数体』を喰わせるとは思わなかった。あれは、『運命数の復元』でしょ？」

「ええ、そうです。ただし、それを起こすには、四方に特別な呪符を貼り付けた、正方形の空間の中に居なくてはなりません」

ナジャは改めて、四本の木の幹に付けられた呪符を見る。どれも、薄い木の板に布を貼り付けたものらしい。一つ目の呪符は茶色の布地に白抜きでヤモリの姿が染め付けられ、その下には多くの糸がぶら下がり、その先にヤモリの尻尾の形をした金属がじゃらじゃらと付いている。タニアが寄ってきて、「ヤモリの模様は、再生の象徴。この布は、経糸と<ruby>経糸<rt>たていと</rt></ruby>と<ruby>緯糸<rt>よこいと</rt></ruby>の『くくり染め』で染めてあるのよ」と説明する。ナジャは驚く。間近で見ても、くくり染め特有の「ずれ」が見えない。なんという、精巧な<ruby>縦横絣<rt>たてよこがすり</rt></ruby>。布の縁に施された幾何学模様の刺繍も見事だ。

二つ目の呪符の模様は、白地に藍で、鳥の模様。下には鳥の羽の形をした金属が下げられている。三つ目は、深緑の布地に白抜きの「パンをちぎる手」で、下に下がっているのは金属でかたどられた小さな手。四つ目は、白地に赤で、二つの輪。下には二連の輪がたくさんぶら下がっている。タニアによれば、鳥は生と死をつなぐ者の象徴、「パンをちぎる手」は「分かつこと」の象徴、「二つの輪」は肉体と魂とを繋ぎ止めるものの象徴らしい。カフが長に向かって、つぶやくように言う。

「ということは……長の運命数は、『二乗分割復元数』ですね」

「そのとおり」

「人間の中にそういう人が存在するということは知っていたんですが、

実際に会ったのは初めてです」

　どうやら、カフはある程度事情を知っているらしい。怪訝な顔をするナジャに、カフが説明する。

「『二乗分割復元数』っていうのは、2乗——つまり自分自身を2つ掛け合わせて、出てきた数を真ん中から左右の桁に分けて足し合わせると、元の数に戻る数だよ」

　カフは、たとえば45とか、297がそうだ、と言う。

「45を2乗すると、2025でしょ？　これを真ん中から左右の桁に分けると、20と25。20と25を足し合わせると、どうなる？」

「45。あ、本当だ。元に戻ったわ」

　ナジャは、カフが挙げたもう一つの例である、297についても考えてみた。これを2乗すると、88209。これは5桁なので、ちょうど半分に分けられない。ナジャがカフにそう言うと、カフはこう答えた。

「ああ、桁の数が奇数になったときはね、前の部分が後ろの部分よりも桁が一つ小さくなるように分けるんだ。だから、88209は、88と209に分かれる」

　ナジャは計算する。88と209を足すと、297。確かに、元の数に戻っている。こういう数があるのかと感心するナジャに、長が言う。

「私の運命数は、499500。二乗分割復元数の一つです。この数のおかげで、呪符を貼った正方形の空間——『平方の陣』の中にいる限り、喰数霊に何度『数体』を喰われても、元に戻ることができるのです」

　そして、いったん「数体」を喰らった喰数霊は、喰らう前よりも動きが鈍くなるため、地面に埋めて特別な封印を施せば、そこに留めることができるという。タニアが「平方の陣」の地面を見ながら言う。

「お母様。そろそろ、ここの地面も満杯よ。また『陣』の位置を変えないと、埋める場所がなくなってしまうわ」

　ナジャがタニアに尋ねる。

第七章　運命の文様

「ここの地面に、そんなにたくさん、喰数霊が埋まってるんですか？」

「そうね。かなり前から霊は毎日来てるし、毎日平均五体ぐらいは埋めてるかしら」

　タニアの話では、長の家の裏手一帯の地面に、一万体以上は埋まっているという。それを聞いたカフは、怪訝な顔をして長に尋ねる。

「どうしてわざわざ地面に埋めるんですか？　そのまま逃がしてしまえばいいじゃないですか。長の数を喰ったこいつらは、あとはあの王妃のところへ戻るだけでしょう？」

「ええ。でも、それはできないのです」

「なぜ？　長の運命数の中に、『宝玉』がたくさんあるとか？　だったら、あの女に渡したくないというのは分かるけど」

「そんなことはありません。私の運命数を構成する素数は、2 が二つ、3 が三つ、5 が三つ、37 が一つ。3 は宝玉ですが、所詮、胡椒の粒程度の大きさです」

「それならなおさら分からないなあ。しかも 5 と 37 は、どちらも『刃』じゃないですか。そのまま喰数霊を返せば、それらの刃はあの女を攻撃することになる。あの女に反撃できるじゃないですか」

　カフの言葉に、長は少し困ったような顔をして答えた。

「それは、私に課された神々の掟に反することです」

「それは、どんな掟なんです？」

「『神々の許しがあるまで、楽園の外に出てはならない。そして、何者をも傷つけてはならない』」

　たとえ、自分を害しようとする者でさえも傷つけてはならないということか。長の答えを聞いて、カフは何も言わなかった。ナジャも考える。掟とはいえ、王妃を傷つけないように心を配る長。そんなことは知らず、毎日のように長を呪い殺そうとする王妃。いいや、知っていてもきっと、王妃には関係ないのだろう。複雑な思いを抱くナジャの前で、

175

長は静かに空を見上げる。
「しかし……姉が再び私に喰数霊を放ってきたということは……きっと、呪いを再開したということでしょうね」

　情報収集のために昨日から楽園の外に出ていたトライアは、昼前に戻り、長の屋敷に報告に上がった。長は広間で一人、トライアを待っていた。トライアは兜を脱ぎ、ひざまずいて長に報告する。
「昨晩、メルセイン国王が亡くなったそうです。国王が滞在していた城の者は全員死亡。たいへんな騒ぎになっています。間違いなく、王妃の呪いでしょう」
　深刻な面持ちで話すトライアに、長は静かに返す。
「やはり、そうでしたか。私に喰数霊を放ってくるぐらいだから、緊急に片付けるべき敵はもう片付けたのだろうと思っていました」
「しかし、王妃はなぜ、呪いを再開できたのでしょうか？　鏡の中の妖精たちは逃げましたし、フィボナ草もすべて私が持ち出しました。どちらの代わりも、簡単には手に入らないはずです」
「私にも分かりません。しかし、事実は事実として、受け止めなくてはなりませんね」
　トライアが長に問う。
「ところで長。『巡る数』のお方との連絡は取れたのでしょうか？　メルセイン城から脱出した夜、彼女に『通信鏡』を返しておいたのですが」
　長はうなずく。
「ええ。この広間の通信鏡から、彼女の鏡に連絡することができました。ナジャと妖精たちの無事を伝えると、ひとまず安心したようです。しかし、例の件については、やはり意志を変える気はないようです」

長がそう言うと、トライアはがっくりと肩を落とし、下を向いた。

「やはり、そうですか……」

「トライア殿、あなたが落ち込む必要はありません。彼女が意志を変えないことは、もう分かっていたことですから。私もこれまでに何度、彼女に思いとどまるように言ったか分かりません。でも、彼女は聞き入れなかった。絶対に、王妃を殺すのだ、と言って……」

長はやや目を伏せる。トライアが尋ねる。

「それにしても、彼女はどうやって王妃を殺そうと思っているのでしょう。王妃は、普通の武器や毒では殺せないはず」

「彼女は『呪いで殺すつもりだ』と言っていました。喰数霊を放つのだ、と」

「呪いで？　しかし、王妃の運命数はきわめて大きいのでしょう？　それは無理なのでは？」

「姉の運命数が桁外れに大きい数であるのは確かです。しかも、本人はそれを〈祝福された数〉——大きな素数であると思い込んでいる。もし本当にそうであれば、姉を呪うことは実質的に不可能でしょう。喰数霊を作るのに必要な素数蜂が、手に入るはずがありませんから」

王妃の運命数は、464052305161。これが素数であった場合、必要な素数蜂の毒は、464052305161日周期で生まれる蜂のそれだ。しかし、464052305161日もの周期で生まれる素数蜂がいるかどうか分からないし、いたとしても入手できる確率はきわめて低い。そういう蜂は、数十億年に一度しか生まれないからだ。

「姉は実際に、自分はけっして呪い殺されることはないと考えています。しかし実のところ、姉の運命数は素数ではない。4261、8521、12781という三つの素数に『分解』できる数です」

「なるほど。『巡る数』のお方が呪いで王妃を殺そうとしているということは、彼女がそれらの周期の素数蜂を手に入れている、ということに

なるでしょうか？」

「『巡る数』がここにいる頃、すでに4261番と、8521番の蜂の毒は手に入れていました。12781番の蜂については、これから『卵』を探すと言っていました。『その蜂は五年後ぐらいに生まれるはずだから』……そう言ってここを出て行ったのが、ちょうど今から五年前」

長の話を聞いて、トライアは考える。「巡る数」はきっと、あの薬草畑の隣の蜂小屋で王妃の目を盗みながら、王妃を殺すための蜂を育てているのだろう。

——城からナジャ様を逃がした今も、彼女は一人で密かに、王妃に逆らっているのだ。

彼女は、王妃がナジャを付け狙う可能性があるかぎり、王妃を殺そうとするのだろう。ナジャを守るために。トライアは、この前彼女と別れる直前に、自分が彼女に言ったことを思い出す。「ナジャ様は今後、何があっても必ず私が守ります。ですから、あなた様も早く城を離れてください」。しかし彼女は頑として首を縦に振らなかった。トライアはそのことを思って、再びうなだれる。

「私が悪いのです。『巡る数』のお方はきっと、この私がナジャ様を守るのに力不足だと思っているはずです。だからこそ、王妃を殺さないと安心できないのでしょう」

「いいえ、違いますよ、トライア」

顔を上げるトライアに、長はこう言う。

「彼女がナジャを守りたいと思っていることは確かです。その意志に嘘偽りはありません。しかし同時に、彼女は王妃を憎んでいる。たとえナジャの安全が完全に保証されたとしても、彼女は王妃を殺そうとするでしょう。自分の人生から、王妃を——『母親』を、跡形もなく消すために」

第七章　運命の文様

　長がトライアと広間で話している間、長から外に出ているように言われたナジャは、タニアと一緒に屋敷の外を歩いた。長の屋敷の正面に当たる表側の庭は、太陽の光が差して暖かい。今日はとくに天気が良く、霧もなく、ゆるやかな斜面、その下の川、湖、向こうの山々がはっきりと見える。
　しかしナジャの気を引いたのは、庭に干されている、たくさんの布だった。色とりどりの布が、そよ風にたなびいている。
「きれい……」
　思わずつぶやいたナジャに、タニアは微笑む。
「ナジャさんは、織物とか、刺繍が得意なんでしょう？　ここに逃げてきたときの服を見て、すぐ分かったわ」
　タニアに褒められて、ナジャは顔を赤くしながらうなずく。
「でも私、今まで、ここにあるような模様の布は全然作ったことがありません」
「ここにある布のほとんどは、普通の布とは違うの。儀式とか、魔除けのための布だから。ねえ、これ、見て。母の、新しいマント。今朝の喰数霊の攻撃で壊れたマントの替わり」
　タニアが指さしたのは、大判の布の一つだった。裾から上に向かって、大きな正三角形の模様が一つ。今朝見たマントは黒地に金糸の三角形だったが、これは白地に青の三角形。青と言っても、濃紺から水色までさまざまな青が使われている。そしてマントの縁は青い布で縁取られている。ナジャは誘い込まれるように布に近づき、三角形の模様を間近で見る。
「これ……刺繍なんですね」
「そう。しかも、玉刺繍〔ノットステッチ〕。手間がかかっているでしょう」

タニアの言ったとおりだった。三角形の模様を形作っているのは、小さな小さな、糸の結び目。つまり玉留めをびっしりと並べて、大きな正三角形を形成しているのだ。

「これは、誰が作ったんですか？」

「これは、私と母が一緒に作ったの。他の家の人たちに作ってもらうこともあるわ。消耗品ですからね。今朝、あなたも見たでしょう。喰数霊を十体も迎え撃つと、壊れてしまうから」

「これも、鋸歯文の一種なんですね？」

　ナジャがそう言うと、タニアは嬉しそうな顔をした。

「よく知ってるわね。そのとおりよ。鋸歯文は、悪しき霊を食いちぎって滅ぼす『歯』。そしてこの『運命の三角文』は、その中でも特別な模様。ねえ、ナジャさん。この模様の中の『玉留め』、いくつあると思う？」

　ナジャは、分からない、と首を振る。実際、数える気にもならないぐらい多い。タニアはすぐに答えを言う。

「499500個よ」

　499500。ナジャにはすぐに、それが何の数か分かった。

「長の、運命数ですね」

「ええ。『運命の三角文』というのは、それを身につける人間の運命数と同じ数を含んだ三角文のことなの。つまり、その人専用の魔除けってこと。だから、強い」

　ナジャはさらに布を凝視する。三角文の頂点には、たった一つの玉留めがあり、その下には二つの玉留めが横に並んでいる。その下には、三つ。さらに下に行くにつれて、横に並んだ玉留めの数は、四つ、五つ、六つ……と、規則正しく増えていく。

第七章　運命の文様

「これ……ただ単に玉刺繡で三角形を埋めているんじゃなくて、上からずっと、規則的に玉留めを増やしているんですね」
「そうよ。この三角文は、そんなふうにして作らないと駄目なの」
「でも、それでぴったり、長の運命数——499500個になるなんて、すごいですね」
「母の運命数は、999番目の『三角数』でもあるから、一つの三角形にまとまるのよ」

　ナジャが「三角数」について問うと、タニアは、1, 3, 6, 10,……のように、1から始まって、三角形を形成する点の数が「三角数」なのだと答えた。

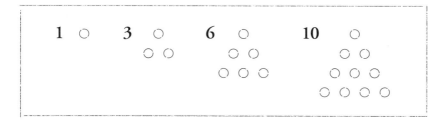

「三角数というのは、1から順に数を足していった『和』でもあるのよ。たとえば3は、1と2を足した数。6は、1と2と3を足した数。10は、1と2と3と4を足した数」

ナジャは理解すると同時に、長の運命数に思いを巡らせる。長の数は「二乗分割復元数」という特別な数だ。その上、こんなにきれいな三角形になる数でもあるとは。
「長の運命数は、すごい数なんですね」
「そうね。でも、母はいつも言っているわ。運命数っていうのは、その人の持って生まれた特徴の一つでしかない、って」
「でも……」
　ナジャはうらやましく思う。自分の運命数が「リヒャルトのための予備」でしかないことを思うと、なおさらだ。
「ナジャさんのうらやましいっていう気持ち、私も分かるわ。でも、運命数は自分で選べるものじゃないから、仕方ないわよ。私の数も、とくに特徴のない平凡な数だから、昔はもっとすてきな数が欲しかった。でも今では、自分の数が好きよ」
　にっこり笑うタニアに、ナジャは少し救われたような気持ちになる。
「それに、この三角文の布だけど、これは母のような『三角数』の持ち主専用ってわけでもないの」
「どういうことですか？」
「ちょっと来て」
　タニアは奥の方へ行き、干してあった別の布を持ってくる。
「これも、『運命の三角文』。ただし、私専用なの」
　藍色の布に、緑色の糸で、裾に三つの三角文が施されている。
「長のための三角文は、一つでしたよね。この布には、三角文が三つある」
「私の運命数は『三角数』ではないから、ぴったり一個の三角形にはならないの。でも、三つの三角形に分ければ、玉留めの数と、私の運命数が一致する。つまり私の『歯』は三つってこと」
「つまり、運命数が三角数じゃない人のためにも、『運命の三角文』を施したマントが作れるってことですか？」

「そうよ。ただし、『歯』は最大、三つまでっていう決まりがあるの」
「三つまで……」
　そういう制限があるなら、誰でもこの布で守れるというわけではないのではないか。しかし、そう言うナジャに、タニアは首を振る。
「どんな数でも、一つか、二つか、三つの『三角形』で表せるの。だから『誰でも』、こういった布で守ることができる。その人の運命数が分かって、しかも、どんな三角形がいくつ必要かが分かれば」
「本当ですか？」
　つまり、あの恐ろしい「呪い」に対して、誰にでも使える対抗手段があるということだ。タニアは言う。
「それで、私たちはこの文様のことを外の人々に広く伝えようとしたんだけど、なかなか広まらなくてね。そもそも外の世界では、自分や他人の運命数が正確に分かる人の方が少ないから。楽園の長である母は神々の祝福を受けているから、他人に触れればその人の運命数が分かるんだけど、外に出られないでしょう？　それは仕方のないことだから、せめて邪視を避ける正しい方法だけでも外に伝えようとしているんだけど、そっちもうまく広まらなくて」
　ナジャはそのことを残念に思った。そのとき強い風が吹き、干されている布が音を立ててはためいた。ナジャはその中に、ひときわ大きな布が一枚あることに気がつく。それには、白地に金糸で大きな三角文が施されている。しかし、マントというには大きすぎ、むしろ部屋の床に敷くような大きさだ。
「あれは……？」
　ナジャがその布を指さすと、タニアはこう答えた。
「ああ、あれはね。母の姉、つまりあの王妃のために作られたマントだそうよ」
「えっ？」

「彼女たちのお母さんが、昔作ったものらしいわ。仕舞っておくだけだと布が駄目になるから、母がこうやって時々干してるの」

　ナジャは自分が何を聞いているのか分からなかった。なぜ長は、王妃のためのマントをまだ取っておいているのか。実の姉とはいえ、王妃は長にとって、毎日のように自分を呪ってくる敵であるはずなのに。ナジャの表情を読み取ったのか、タニアがこう言う。

「なぜそんなことを、って思っているでしょう？　分かるわ。私も同じようなことを思っていたから」

　ナジャは素直にうなずく。

「長は……王妃のことが、嫌いではないんでしょうか？」

「嫌い、っていう言葉が適切かどうか分からないけれど、少なくとも良い感情は持っていないと思うわよ。あの王妃は〈初めの一人〉の直系の子孫で、しかも長女だから、本当はここに留まらなくてはならなかったの。それなのに、掟を破って出て行ったらしいから」

　タニアによれば、ここ楽園に生まれた〈初めの一人〉の直系の子孫は、「〈影〉の誘惑を避けるため」という理由で、神々の許可が下りるまで外に出てはならないのだという。先代の長の長女であった王妃は、本来であれば、その掟に従わなければならなかった。しかし王妃の母親はそれを不憫に思い、神々に祈り、王妃――娘が短い期間だけ外へ出る許可を得た。その条件は、万一娘が約束どおりに楽園に戻らなかった場合、母親である自分の命が失われるという、厳しいものだったという。

「つまり王妃の母親は、自分の命を危険にさらしてまで、娘の願いを叶えてやったわけ。そして当然、娘が約束どおりに戻って来ると信じて疑わなかった。でも、当の娘は外に出た途端、平然と約束を破ったそうよ」

　そして王妃の母親は死に、妹である長が王妃のかわりにここに留まることになったという。

　タニアの話を聞きながら、ナジャは自分の中に苦々しい感情が広がっ

ていくのを感じた。思い出したくないのに、頭の中に王妃の言葉が浮かんでくる。

　——だって、あなたには、それしか価値がないんですもの。

　人を人とも思っていない、あの王妃。その王妃に殺されたビアンカ。そして、深く傷つけられた自分。悔しさと憤りと悲しみが、ナジャの心を鉛のように重くする。ナジャの息が苦しくなる。

　——だめ。私にはやっぱり、耐えられない。

　ナジャは気がつく。自分は昔から——王妃の悪行をはっきりと知る前からずっと、王妃に傷つけられていたのだと。そして間違いなく、自分は王妃を憎んでいたのだ。でも、その憎しみの重さに、心が耐えられなかった。だからこそ、感情に蓋をしてきた。自分の中に渦巻く黒い感情を、なかったことにしたくて。そうしなければ、自分は正気を失ってしまうような気がするから。黒い感情に捕まってしまったら、きっと自分は壊れてしまうし、自分以外のものまでも壊してしまうかもしれないから。

　城を出て王妃と離れても、傷が癒えたわけではない。ナジャはそれを、はっきりと自覚する。私は今も、傷ついている。王妃のような人間がいることに。そして、そのような人間がいる世の中そのものに。

　ナジャの思いを知ってか知らずか、タニアは話を続ける。

「……つまりあの王妃は、母親と妹を犠牲にして自由の身を得たってわけ。それなのに長いこと、しかも毎日飽きもせずに喰数霊を送り込んでくる。喰数霊が来始めた頃も今も、母はずっと変わらず平気な顔をしているわ。でも、私の方は、王妃に対して腹が立って、我慢できなくなったことがあってね。それである日、母に言ったのよ。『いくら神々の掟があるからって、何もやり返さずにいるなんて、私には耐えられない。だいたい、血の繋がった妹にこんなことをする人間がこの世にいること自体がおかしい』って」

　ナジャには、そのときのタニアの気持ちがよく分かる。

185

「それで、長は何と？」

「母は、こう言ったわ」

——血が繋がっていようといまいと、人が人と「いい関係」を保ち続けるには途方もない努力が必要で、難しいことよ。そして、その困難を乗り越えるのに挫折する人もいれば、最初から乗り越えようとしない人もいる。そういう人に傷つけられたとき、その相手を許す必要はない。自分が相手を憎む気持ちを否定する必要もない。でも、考えなければならないのは、「自分は何をするのか」っていうこと。

「それで、私ね、『当然、やり返すしかないでしょう』って言ったの。すると、母はね……」

——もちろん、やり返すのも一つの選択肢。でも、そうしないという選択肢もある。私がいつも考えているのは、自分が何をするのかを選ぶとき、私は自由なのだということ。自由だから、私はそのときの感情に流されて姉に仕返しをするのではなく、神々の意志に従う者として「他人を傷つけない」という掟を守る方を選んでいるの。

ナジャはその話を聞いて、長の偉大さを改めて知った気がした。でも同時に、腑に落ちない部分もある。

「でもそれは、長だからできることですよね」

つまり、普通の人間である自分には無理だと、ナジャは思うのだ。するとタニアは嬉しそうな顔をする。

「私も同じようなことを母に言ったの。私には無理だって。でも、母は言ったわ。どんなときにも心を自由にして行動を選択する必要はないし、そんなことができる人間はほとんどいないって。でもいざとなったら、『今このとき、この状況に対して』自分は何をするのかを考えればいい、って」

——つまり、今このときに何をするかという問題に集中すればいいのよ。

なるほど、「今、このとき」。確かに、そういう特定の状況なら、自分

にも長のように行動できるときがあるかもしれない。

　ナジャはほんの少し、心が軽くなった気がした。長の気持ちが完全に理解できたわけではない。でも、今の話を聞いて、自分の中の憎しみに対処できる可能性が、少しだけ見えた気がしたのだ。

　王妃は、他人に敬意を払うことなど、考えたこともないだろう。他人を傷つけることなど、何とも思わない人間だ。そしてそういう王妃に、自分が深く傷つけられていることは事実だ。でも、そのことと、自分が「今このとき」何をするかということは、もしかしたら、分けられることなのかもしれない。十分に、注意深くしていられれば。

「タニアさん、ありがとうございます」

「なぜ、お礼を言うの？」

「あの、私……少し、気持ちが楽になりました」

「どういうこと？」

　ナジャはためらいながらも、ぽつりぽつりと、自分がたった今感じたこと、考えたことを話し始める。自分の傷口、そして黒い感情について他人に語るのは、とても辛いことだ。そのためには、それらを直視しなくてはならないから。ナジャは、自分の心の暗い部分、醜い部分から目をそらしたくなるのを我慢しながら、できるだけ、率直に話した。そしてタニアは、ナジャの言葉の一つ一つを、しっかりと受け止めてくれた。ナジャの話を聞き終わった後、タニアは空を見上げて言う。

「ナジャさんは、とても強い人ね。ねえ、知ってる？　人間が鏡の中の世界に入れるのは、神々の意志が実現されるときだけなの。つまり、ナジャさんが妖精たちの鏡に入ることができたのは、神々に選ばれたからなのよ。母は、こう言ってたわ。神々がナジャさんを選んだのは、ナジャさんに、自分の心をのぞき込む勇気があるからだって。今のナジャさんの話を聞いて、私にもそれがよく分かったわ」

　タニアにそう言われて、ナジャは何と返事したらよいか分からない。

しかし心の中にはじわじわと、明るい喜びが溢れてくる。

「私、ナジャさんは、きっと大丈夫だと思うわ。むしろ心配なのは、あなたのお姉……」

そこまで言って、タニアははっとしたように口をつぐんだ。しかしナジャはそれを聞き逃さなかった。そしてすぐに、タニアが何を言おうとしていたかを悟った。

「私の姉って……ビアンカ？ もしかして、ビアンカのこと、知ってるんですか？」

タニアはこの上なく、困った顔をしている。しかし今確かに、タニアは「あなたのお姉さん」について、「心配だ」と言った。心配だということは、まさか……。

「生きている？ まさか、ビアンカが生きているっていうことですか！？」

すがるように問いただすナジャに、タニアは無言でうなずいた。信じられない。でもナジャは、さらに問わずにはいられない。

「どこに？ ビアンカは、どこにいるんですか！」

「……母には、あなたには言わないでおくように言われていたんだけど」

タニアは立ち上がる。

「仕方ないわ。これから、母のところへ行きましょう」

第八章

巡る数

「かしこまりました」

　彼女が王妃に恭しくそう言うとき、王妃はすでにそっぽを向いている。ぶっきらぼうな命令を一方的に下し終われば、もう相手のことなど意識から消し飛ぶらしい。この女は、いつだってそうだ。そして、こんな人間に「取るに足らない者」として扱われながらも、従順な僕を完璧に演じてみせる自分。自分が何をしてもけっして認められないことを知っており、そのことに傷つきながらも、あの女にとって必要で、かつ邪魔にならない存在であろうとする努力をやめられない自分。

　——私は子供の頃から、少しも変わっていない。

　そして自分の「今の姿」はまさに、そういった側面を象徴するものに思える。装飾のない、黒い服。眼帯で半分隠れた顔。自分はまさに、あの女の影。幼い頃、ずっとそうやって生きてきたように。だからこそ自分は「あのとき」、真っ先にこの姿を得たのだ。彼女は、そう理解している。

　この姿こそが、私の本質なのだろう。自分を支配する者に怯え、それゆえに無条件に服従し、半分空気のようになりながら、お慈悲をもらえるのを待つ。殺されないために。生き延びるために。それでいて同時

に、相手の寝首を掻く機会を、虎視眈々と狙う。

　もちろん「他の姿」にも、自分の性格は反映されている。今より「一段階上」の姿──栗色の髪をした幼子は、いつも不安で仕方がなく、他人に要求ばかりしたがる自分。「二段階上」の銀髪の女の姿は、自分の攻撃的な面の現れ。「三段階上」と「四段階上」までの姿は分からない。それらの姿を得るのに成功したことがないからだ。「五段階上」の、自分が生まれ持った顔にも戻ったことがない。もっとも、もう「あの女に生き写しの自分」になど、戻るつもりもないが。

　やはり、自分に馴染むのはこの姿だ。ほとんど動くことのない今の顔は、内側に渦巻く憎悪を隠してくれる。そして「黒」を身に纏うのは、心の中の黒い感情を見透かされないため。

　──あたくしって、何でも分かってしまうのよ。

　王妃は頻繁に、そのようなことを口に出す。本当に、おめでたい人間だ。何でも分かるのであれば、すぐ近くに「死んだはずの娘」がいて、これほどまでの憎悪を心の内に秘めていることに、気づかないはずがない。王妃は、感情を包み隠すということがどういうことなのかをほとんど知らない。理由は簡単だ。王妃が自分の思いをそのまま表に出しても、誰にも咎められないで生きてきたからだ。だから、他人がそれをどれほど巧みに行えるのか、そして実際にどう行っているのか、想像がつかないのだ。他人に関しても、表に出る感情が真のものだと思ってしまう。

　数日前。夫に裏切られ、息子を殺された王妃は、ひどく取り乱した。あそこまで追い詰められた王妃を見たのは初めてのことで、彼女はぞくぞくするような快感を覚えた。憎悪よりもむしろ、そちらの方を隠すのが難しかったぐらいだ。しかしそれもつかの間のことだった。

　──あの女は、呪いを再開した。

　あの「夫の裏切り」に遭っても、王妃は城の防備には手を付けず、それどころか再び素数蜂の毒を自分に要求してきた。しかも、何種類も、

大量に。そして今朝、エルデ大公国で保護されていた国王が死んだという情報が入った。王妃が呪い殺したのは間違いない。

どうやって、呪いの再開を？　はっきりとは分からないが、あの「実験室」には例の詩人が頻繁に出入りしていて、王妃と何やら話し合っているようだ。あの男は、いったい何者なのだろう。最初から、油断のならない人物だとは思っていた。そして国王が城を去ってからというもの、王妃は今まで以上にあの男の言いなりになっているらしい。そして事実、あの男の手によって「フィボナ草」の栽培は再開された。

彼女は居館を出て、薬草畑へ向かう。あの詩人の手によって新たに植えられた草が、もう畑の一面を覆っている。

表面的には、あの男の行いはすべて、王妃のためのものであるように見える。だが、自分には分かる。少なくとも一点において、あの詩人は王妃を欺いていると言えるのだ。彼女は草に目を落とす。

――この「花の数」を見れば……。あの女は騙せても、私の目はごまかせない。

きっと王妃は、詩人が自分に惚れ込んでいると思って、小さな裏切りに気づいていない。自身の魅力を過信して、高をくくっているのだ。なんと可笑しい。彼女の固い頬はわずかに動き、片方の口角がひきつるように上がる。そうしたとき、痛くもないはずの古傷が――「今は」左目の真上にある傷がかすかに疼いたように感じて、彼女は我に返る。

あの詩人は自分にとって、敵なのか、味方なのか。彼女はしばらく考えたが、すぐにやめた。もうすぐ「毒」が揃うからだ。王妃に喰 数 霊 を放つための、三つ目の素数蜂の毒が。

彼女は蜂小屋の戸を開ける。灯りがないので、何も見えない。それでも虫たちが自分の存在を感じて、いっせいに意識をこちらに向けたのが分かる。やがて聞こえてくる羽音。

――小さな友人たち。どうか私に、最後の力を貸してちょうだい。

そうだ。何が起ころうと、すべては数日のうちに「終わる」。

　　　　　　　　　　　◇

　長は辛そうな表情で、あなたには黙っておこうと思ったのだけれど、
と切り出した。
「ナジャ。あなたの姉、ビアンカは今も生きています」
　ナジャは目を大きく見開く。
「どこに！　どこにいるのですか？」
　長は心を決めるように一度目を閉じた後、ナジャの顔をまっすぐに見
て言った。
「ビアンカは、今もメルセイン城にいます。より正しく言えば——四年
前からずっと、ビアンカは城にいました。あなたのすぐそばに。王妃の
目を欺いて、あなたと妖精たちを助ける機会を作るために」
　長の言葉に、広間の傍らで聞いていたトライアは悲痛な表情を見せ
る。ナジャはひどく混乱する。
「ビアンカがずっと城にいたって……どういうことですか？」
　そのとき、広間の扉からカフが入ってきて、ナジャの隣にちょこんと
座った。
「ナジャさんの姉さんというのは、あの黒い服の女性のことだよね？」
　長がカフに答える。
「カフ殿はご存じでしたか」
「うん。あの黒い服の女性は、ときどき鏡の向こうからこっちに話しか
けてきたから。あの人がただ者ではないことは、前から分かってたん
だ。あの人は、ナジャさんのように鏡の中に入ることはできなかったけ
ど、僕たちの様子を見ることができていたと思う。僕たちの声は聞こえ
なかったみたいだけど、とにかく彼女は僕らの『事情』を知っていて、

192

助ける手はずを整えると言っていた」

　カフは、まだよく分かっていない顔をしているナジャの方を向き、「あの、マティルデとかいう人のことだよ」と言う。

「マティルデが……？　まさか」

　だって、マティルデとビアンカは、まったくの別人だ。マティルデも美しい少女には違いないが、ビアンカとは顔つきも体格も異なる。それに、そもそもマティルデは「蜂飼いの一族」の出身ではなかったか。

「しかし、ナジャ。その『まさか』なのです。八年前、『算え子』をしていた娘たちが、あなたを除いてみな死んだことがありましたね？　そのときに、ビアンカも王妃に殺されそうになったのです。しかしそこを奇跡的に助かり、まったく別人の姿を手に入れたのです」

　いつも無表情で、恐ろしい蜂を操り、王妃の呪いの手伝いをしていたマティルデ。あれが、あの優しいビアンカだというの？

　にわかには信じられない。しかしナジャの中にはすでに、物事に筋道をつけて理解しようとする自分もいる。もし、マティルデがビアンカなのだとしたら、あの「鏡を見つけるための伝言」を書いたのはマティルデに違いない。そして、指定の場所に「鏡」を隠したのも。そして……。ナジャはトライアに尋ねる。

「ねえ、トライア。あなたはマティルデがビアンカだってことを、知っていたの？」

　トライアはすまなさそうに、「はい」と返事をする。

「トライア、私を神殿から助けてくれたのは、ビアンカでもマティルデでもない、知らない女性だったわ。あの人は誰なの？」

「銀色の髪をした女性ですね」

「ええ」

「あれも、ビアンカ様の別のお姿だそうです」

　あれも……？　落ち着きかけていたナジャの頭は、再び混乱に陥る。

ビアンカにいったい、何が起こったのだろう。でも……。

　——ビアンカが、生きている。

　そう実感したとき、ナジャの心に、ようやく強い感情がわき上がってきた。ビアンカは、死んでいなかった。それだけではない。別人の姿で、ずっとそばに居てくれていたのだ。ナジャは涙をこらえきれなくなった。長も、トライアもカフも、しばらくナジャをそのままにしておいたが、やがて長が口を開いた。

「ビアンカは、『巡る数』の持ち主です。元の運命数は、857142。そして、『マティルデ』という名の蜂使いの姿をした今の運命数は、142857」

　ナジャは涙で両目を濡らしたまま、顔を上げて尋ねる。

「『元の運命数』と『今の運命数』っていうのは、どういうことですか？」

　確か、運命数というのは、よほどのことがないかぎり変わらないのではなかったか。

「あなたも知っているとおり、『大いなる書』に書かれた運命数は原則として変わりません。しかし、例外的に起こる変化がいくつかある。その一つが、先日カフの身に起こった『運命数の泡立ち』。また別の一つが、ビアンカの運命数に見られる『数の巡り』なのです」

「それは、どういう……」

「さっき私は、ビアンカの元の運命数が857142、今の運命数が142857と言いましたね？　何か気づくことはありませんか？」

　857142。142857。ナジャはすぐに気がついた。

「どちらにも、同じ数字が入っていますね。順番が違うだけで」

「そうなのです。そして857142は、142857を6倍した数」

　長によれば、142857という数は、その2倍から6倍までがどれも「各桁の数字の順番を入れ替えた数」となるらしい。142857の2倍は、285714。3倍は428571。4倍は571428。5倍は714285。6倍は、857142。

「これらの数の間の変化は、『大いなる書』を見回る神の使いたちに見過ごされます。また、これらの数の持ち主は、運命数が変化しても、体に害を受けない。そのかわり、姿形がその都度変わるのです」

「それで……」

それでビアンカは、「マティルデ」の姿になったということなのだろうか。

「そして、あなたを助けた『銀髪の少女』も、ビアンカの別の姿です。その姿のときの運命数がいくつなのか、私には分かりませんが」

長は、初めてビアンカに会ったときのことを話し始めた。それは五年前のことだったという。

「ビアンカは——とはいっても、『マティルデ』の姿でしたが、彼女は『蜂飼いの一族』と一緒にここを訪れました」

蜂飼いの一族は、蜂を育てながら移動して暮らす人々だ。そして数年に一度、ここ楽園にもやってくるのだという。

「蜂飼いの者たちによれば、ビアンカは喰数霊に追われて城から逃げてきたところを、彼らに救われたそうなのです。メルセイン城から出て逃げ惑っていたビアンカが、彼らの飼っている蜂の群れに遭遇したのが、彼女の『変貌』のきっかけだったとか」

長の話では、蜂飼いの一族はその少し前に王妃に城に呼びつけられ、貴重な蜂を多数差し出すことを要求されていた。その上、蜂を管理するための若者も王妃に取られ、失意のうちに城を出たのだという。彼らがビアンカに出会ったのは、その直後のことだった。

「蜂飼いたちはこう言っていました。『蜂が自らの意志で、この娘を救ったのだ』と。というのは、蜂の群れに遭遇したビアンカを、数匹の蜂が刺したそうなのです。3の素数蜂が3匹。5の素数蜂、11の素数蜂、13の素数蜂、37の素数蜂が1匹ずつ。すべての数を掛け合わせると、$3 \times 3 \times 3 \times 5 \times 11 \times 13 \times 37$」

ナジャは必死になって計算したが、先にカフが答えた。

「714285、かな？」

「ええ。そして素数蜂の毒によって、その数が、ビアンカの運命数から差し引かれたのです」

　今度はナジャもすぐに答えを出すことができた。857142－714285は、142857。つまり、「マティルデ」の運命数。

「普通の人間は、素数蜂に刺されても運命数は変わりません。普通の蜂に刺されたのと同じように、皮膚に痛みと腫れが起こるだけです。しかしビアンカは違った」

　ビアンカは蜂たちに運命数を変えられた。そして、ビアンカを追ってきた喰数霊は、彼女を見失った。なぜなら、喰数霊はビアンカの元の運命数──857142を目指して飛んできていたからだ。

　ビアンカはその後、蜂飼いの一族と行動を共にし、蜂を操る方法を身につけていった。そして徐々に、城に戻る意志を固めていったという。

「五年前、蜂飼いの一族が私のところにビアンカを連れてきたのは、彼女に城に戻るのを思いとどまらせようとしてのことでした。城に戻って、もし王妃に正体を見破られたら、確実に殺される。私も説得を試みましたが、彼女は譲らなくて……」

　ビアンカはこう言っていたのだという。城には妹が残っている。妹を城から逃がさなければならないのだ、と。

「私を、城から逃がすため……」

「ええ。ビアンカは、王妃があなたを養女にした理由を知っていたようです。つまり、リヒャルト王子にもしものことがあれば、あなたがすぐに王妃に殺されるであろうことを。

　私は結局、ビアンカを説得するのを諦めました。そしてせめて、彼女の助けになるよう、ここにあった小型の『通信鏡』を一枚渡したのです。それでときおり、ここと連絡が取れるように。しかし、その鏡で王

妃の鏡の中の妖精たちの様子を見ることができることと、ナジャ——あなたが鏡の中に入れることは、私も知りませんでした。どういう理由かは分かりませんが、ビアンカはそれに気づいたのでしょうね。そしてそれを、あなたと妖精たちの解放に利用した」

 ナジャは胸を押さえた。ビアンカは、自分を助けるために危険を冒していたのだ。しかし分からないのは、なぜ彼女がまだ城に残っているかと言うことだ。
「あの……私は助かったし、妖精たちも助かりました。それなのに、なぜビアンカはまだ城にいるのですか？」
 そう尋ねると、長は悲痛な表情を見せた。
「ああ、あなたにそれを言うのは辛いことです。もしそれを言えば、あなたはきっと、ビアンカのために城に戻ると言うでしょうから。私はあなたに、あそこへ戻ってほしくはないのです。そしてそれは、ビアンカの願いでもあります。ですから、どうかそのことは……」
 ナジャは首を振る。
「どうか、教えてください。お願いします」
 ナジャの真剣なまなざしに耐えられないかのように、長は目を閉じて言った。
「ビアンカが城に残ったのは、憎しみのため。ビアンカは、近いうちに王妃を殺すつもりです。王妃に、喰数霊を放って」

 水晶球をのぞき込む王妃は、たびたび感嘆の息を漏らす。素晴らしいわ。ああ、なんて素晴らしいの！　こんなに便利なものがあるなんて。
 水晶球には、メルセイン城からはるか遠い、エルデ大公国の農村の様子がありありと映っている。畑仕事をする者たちの姿も。

——この村は、「邪視」に対する備えをしていない。それが命取りね。

　この水晶球は、詩人ラムディクスがどこからか持ってきてくれたものだ。これが映し出す範囲はかなり広く、隣国ぐらいであればどこでも見ることができる。ただし、邪視に対する備えをしていなければの話だが。

　王妃は水晶球をのぞき込んで、鏡に向き合っては、素数蜂の毒を調合するのに忙しい。そして並んだいくつもの黒い壺からは次々と、喰数霊が生まれ出てゆく。すると王妃はまた、せわしなく水晶球をのぞき込む。喰数霊の移動は速い。胸を躍らせながら水晶球をのぞき込んでいると、数分も経たないうちに喰数霊が水晶球の景色の中に姿を現し、人々は大混乱に陥る。

　喰数霊の大きな顎に丸呑みにされ、力を失い、まるで人形のように崩れ落ちていく人々。老いも若きも、なすすべもなく倒れていく。王妃はそれを見てけらけらと笑うが、すぐに真顔になる。

　——さて、これからが大変。

　なぜなら、実験室の壁から続々と喰数霊が戻ってくるからだ。王妃は目を閉じ、顔の前で腕を交差させて組む。しかし、どんなに防ごうと努めても、霊が持ち帰ってきた「刃」は、王妃を容赦なく切り刻む。王妃は嵐に耐える大木を思いながら、歯を食いしばり、すべてが終わるのを待った。やがて喰数霊はすべて壺の中に収まり、消える。王妃の顔と体に、多くの傷を残して。

「ああ、痛いわ！」

　王妃はわざと大きな声を出し、扉の外に聞こえるように言った。するとすぐに、詩人が部屋に入ってくる。

「ああ、王妃様。こんなに傷だらけになって。お可哀想に」

「ねえ、早く、薬を塗ってちょうだい」

「ええ。すでに用意してありますとも」

　王妃は目を閉じ、置物のようにじっとして、詩人の手が自分の傷の一

つ一つにフィボナ草の薬を塗るのを感じ取る。薬を塗ると、痛みも傷も
すぐに消える。これまでマティルデに作らせていた薬よりも、詩人の作
った薬の方が効き目が早いように感じられる。これがあるからこそ、今
の王妃は、多人数を短時間で呪うことができているのだ。これは詩人に
感謝すべきことなのだろうが、王妃は他人に感謝などしない。むしろ、
王妃は甘えた口調で詩人を責める。

「ねえ、昨晩はどこに行ってらしたの？　あたくし、たった一人で寂し
かったのよ」

　詩人は何やらいろいろ言い訳をしたが、王妃はそれらを無視し、自分
のしたい話を続ける。

「でもね、あたくし、あなたにもらった水晶球を使って、あの馬鹿な夫
にうまく呪いを飛ばすことができたのよ。今だって、一人でこんなにた
くさん呪ったのよ。ねえ、褒めてくださらない？」

　王妃は詩人に、夫とその愛人の死に様を語る。昨夜騎士を集めて、メ
ルセイン城を攻撃する計画を練っていた夫。その夫が、突然現れた喰数
霊にどれほど恐怖したか。夫はあろうことか、自分を守ろうとする騎士
たちのみならず、自分に助けを求める愛人までも見捨てて、一人で逃げ
ようとしたのだ。そして挙げ句の果てに自分も喰数霊に喰われ、無様に
死んだ。

「あたくし、自分が放った喰数霊が人を喰うところを久しぶりに見た
わ。昔は――『鏡』を手に入れる前は、よく見ていたのだけれど」

　王妃は妖精の演算鏡を手に入れるよりもはるか昔から、呪いを試して
いた。呪う相手の運命数を祭司たちに占わせ、「運命数の分解」の計算
は侍女長やビアンカや算え子たちに行わせていたのだ。しかし、呪いが
うまくいくことは滅多になかった。王妃は呪いの首尾を見届けるため、
作った喰数霊を壺に入れたまま呪う相手の近くに行き、相手の間近で喰
数霊を放つということをよくやっていたのだという。

「妖精の鏡を手に入れる前は、ほとんどうまくいかなかったわ。でも、初めてうまくいったときのことは、忘れられない。そう、あれは十二年前……」

　初めて他人を呪い殺した思い出を、王妃は楽しげに語る。そんな彼女を詩人は眩しそうな目で眺め、それは本当に素晴らしい、などと言う。

「ところで、鏡の方はきちんと動きましたか」

　鏡の中にはすでに、詩人が作った人工妖精たちが入っている。その数は数百体にも及ぶ。

「何の問題もなかったわ。本物の妖精たちに計算させていたときよりも、こっちの方が速いくらい」

　王妃がそう言うと、詩人はお役に立てて光栄ですと言い、さらに、「宝玉」の集まり具合はどうですか、と尋ねる。王妃は黒い壺の中身を、赤いビロードの布の上に出す。すると、まばゆい光を放つ大小の宝玉が、ざらざらと音を立てながら出てきた。

「ほう。大きいものも入っていますね。だが、これではまだ、目標の数にはほど遠い」

　目標の数、524287。王妃は、この数に相当するだけの宝玉を集めなくてはならない。なぜなら……。

　──これが、あたくしの新しい運命数になるのだから。

　この数は、王妃が生まれ持った運命数よりもはるかに小さい。しかし紛れもなく、〈不老神の数〉なのだ。つまり、不老不死。永遠の若さと美しさを保証してくれる数。

「王妃様は、明後日の誕生日の宴で『例の件』を公表されるおつもりなのでしょう？　それに間に合わせるには、急がなければ」

　ええ、そうね。王妃は明後日の宴に想いを馳せる。あたくしの誕生日。それは、新しい自分に生まれ変わる日。王妃は詩人に促されるまま、再び水晶球をのぞき込んだ。

第八章　巡る数

　楽園の「鏡の湖」にいる妖精たち四人は混乱していた。メムたちは夜明け前から祈り、凪いだ湖がフワリズミーの森を探し出すのを待った。そして夕方になり、ようやく湖面は懐かしい故郷の宮廷を映し出した。しかし彼らにもたらされたのは、受け入れがたい事実だった。
　──ツァディ王が、いない。
　ツァディの側近、親衛隊長のヨッドは実に苦しげな表情をして、メムに告げた。ツァディ王は、メムたちが王妃に鏡ごとさらわれた直後、〈影〉に連れ去られたのだ、と。
「〈影〉に連れ去られた！？　どういうことだ！」
　驚くメムに、湖面の向こうのヨッドはすまなさそうに言う。
「メム様、申し訳ありません。私たちも〈影〉の後をずっと追っているのですが、まったく足取りがつかめなくて……」
　ヨッドによれば、ツァディ王とメムたち神官がいなくなって以来、フワリズミーの森は大混乱に陥り、それをまとめながら王を探すだけでも困難を極めているという。その苦労が分かるぶん、メムはヨッドを責めることができない。そして、具体的なことが何も話し合えないまま、夕方の風が吹いて湖は波立ち、フワリズミーの森との交信は途絶えてしまった。
「ツァディがいないって……どうすればいいんだ！」
　ダレトが混乱のあまり、自分の頭をかきむしりながら叫ぶ。ギメルは無言だが、その顔は青ざめている。メムも、事態を受け入れることそのものに苦労していた。鏡の外に出られれば、そしてカフが助かれば、すべてが解決すると思っていたのだ。それなのに、帰る場所にツァディ王がいないとは。しかも、〈影〉に連れ去られるという、最悪の事態に陥っている。しかしそれも事実ならば、事実として認めなくてはならな

い。メムはふと、背後のザインを振り返る。ツァディの兄弟であるザインは、きっと自分よりも、いや、ここにいる誰よりも衝撃を受けているはずだ。まずは彼を落ち着かせなければ。

　しかし、メムの目に入ったザインは、眉間に皺を寄せながらも、じっと思案にふけっているように見えた。ザインはもともと、めったなことで取り乱すような妖精ではない。しかしその落ち着きぶりは、メムにはやや異様に思われた。メムがザインに声をかけると、ダレトとギメルもザインの方を向く。ダレトが顔をくしゃくしゃにして、ザインに言う。

「いいかザイン、落ち着くんだぞ！　お前の気持ちは分かるが、今は混乱しているときじゃねえんだ！　俺たちがついてるから！　なあ！」

　しかしメムが見たところ、そう言うダレトよりも数倍、ザインの方が落ち着いているようだ。

「ザイン。何か考えていることがあるのか？」

　そう問われて、ザインはちらりとメムを見る。そして目を伏せながら言う。

「実は……もしかしたら、と思っていたんだ。そうでなければいい、と思ってた。いや、願っていたんだが……」

「いったい、何だ？」

「鏡の中にいたとき……ツァディが近くにいるように感じることが、何度かあった」

「何だと？　本当なのか？」

　ザインはうなずく。妖精同士は、ある程度近くにいれば、姿は見えなくとも相手の存在を気配で知ることができる。血縁が近ければ、なおさらその気配は強くなる。ましてや、ザインとツァディは双子の兄弟だ。

「……間違いないんだな？」

「残念ながら、そうだ」

　ザインは下を向いてため息をつきながら、ぽつりと言った。

「俺が思うに……ツァディは……俺たちの王は、たぶんあのメルセイン城のどこかにいる」

ザインの言葉に、他の三人は動揺する。ギメルがおずおずと言う。

「ツァディは、〈影〉に連れ去られたんでしょう？　ということは、〈影〉も、たぶん城にいるということですよね？」

その結論に、みなが黙り込む。だが沈黙の中、みなの心は徐々に決まりつつあった。もう一度、あの城に戻らなくてはならない。あの恐ろしい女が支配する城に。メムが口を開く。

「……みんなにはすまないが……カフは、連れて行けない。あいつは今回、ひどい目に遭った。もうこれ以上、恐ろしい思いをさせたくないんだ」

他の三人もメムに同意した。三人とも、カフはここで待たせようと言った。しかしその直後、遠くから彼らを呼ぶ声が聞こえてきた。

「みんなぁ！」

カフだ。彼らはいっせいに背中をびくりとさせる。何か聞かれたら、何と答えるか。全員が焦ったが、当のカフはこちらに駆け寄りながら、落ち着きなく立ち止まり、西の方の空を指さす。

「みんな！　大変だ！　あれを見て！」

四人は同時に、カフが指さす方向を見る。

「あれは……」

一瞬、夕方の空が歪んだように見えた。しかしそれは、徐々にはっきりとしてくる。虫の大群？　いや、違う。

「喰数霊……」

あんなに、たくさん。全員が目を疑った。しかしその間にも、喰数霊の大群は夕焼けのあかね色を覆い尽くし、空は灰色に濁っていく。ザインがつぶやく。

「メルセイン城の方から来た奴だな。そして向かう先はおそらく、エル

デ大公国の都。いや……あれは……？」
　見ると、大群の中から、違う方向に向かう「点」のようなものが見えた。どうやら数匹、群れからはぐれたようだ。そしてそれらは徐々に大きくなる。
　──こちらへ向かってる！
　しかも、丘の上へ。つまり、長の屋敷の方へ。
「また、長を狙ってるんですかねえ。今朝来てたやつみたいに」
　ギメルがそうつぶやく。メムもそう思った。しかし……。
　──何か、嫌な予感がする。
　考えるよりも早く、メムは丘の上へ向かって駆け出した。

　ビアンカが、王妃を殺す？　ナジャはその話を信じられなかった。あの優しいビアンカに、そんなことができるはずがない。しかし長の話を聞いているうちに、ナジャは、自分が知らなかった姉の心の内──王妃への激しい憎悪を、徐々に理解していった。王妃のことを嫌いだと言った幼い自分に、悲しそうな顔を見せたビアンカ。「私たちのお母様なのよ」。あの言葉に、嘘偽りはなかったと思う。ビアンカは明らかに、王妃を母親として慕っていた。しかしそのぶん、王妃の心ない仕打ちから受けた傷も深かったのかもしれない。
　しかし、王妃に喰数霊を放つなどというのは危険きわまりないことだ。さらにナジャを愕然とさせたのは、ビアンカの放った喰数霊が王妃を殺した場合、ビアンカも確実に死ぬということだ。王妃の運命数を構成する三つの数、4261、8521、12781 はいずれも刃。それだけ大きな刃が一度に跳ね返ってくれば、助かる術はないという。
　ナジャは焦った。ビアンカがそれを実行に移す前に、彼女を止めなけ

れば。だが、メルセイン城に戻ってビアンカを説得したいと言うナジャ
に、長はいい顔をしない。

「あなたの気持ちは分かります。しかし、城が危険な場所だということ
は分かっているでしょう。もし見つかったら、あなたは王妃に殺される
のですよ」

　そう言われても、ナジャは退くことができない。しかし長はさらに言う。

「私も、できることならビアンカを救いたい。そしてあなたなら、彼女
を説得できるかもしれないと思います。しかし、何も考えずにただ城に
戻るのは危険すぎます。そもそも、王妃の一番の武器である喰数霊があ
なたやビアンカに向かって放たれたら、どうするのですか？」

「それは……ええと」

　すぐに思いつくのは、「運命の三角文」をあしらったマント。ナジャ
がそれを口に出すと、長は「あれは確かに強力な防具ですが、喰数霊を十
体以上防ぐことはできません。もし、それ以上放たれたら？」と尋ねる。

「ええと……今朝、タニアさんが喰数霊を捕まえるのに使っていた網を
使う、とか……」

「捕霊網のことですね。しかしあれを使いこなすのは簡単ではありま
せんよ。あなたにできますか？」

　長に尋ねられて、ナジャは一瞬ひるんだが、無理にうなずいた。うな
ずくしかないと思ったのだ。

　そのとき、ナジャの傍に座るトライアが、弾かれたように天井を見上
げ、素早く立ち上がった。そして、長の方を向く。トライアは長に何か
言おうとしたが、長は「分かっています」とうなずくだけで、トライア
を元どおりに座らせる。ナジャは怪訝に思ったが、トライアが何に反応
したかは、まもなく明らかになった。空気の異様な圧力。全身の毛が逆
立つような感覚。間違いなく、喰数霊だ。

　——また、長を狙って来たんだわ。

しかし長は座ったまま、立ち上がろうともせず、タニアの方に何か合図をしただけだった。ナジャが見たところ、長は今、三角文のマントを纏っていないし、ここ広間には、「平方の陣」を作る呪符も貼られていない。奥の方の棚にいくつか、捕霊網が置かれているだけだ。このままでは、危険ではないのだろうか。

　タニアが部屋の隅の物入れから何かを取り出した。それは、夕日のような赤い生地に、銀糸で大きな三角文が施されたマントだった。ナジャは一見して、それが「運命の三角文」だということが分かった。しかしタニアはなぜかそれを、長ではなくナジャの肩に掛ける。

「えっ、私？　どうして……」

　長がナジャに答える。

「それは楽園の人々が、あなたのために大急ぎで作ったものです。今から、喰数霊が来ます。それも、あなたを狙って」

　まさか！　しかし、長の言葉に、体の方が先に反応した。まず手が小刻みに震え始め、背中に寒気が走った。長はナジャに立ち上がるように言うが、ナジャは足が硬直して、思うように立ち上がることができない。見かねたトライアがナジャに駆け寄り、肩を貸して立たせる。トライアは言う。

「長！　ナジャ様をどこにお連れすればよいのですか？」

「どこにも連れて行ってはなりません」

　長にそう言われて、トライアもナジャも言葉を失う。

「ナジャ。あなたはビアンカを助けると言いましたね。もしそれが本心であれば、あなたはこれから来る喰数霊に、自分で対処できなくてはなりません。トライア殿も、手助けをしてはなりません」

「しかし……」

　トライアは不安げに、長とナジャを交互に見る。ナジャは真っ青な顔をしながらも、トライアから体を離した。それを見た長がタニアに合図

第八章　巡る数

をすると、タニアは五つほどの捕霊網をナジャに手渡した。つまり、この捕霊網と三角文のマントで、喰数霊を防いでみろということだ。長の意図を理解したナジャは、一度深呼吸をする。ぎこちなく入ってくる空気を肺に満たすと、ナジャの心は少しだけ落ち着いた。しかし、壁から一体の喰数霊が現れ、自分に向かってくるのが見えた途端、ナジャは完全に取り乱した。

　ナジャは悲鳴を上げた。自分の中から出ていることが信じられないほどの、大きな悲鳴。しかし長がすぐに、ナジャを一喝する。

「ナジャ！　動かないで！　しっかり見るのです！」

　その長の言葉で、ナジャは一度、動きを止めた。しかし、喰数霊はすでに大きな口を開けている。正面から見る喰数霊の口の向こうは真っ暗で、しかもそのふちには針のような歯がびっしりと付いていた。ナジャは恐ろしさのあまり、目を閉じた。しかし目を閉じても、喰数霊から放たれる圧力のようなものが、自分を覆っていくのが分かる。

　──もう、だめ。

「ナジャ、マントで体を覆って、重心を低くするのです！　踏ん張らないと、吹き飛ばされます！」

　長の言葉に、体が自然に動いた。ナジャはマントの端を引っ張って自分の体を覆い、足を少し曲げて重心を低くする。すぐに体の前面に、丸太で打ち付けられたかのような衝撃を覚えた。ナジャは後方によろけたが、転ぶことは免れた。トライアが声をかける。

「ナジャ様！　大丈夫ですか！」

　ナジャは息を荒くして顔を上げた。すでに喰数霊の姿はない。このマントが喰数霊を撃退したのは間違いないようだ。しかし、これほどの衝撃があるとは思わなかった。

「気をつけて！　また来ます！」

　見ると、天井からもう一体が顔を出している。それはすぐにナジャの

207

体に激突し、砕け散った。先ほどの衝撃がまだ消えないうちに新たな衝撃を受けたナジャは、横向きに倒れた。

「ナジャ様！」

　ナジャは体の痛みと心の動揺を抑えながら、呼吸を整えようとする。しかし、息が体の中にうまく入っていかない。

「また……来たら……」

　そう言う間にも、ナジャはまた「圧力」を感じた。やはり、来るのだ。

「ナジャ。次の喰数霊は、網で捕まえなくてはなりません」

　長がなぜそう言うのかは明らかだった。三角文のマントが喰数霊を撃退できるとはいえ、こんな衝撃を何度も続けて喰らうことはできないからだ。

「網……」

　ナジャは痛みをこらえながら立ち上がり、自分の左手にある捕霊網を一つ、右手に移す。脇からタニアが助言する。

「ナジャさん、喰数霊を網で捕まえるには、喰数霊の移動する方向に対して垂直になるように網を向けないと駄目よ。つまり、喰数霊の真正面に立って、目を離さずに動きを見るの！」

　ナジャは言われたとおりに、右手に網を構えて喰数霊を待ち受ける。徐々に大きくなってくる、喰数霊の姿。目を開けていようとする意志に反して、ナジャの目は徐々に閉じていく。恐ろしくて、見ていられないのだ。体中に冷や汗が吹き出し、地面が揺れているかと錯覚するほど、全身が震えている。ナジャの目が完全に閉じたとき、ナジャの胸のあたりに喰数霊が激突した。ナジャは後ろ向きに倒れた。トライアが素早く手を差し伸べたので、ナジャはかろうじて、床で頭を打たずに済んだ。

　長はナジャの方に歩み寄り、ナジャの体に手を当てる。体の痛みが引いていく。しかし、体が楽になったぶん、ナジャの中に絶望が広がる。

　――駄目だ……私。

第八章　巡る数

　こんなことじゃ、ビアンカを助けられない。なぜ、私の体は言うこと
を聞かないの？　悔しくて、目から涙があふれる。
「ナジャ。私が見たところ、あなたは喰数霊に対して大きな恐怖を抱い
ているようです。そしてその恐怖があなたの体にどのような影響を及ぼ
すか、あなたにもよく分かったはずです」
　恐怖。そうだ、私は、怖いんだ。なぜか。私が、弱いから。私が、取る
に足らない人間だから。つまらない運命数しか持たない人間だから。長み
たいに、喰数霊に対抗できないから。ナジャは、涙をぽろぽろと流す。
「私……私にも、長みたいな運命数があったら……それなのに……私の
数は、役に立たない数……」
「ナジャ！」
　長がぴしゃりとした口調で言ったので、ナジャは驚いて顔を上げた。
「ナジャ。これから私が言うことを、よく聞いて」
　長の表情と声は、いつもと違った。ナジャは目を見開いて長を見る。
「いいですか、ナジャ。あなたの中に恐怖があることは確かです。しか
し、だからといって、あなたが『自分は弱い、つまらない人間だ』と
か、『自分の運命数が良くないのだ』と思う必要はありません。あなた
がすべきことは、自分の中に恐怖があることを認めること。そしてその
上で、自分に何ができるかを考えること。それだけです」
「でも……」
　自分が弱い人間で、呪いに対抗できるような運命数を持っていないこ
とは事実なのだ。もっと自分が強くて、もっと良い運命数さえ持ってい
れば、恐怖を感じなくていいのではないか。ナジャはそう言ったが、長
は違うと言う。
「どんなに強靱な体を持っていても、またどんなに強い運命数を持って
いても、恐怖はあります。強さを獲得したところで、恐怖が消えること
はないのです。私たちはみな、心の奥底に恐怖を抱えている。恐怖に対

して私たちができることは多くありません。でも、絶対に防がなければ
ならないことがある。それは、恐怖を早く消してしまいたいがために、
自分の領分を超えた、邪な欲望を抱くこと」

「邪な、欲望……」

「ええ。あなたがさっき言った、より良い運命数があればというのも、
その一つです。同じような話を、どこかで聞いたことがありません
か？」

　そう言われて、ナジャは気づいた。それは、『伝承』に出てくる〈初
めの一人〉の過ちそのものではないか。

「ナジャ、よく聞いてください。恐怖そのものは、悪いものではありま
せん。何かを怖いと思うのは、私たちにとっては自然なことなのです。
しかし、恐怖をすぐに消してしまいたい、ないことにしてしまいたいと
いう想いが強すぎると、私たちは正しい判断ができなくなる。そしてし
ばしば、邪な誘惑に呑み込まれる」

「では、正しい判断をするには、どうすればいいんですか？」

「自分の中に恐怖があることを否定せず、それを前提として、自分にで
きることを考えるのです。あなたは喰数霊を怖がっているけれど、その
『怖がっている自分』を踏まえた上で、何かできることはないか考える
のです。それも、自分の運命数を変えるなどといった非現実的なことで
はなく、もっと地に足のついた、現実的なことを」

　地に足のついた、現実的なこと。そう言われて、ナジャは考えてみ
る。自分はさっき、恐怖のためにほとんど動くことができなかった。喰
数霊を直視することも。でも、自分の恐怖とは関係なく、三角文のマン
トは喰数霊を撃退することができた。それは間違いない。問題は、その
衝撃にある。

「その……ええと、こういうのはどうでしょう。喰数霊にぶつかられた
とき、できるだけ自分が転ばないような姿勢を取る、とか。たぶん……

私の場合は、立っているよりも、座っている方がいいのかもしれません。それから、ええと……喰数霊にぶつかられるととても痛いので、マントの下に何か、衝撃を吸収するようなものを着たらいいかもしれません。綿を詰めた上着とか、そういうものを」

ナジャがそう言うと、長の顔はぱっと明るくなった。

「なるほど。他には？」

「ええと……」

ナジャはさらに考える。三角文のマントは強力だが、一枚で多くの喰数霊を防ぐことはできない。でも、二枚とか、三枚あったら、二倍、三倍の数の霊を防げる。そうすれば、もっと心に余裕ができるかもしれない。そして、ビアンカの分のマントも余分にあれば、きっと。

──ああ、こういうことなのね。

よく考えれば、今の自分にも、できそうなことはある。そして、まだ他にも良い考えが出てきそうな気がする。あれこれ考え始めたナジャに、長は言う。

「ナジャ。ビアンカを救うことを諦めきれないのなら、あなたが持っているもの、できることをかき集めて、何がどこまでできるのかを考えてください。つまり、あなた自身とビアンカの両方を守るために、何ができるのかを」

ようやくナジャの心に、落ち着きが戻り始めた。そのとき、部屋にメムたちがなだれ込んできた。

「喰数霊がここに来たでしょう！　大丈夫でしたか？」

メムはそう長に問いかけながら、まだ少し荒い呼吸をしているナジャに目をとめる。

「ああ、やっぱりナジャに！」

何か嫌な予感がしたんだと言うメムに、ナジャは努めて笑顔を作って、「大丈夫よ、このマントが守ってくれたから」と言う。しかし、メ

ムは深刻な表情を崩さない。メムは長に、エルデ大公国方面におびただしい数の喰数霊が向かっていったことを報告した。それを聞いたトライアは、様子を見てきますと言って外へ出て行く。メムが長に尋ねる。
「長。ナジャに向かって喰数霊が放たれたということは……あの王妃の息子が完全に死んだということでしょうか？」
「その可能性はあると思います。しかしナジャの話では、リヒャルト王子はガラスの棺の中に保存されていたということでしたね？　魔法の棺は普通、死体をしばらくの間、死んだばかりの状態で保ちます。よって、王子の蘇生がこれほど早く不可能になってしまうとは思えません。もしかすると、王妃が王子を見捨てたのかも」
　まさかそんなことはないだろうと、ナジャは思った。王妃はあれほど、リヒャルトを可愛がっていたのだ。見捨てるなんてありえない。しかし、長はこう言葉を継ぐ。
「あるいは、別の方法で生き返らせることに成功した可能性もあります。しかし、ナジャの血を使わずにリヒャルト王子を生き返らせた場合は……きっと、おぞましい結果になっているに違いありません」

　マティルデの姿をしたビアンカは、夜の闇に紛れて、城の神殿付近をさまよう。
　──王妃は今日、今までにない数の喰数霊を放った。
　しかも、まだ明るいうちから。城からおびただしい数の喰数霊が飛んでいくのを、多くの人々が目撃した。城内も大混乱に陥った。使用人たちも衛兵たちも、ひどく怯えた。事情を知らない彼らは、こぞって城の神殿前に集い、祭司たちの保護を得ようとした。しかし、神殿の中には入れなかった。祭司たちが、王妃の名によって、彼らが神殿内に立ち入

ることを拒んだのだ。

　立ち入り禁止に納得のいかない使用人たちや衛兵たちは、神官たちと
もみ合い、もう少しで暴動になるところだった。それを止めたのは、あ
の詩人だ。詩人はこう言った。

「みなさんが目撃されたのは、城から出て行く『邪気のかたまり』で
す。王妃様の誕生日のお祝いを前に、祭司たちが今、城に長年巣くって
いた邪気を外に追い出しているのです。今はその大切な儀式の最中です
ので、どうぞお引き取りください」

　詩人がよく通る声でそう言うと、みなは大人しくなり、やや安心した
顔で持ち場に戻ったのだった。ビアンカからすればそれは見え透いた嘘
だが、見抜ける者がほとんどいないのも事実だ。

　神殿で何が行われているのか、ビアンカにも分からない。しかしただ
一つ、確かなことがある。

　——少し前に神殿から、リヒャルトの体がどこかへ移された。

　王妃はリヒャルトを見捨てたのか？　それとも、何か他の方法で蘇ら
せたのだろうか？

　——リヒャルト。

　母親、そして自分にそっくりな弟の顔を思い起こすたびに、ビアンカ
は右腕を押さえる。もともとそこにあった傷は、「今」は左頬に移動し
ているというのに。それにしても、「巡る数」によって姿形が完全に変
わっても、この傷だけは消えることなく元の形のまま、必ず体のどこか
にある。「茶色い髪の幼子」の時は、左ももの裏に。「銀髪の女」の時
は、喉元に。なんと皮肉なことだろうか。

　——つまり、私が私であることを示す唯一の証しが、リヒャルトから
受けた傷だということ。

　この傷はビアンカに、二つのことを思い起こさせる。一つは、リヒャル
トと母親に対する憎悪。あの出来事は、肉親であるはずの彼らに対す

る憎しみを決定的なものにした。そしてもう一つは、「驚き」。

　──私はあのとき、ナジャをかばった。

　しかも、反射的に。リヒャルトがナジャに剣を振り上げたとき、自分の体は自然に、ナジャを守るように動いた。その結果、自分はひどい傷を負ったが、同時に自分自身に対する発見もあったのだ。

　私は、他人を守ることができる。そしてその点で、母親とも弟とも違う、と。

　王妃がナジャを養女に迎えると聞いたとき、七歳だったビアンカは怒りと悲しみを覚えた。ビアンカは早くから、自分が母親からけっして愛されないことに気づいていた。母親が自分に期待していたのは、数を扱う能力。つまり母にとって自分は、「計算の道具」でしかなかった。ビアンカの絶望は、四歳年下のリヒャルトが生まれたことで決定的となった。その上、母は新たに養女を受け入れるというのだ。自分という実の娘がありながら、新しい「女の子供」を。外にはけっして出さなかったが、ビアンカの心の中には悲しみと憎悪と悔しさが渦巻いていた。

　しかし、一歳のナジャを見た瞬間、ビアンカの中で何かが変わった。こんなに小さくて頼りない存在を、憎むことなんてできない。ナジャが王族に迎えられたにもかかわらず、ほとんどそれらしい待遇を受けないこと──自分のように使用人同様に扱われることも、ビアンカの愛情をかきたてた。それは正確には、愛情というよりも、同情とか憐れみのようなものだったかもしれない。しかしナジャはそれに応え、自分にすっかり懐いたのだった。

　ナジャと過ごした日々は楽しかった。それまで、母親に遠ざけられ、使用人たちからも腫れ物に触るような扱いを受けてきた自分にとって、ナジャは唯一、心を許せる相手だった。ナジャは恐がりでよく泣いたが、思慮深い子だった。ビアンカはナジャを愛し、そしてそれができる自分を愛することができた。母や弟と違って、他人を愛せる自分を。そ

のことは、ビアンカの中から、王妃に対する黒い感情をしばらく忘れさせたのだ。

しかし、ナジャと姉妹として過ごせたのは数年のことだった。所詮、母親にとって、自分は計算の道具でしかなかった。あの侍女長や、他の算え子たちと同じように、母親がより便利な道具——妖精の演算鏡を得た途端に、お払い箱になる存在だったのだ。そして王妃がナジャに対して、おぞましい「利用目的」を持っていたことを知ったとき、ビアンカの憎しみは燃え上がった。

——あのとき私は、完全に憎しみに呑まれたのだ。

マティルデとして城に戻ったとき、少し大きくなったナジャは、以前よりも内向的な少女になっていた。そして、めったに笑わない子に。ナジャが毎日のように「自分の墓」の前で祈っているのを、ビアンカは知っていた。ビアンカは素数蜂の蜜を飲むことで、短時間だけ運命数を倍加し、他の姿に変わることができる。必要な蜜の量が少なく、もっとも手軽に変身できるのは、「マティルデ」よりも一段階上、つまり運命数が二倍の「栗色の髪の幼子」の姿。ビアンカはたびたびその姿になって墓地へ行き、ナジャが自分の墓に語りかける言葉を聞いた。ナジャの言葉はいつも、ビアンカの心を強く揺さぶった。何度、彼女の前に名乗り出ようと思ったか。自分はビアンカなのだ、と。しかし、彼女はそうしなかった。そうしたところで、ナジャの身が安全になるわけではないし、むしろ彼女を危険にさらす可能性が高かったからだ。

とにかく、ナジャを王妃の手の届かないところへ逃がすこと。同時に、王妃から呪いの道具を奪い、その力を削ぐこと。ビアンカはマティルデの姿を隠れ蓑にしながら、その方法を探った。楽園の長から贈られた小さな通信鏡は、ときおり、王妃の鏡に閉じ込められた妖精たちの様子を映し出した。ビアンカが楽園の長にそのことを報告すると、長はこう言った。

——きっと、あなたと妖精たちの間に通じるものがあるからでしょう。

　確かにビアンカは、王妃の計算の道具にされている彼らの姿に、かつての自分を重ね合わせていた。しかしビアンカは、妖精たちの姿は見えても、その声を聞くことはできなかった。ただし時が経つにつれ、妖精たちにときおりこちら側が見えていること、そしてこちらの声が彼らに聞こえていることが分かってきた。ビアンカはたびたび彼らを励まし、彼らを安全に逃がすことを強く誓ったのだった。

　だが、それを実行に移すのは難しい。結局ビアンカは、王妃に喰数霊を放つための準備を優先することにした。王妃がいなくなりさえすれば、何もかも解決する。そう思ったのだ。しかし最近になって、事態は急変した。妖精たちの命が危うくなった上に、リヒャルト暗殺の計画まで持ち上がってきたのだ。ビアンカは焦り、悩んだが、そんなとき、自分の鏡がナジャの存在に強く反応していることに気づいた。あの妖精たちの「作業部屋」に通じる鏡が、ナジャを求めていることに。ビアンカはそこに、ナジャに対する神々の意志を読み取り、それに従うことにしたのだ。ただしそれはビアンカにとって「賭け」でもあった。

　さいわい賭けは功を奏し、またトライアの協力もあって、ナジャと妖精たちを逃がすことができた。鏡を通じて連絡してきた楽園の長は、ナジャと妖精たちのことは心配ないと言ってくれた。そして、もしあなたが楽園に来れば、ナジャは喜ぶでしょう、と。

　ビアンカの心は揺らいだ。でも、王妃を殺さないまま、楽園へ行くことはできない。王妃が生きているかぎり、どこへ行こうと、ナジャと安心して暮らすことはできないからだ。それに自分が去れば、王妃はまたすぐに「蜂飼いの一族」から自分の代わりを連れてくるだろう。自分を助けてくれた彼らに、迷惑をかけるわけにはいかない。

　——いいや、違う。

　ビアンカは首を振る。違うのだ。それは、自分が実際にここで蜂を育

て、王妃の呪いの片棒を担いできたことの理由にはならない。ナジャが城を出た今、王妃の罪の一部をかぶってまで自分がここに留まっている理由は、ただ一つ。

　——あの女がいなくならないことには、何も始まらない。

　もし呪いが成功すれば、あの女は死ぬが、同時にあの女の「刃」を受けて自分も死ぬことになる。しかしどのみち、自分の存在を否定するあの女が支配しているこの世に、自分の居場所はないのだ。今までどこへ行こうと、いくら城から離れようと、この城から出られたと実感できたことはなかったのだから。

　つまり、あの女を殺さなければ、自分はけっして、城から出ることができないのだ。

　ふと、城門の方が騒がしくなった。馬の蹄の音、合図のラッパの音から判断すると、客人が到着したようだ。王妃の誕生日の宴に招かれた高貴な人々が、今晩から明日の晩にかけて、続々到着するのだ。

　——明後日。

　こちらの「素数蜂の毒」が揃うのも、明後日。

　——運命の神は、舞台を用意してくれたというわけね。

第九章　刃と宝玉

第九章

刃と宝玉

　ナジャは恐ろしい夢を見ていた。自分の方へ向かってくる喰数霊。^{ナンバー・イーター}
泣き出す自分。自分を抱き上げる、誰かの温かい手。そして喰数霊と自
分の間に立つ、別の誰かの大きな背中。しかし、その背中はなすすべな
く、喰数霊に呑み込まれてしまう。そして別の喰数霊が、自分と、自分
を抱き上げている誰かを丸ごと呑み込む。その人の手から、力が、ぬく
もりが消えていく。ナジャは大きな悲鳴を上げて、目を覚ます。

　ナジャは自分が泣いていることに気がついた。心臓が早鐘を打ち、呼
吸もうまくできない。ナジャはシーツに顔を埋めて、しばらくそのまま
でいた。なぜ、あんな夢を見たのだろう。きっと、昨日の夕方、喰数霊
に襲われたからに違いない。

　心が落ち着いてくると、夢の記憶は薄れ、現実の問題をあれこれと思
い出す。ナジャはベッドの傍らにある机に目をやり、そこに置かれた縫
い物を見る。自分の「運命の三角文」のマント。昨日の喰数霊の襲撃で
少し傷んだが、修復は終わった。今日しなくてはならないのは、自分の
ためにマントをもう一つ作ること。そして可能ならば、衝撃を吸収する
ために、端切れや綿を詰めた丈夫な上着を作ること。長によれば、ビア
ンカ用のマントはすでに用意してあるという。だから、ナジャはとにか

く、自分のための備えに集中することにしたのだ。

　早く作業を始めなくては。立ち上がって窓を開けると、明け方の淡い
光と一緒に物音が聞こえてきた。朝靄の向こうに人影があり、話し声が
聞こえる。何やら深刻な様子だ。

　何かあったのかしら？　ナジャが着替えて外へ出ると、馬を引いたト
ライアが、長とタニア、そして近くに住む人々数人と話しているのが分
かった。トライアは、見知らぬ子供一人の手を引いており、馬の上に
も、ぐったりした二人の子供が乗せられている。近所の人々は彼らに声
をかけ、手を貸しながら馬から下ろし、介抱する。

「都は、ひどい有様でした」

　トライアは憔悴しきった顔で、長にそう言った。トライアは、昨日の
喰数霊の大群が向かった方向——エルデ大公国の都に様子を見に行っ
て、帰ってきたのだ。

「街だけでなく、近くの農村にも、生きて動いている者はほとんどいま
せん。生き残っているのはほんのわずかです。この子たちは親が死んで
いたので、ここに連れてくるしかありませんでした」

　長も言葉が出ない。

「自分を裏切ったメルセイン国王を呪い殺すだけではなく、彼らをかく
まったエルデ大公国の民まで呪うなんて……」

　そう言うタニアの声には、悲しみと激しい憤りが感じられた。ナジャ
も信じられなかった。王妃がひどい人間だということは知っていた。し
かし、ここまでのことをするとは。トライアが言う。

「長。生き残ったのは、運命数の中に大きな刃を持った者たちだけです」

　長の眉がぴくりと動いた。そして言う。

「なるほど。トライア殿には、それが分かるのですね」

「ええ。運命数そのものは分かりませんが、大きい刃——少なくとも
200より大きければ、私にも感じ取れます」

「そうですか。ということはつまり——姉は大きな刃を持つ者を除き、その他の人間には見境なく喰数霊を放っているということですね」

　タニアが長に言う。

「なぜ、王妃はそんなことをするのかしら。単にエルデ大公国を自分に従わせたいならば、支配者層を廃して、あとは自国の兵を派遣すれば済むはずでしょう」

「きっと、エルデ大公国の支配が目的ではないからでしょう。姉の目的はおそらく、『宝玉』を集めることではないでしょうか」

　長は、王妃が宝玉を大量に必要としているのではないかと言う。トライアが疑問を口にする。

「しかし、もしそうだとして、宝玉を集める理由は何なのですか？　宝玉に、いったいどういう意味が？」

「宝玉は、特殊な素数を実体化したものなのです。それらは小さな、〈不老神の数〉」

「不老神と言えば……永遠に老いず、傷つくこともなく、死ぬことのない神々のことですね」

　長はうなずく。

「実際の不老の神々の持つ運命数は、たいへん大きな数です。一番小さいものが 524287 ですから、最小でも 6 桁はあるわけです。しかし、それより小さい数にも〈不老神の数〉と同じ性質を持つものがあり、それらが人間の運命数の中に組み込まれていることがある。それらが喰数霊に『喰われる』ことにより、実体化したのが宝玉です」

　長の話では、次のような素数が宝玉になるのだという。3, 7, 31, 127, 8191。

「3, 7, 31, 127……」

　つぶやいたナジャの方を、長が向く。

「ナジャ。それらの数には、素数であるということ以外にもう一つ、共

通する点があります。それが何か、分かりますか？」

　ナジャは考えるが、すぐには分からない。そんなナジャを見て、長は言葉を継ぐ。

「これらの数そのものを見ても、分かりにくいかもしれませんね。しかし、それぞれに1を足したらどうでしょう」

　1を？　ナジャは考えてみた。3に1を足したら、4。7に1を足したら、8。31に1を足したら、32。127に1を足したら、128。

「4, 8, 32, 128……。あ、どれも、2をいくつかかけた数ですね」

「そうです。つまり、2を累乗した数です」

　4は2の2乗、8は2の3乗。32は2の5乗。128は2の7乗。

「そして、8191に1を足した8192も、2の13乗。つまり2を13個掛け合わせた数です」

「ということは、宝玉というのは、2の累乗から1を引いた数で、なおかつ『素の数』であるもの、ということですね」

　そう言うトライアに、長はうなずいてみせる。

「そしてそのような性質を持った数のうち、桁の大きいものが、〈不老の神々の数〉ということになります」

「しかし、『素の数』であり、なおかつ2の累乗から1を引いた数でもあるということそのものに、何か意味があるのですか？　特殊な数だということは分かりますが……」

「〈不老の神々の数〉は、〈不滅の神々の数〉につながるものなのです。そこに最大の価値があります」

　それを聞いて、ナジャは自分の成人の儀式で暗誦した『伝承』の一節を思い出す。

　──〈不老の神々の数〉とは何か？──〈不老の神々の数〉は、神聖なる大気と交わることで、〈不滅の神々の数〉につながり、またそれゆえにそれらは、〈不老の神々の数〉である。

　　　　　　　　　　　　　　　　　　　　　　第九章　刃と宝玉

「不老神は、私たち人間のように老いたり、病を得たり、傷ついたりす
ることがありません。ですから、何もなければ永遠に生き続けることが
できます。しかし、彼らが滅びる可能性がないわけではないのです。そ
こで不老の神々は長い年月をかけて自らを、天上に満ちている神聖なる大
気と徐々に融合させていく。その融合によって、〈不老の神々の数〉は、
不滅神のそれに変わる。つまり、彼らは不滅神に生まれ変わるのです」
「では、不老神というのは、不滅神になる前の段階、ということになり
ますか？」
「そうです。不老神は滅ぶ可能性がありますが、不滅神は何者にも滅ぼ
されない。なぜかというと、『伝承』にあるように、彼らは復活の能力
を持っているからです。その秘密は、彼らの運命数にある」
　──〈不滅神の数〉は、自らの屍の中から復活し、滅びることがない。
『伝承』の一節にも、確かにそのように書いてあった。だが、「復活し
て滅びることがない」運命数とは、どういうものなのだろう。ナジャが
疑問を口にすると、長はこう言った。
「ナジャ、あなたにとって辛い事実を掘り返して申し訳ありませんが、
王妃はあなたの運命数を、死んだリヒャルト王子の蘇生に利用しようと
しましたね？　王子の蘇生が可能である理由は、あなたの運命数の約数
をすべて足し合わせた数が、リヒャルト王子の運命数に等しいからでし
た。だからこそ、王妃はあなたの『血』を利用しようとしていた」
「はい」
「実は、不滅神の復活は、それに似たところがあるのです。ただし不滅
神の復活に、他者の血は必要ない。『自らの屍』の中に、復活に必要な
ものが揃っているからです。つまり不滅神の運命数は、自身の約数をす
べて足し合わせた数と同じ数なのです。より正しく言えば、『それ自体
を除いた約数をすべて足し合わせた数が、それ自体に等しいような数』
です」

223

ナジャは反芻する。「それ自体を除いた約数をすべて足し合わせた数が、それ自体に等しいような数」。タニアが横から言う。

「一番分かりやすい例は、6 ね。6 の約数は、6 自体を除けば、1 と 2 と 3。そして 1 と 2 と 3 を足し合わせると、6。もちろん、不滅神の運命数は、もっと大きい数でしょうけど」

　そういえば、「6」のその性質については、前にも考えたことがあった。トラノアが言う。

「それで、宝玉とか〈不老神の数〉というのは、そういった〈不滅神の数〉と、何らかの関係があるのですね？」

「ええ、そうです。ちょっと、これを考えてみてください。宝玉の 3 は、2^2-1。つまり 2 の 2 乗である 4 から 1 を引いた素数。これに、2 の 1 乗——つまり、2 の 2 乗よりも一つ小さい 2 の累乗数をかける。すると、どうなりますか？」

　2 の 1 乗は 2 だ。3 に 2 をかけると、6。つまり、$(2^2-1) \times 2^1 = 6$。

「6 になりますね」

「ええ。そしてそれは先ほど見たように、〈不滅神の数〉と同じ性質を持つ数でした。次に、7 について考えましょう。7 は 2^3-1。2 の 3 乗、つまり 8 から 1 を引いた素数です。これに、2 の 2 乗——つまり、2 の 3 乗よりも一つ小さい 2 の累乗数をかける」

　つまり、$(2^3-1) \times 2^2$。7×4 だ。

「28 になりますけど」

「28 以外の 28 の約数をすべて足すと、どうなりますか？」

　28 の約数のうち、28 自体を除いた約数は、1, 2, 4, 7, 14。すべて足すと……。

「28」

　そう答えてから、ナジャは気がついた。これも、〈不滅神の数〉と同じ性質を持っている。

「このように、宝玉あるいは〈不老神の数〉を手がかりにして、〈不滅神の数〉を導くことができるのです」

　長は言う。天上に満ちる神聖な気、つまり〈母なる数〉から直接生み出された大気を象徴する数は、「2」。不老神は長い時間をかけて、自らの運命数と、大気を象徴する「2」の累乗数とを融合させていく。そしてその最終段階で、まさに先ほど説明されたような過程を経て、〈不老神の数〉は〈不滅神の数〉に変わるのだ、と。

「どうですか、ナジャ？　分かりましたか？」

　そう言われて、ナジャはもう一度、〈不老神の数〉から〈不滅神の数〉を導く手順を確認しようとする。

「ええと……何らかの〈不老神の数〉があったら、それは2の累乗数より1小さい数なんですよね？　ですから、その〈不老神の数〉に1を足した数が、2の何乗なのかを考えないといけないですね。その『何乗か』が分かれば、それより一段階小さい2の累乗数を求めて、それを〈不老神の数〉にかければいい、ということですね」

「ええ、そうです。ではナジャ、最小の〈不老神の数〉524287から、〈不滅神の数〉を導き出せますか？」

　ナジャは考える。524287が〈不老神の数〉だということは、それに1を足した524288が2の累乗数だということになる。524288は2の何乗なのか？　少し時間がかかったが、ナジャにはそれが2の19乗であることが分かった。〈不滅神の数〉を導くには、それより一段階小さい2の累乗数、つまり2の18乗と、524287をかければいい。2の18乗は、262144。524287×262144は……。

「137438691328、ですか？」

「そうです。これも、それ自身を除く約数をすべて足し合わせた数と等しくなる数。自らの屍の中から復活する、不滅神の数です」

　トライアが長に言う。

「なるほど。〈不老神の数〉と〈不滅神の数〉の意味は分かりました。しかし、王妃が宝玉を集めているということは、今の話と関係があるのでしょうか？」
「分かりません。しかし、古い言い伝えに、次のような邪法の話があります。宝玉を一定数集め、それを特殊な方法で体に取り込めば、人間の運命数を〈不老神の数〉に変えられる、と。もしかすると……姉は、不老神になろうとしているのかもしれません」
　トライアは眉をひそめる。
「それではまるで、〈初めの一人〉と同じではありませんか。〈一人〉が〈影〉にそそのかされて犯した過ちを、王妃が繰り返そうとしているとでも？」
「ええ、その可能性は十分にあります。昨日、メム殿から報告を受けました。メルセイン城に〈影〉がいる可能性があるそうです」
　〈影〉。その言葉を聞いたトライアの右肩に、ぐっと力が入ったのをナジャは見て取った。トライアは言う。
「そうですか。そういうことなら……タラゴン家の末裔たる私は、城に戻らなくてはならない」

　メムは、ギメル、ダレト、ザインの三人に向かって話す。
「トライア殿は、今日の午後に馬で出発される。明日の早朝にメルセイン城に潜入するとのことだ。明日は朝から王妃が国の重鎮たちを集めて宴を催すらしい。トライア殿は、そのときにあの黒い服の女――ビアンカが動くとみて、その前に説得し、城から逃がすと言っていた。そしてしかるのちに王妃を倒し、〈影〉を探す、と」
　ザインが尋ねる。

「それで？　俺たちはどうするんだ？」

「トライア殿に付いていくことも考えたんだが、結局、別の経路で行くことにした。この屋敷の広間にある鏡、覚えているか？　昔、俺たちの先祖がここに贈った通信鏡の一つ。あの中に入れば、俺たちは鏡の中を通じて城まで行ける……んだが」

　メムはそこまで言って、三人の顔を見る。彼は、他の三人から反論されるものと思っていた。鏡の中で、あれほどひどい目に遭ってきたのだ。二度と入りたくないというのが本音だろう。しかし誰も何も言わず、ようやく口を開いたのは、一番反対しそうなダレトだった。

「まあ、仕方ねえな」

　ギメルもザインも、そうだな、城の外から入るのは難しそうだし、などと言ってうなずく。

「お前たち……本当に、いいのか？」

「まあ、それが一番いいだろう。メム、お前だって、トライア殿の負担にならないように、彼女とは別の経路で城に戻ることを決めたんだろう？」

　ザインにそう言われて、メムはうなずく。

「とにかく、みなに同意してもらえて安心した。では具体的な話に入ろう。この屋敷の広間にある鏡を入り口にすることはさっき言ったが、問題はどこから出るか、だ。メルセイン城にはいくつか、『出口』にできそうな鏡があるのだが……」

　メムはトライアにもらった、メルセイン城の見取り図を取り出し、鏡の位置を示しながら三人に相談する。しかし、なかなか意見がまとまらない。

「もっとも優先すべきなのは、ツァディ王の──つまり〈影〉の居場所から近くて、しかもあの王妃が近くにいない場所だな」

「王妃だけでなく、城の者や、宴の客らにも見つかってはいけないぞ」

出口となる鏡は何でもよいわけではなく、きちんと磨かれた鏡でなくてはならない。城の中でそのような鏡のある位置は、大広間の天井や、礼拝堂の奥などだが、どこも人目に付きそうな場所ばかりだ。人目に付かない鏡と言えば、あの王妃の実験室の鏡——彼らがつい最近まで閉じ込められていた演算鏡ぐらいしかない。四人は渋い顔をしながらも、その可能性を話し合う。

「明日の朝なら、あの女は実験室にいないはずだ。宴のために、大広間にいるだろうからな」

「確かにそうですね。それに、ザインはたびたび、あの鏡の近くにツァディ王の気配を感じていたんでしょう？　だったら、ツァディ王があの実験室の近くにいる可能性は高いんじゃないですか」

「ならば、その可能性を考えてみよう。メルセイン城の『あの鏡』まで行き着くには、一度『大いなる書』を経由して行かなくてはならない。問題は、あの鏡に通じる裏口を見つけられるかどうかだが、そのあたりはどうだ？」

　メムがギメルとダレトに問うと、二人とも、何の問題もない、と言う。

「私とダレトは、もう何回もあの扉を出入りして来たんですよ。見つけられないということはありません。それよりも、考えなくてはならない問題があります。あの王妃は、呪いを再開しているというじゃないですか。私たちがいないのに、どうやってるんでしょう。もしかしたら、新しい妖精を連れてきて、手なずけているんじゃないですか？」

「俺もそれは考えた。もしかしたら、王妃がフワリズミーの森から新たに妖精を連れ去ったのかもしれない。だが、他の部族の者である可能性もある。その場合、話が通じる相手かどうか……」

「話が通じなければ、俺たちでやっつけるしかねえな。いずれにしても、そうなったら俺とギメルでどうにかするからよ。メムとザインは鏡から出て、ツァディを探せばいい。ところで、ツァディと〈影〉を見つ

228

けたら、どうするんだ？」

「長に、小型の通信鏡を借りる。同じものを、トライア殿も一枚持って行くそうだ。だから、〈影〉を見つけ次第、トライア殿に連絡を取れば……ん？」

　メムは言葉を切った。ザインがメムの背後、部屋の隅にある木の物入れに不意に目をやったからだ。

「どうした、ザイン？」

　メムが問うと、ザインはため息をつきながら言う。

「……あーあ。メム、気づいてるか？　聞かれてるぞ、俺たちの話」

「え？」

　戸惑うメムをよそに、ザインは木の物入れに向かって大声を張り上げる。

「おいカフ！　聞いてるんだろ！　分かってるぞ」

　すると、物入れの蓋がガタガタと動きながら開き、カフがひょいと顔を覗かせた。

「……僕がいるの、知ってたの？　ザイン」

「いや、たった今、気づいた」

　メムはため息をつく。

「あれほど、話し合いの場には来るなって言っておいたのに……」

「別にいいでしょ、話を聞くぐらい」

「お前、一緒に連れて行けって言うんだろう？」

「いいや」

　カフは首を振る。

「僕がいると、僕のことが心配で、みんな動きづらいんでしょ？　だから、連れて行ってくれとは言わない。本当は、一緒に行きたいけど」

「本当か？」

「うん。だって、僕のせいで、みんなが失敗したら嫌だもの。ただし……みんなとは別に、僕は僕で勝手に動くからね」

「なっ！　そんなのは……」
「駄目だって言いたいんでしょう？　でも、メム。僕もツァディ王の神官の一員なんだ。今までずっと、メムには迷惑ばかりかけてきたから心配だろうけど、それでも僕は、自分が動く必要が出てきたら、動きたい。それに……」
　カフは、メムをしっかりと見る。
「僕は、この前メムと一緒に鏡の中に入ったことを後悔してないし、死にそうになったことも後悔していない。それは結果的に死ななかったからではなくて、たとえ死んでいたとしても、後悔はしなかったと思うよ」
　メムには返す言葉がない。先に、ザインが口を開いた。
「分かったよ。ただし、無茶はするなよ」
「うん。無理はしないし、余計なこともしないよ」
　ギメルとダレトも口々に言う。
「私たちが知らない間に、カフもちょっと大人になったようですね」
「そうだな。なあメム。カフを信じてやろうぜ」
　メムは無言のまま、仕方なさそうにうなずいた。

　トライアが出発した。そして、メムたちも城に戻る準備をしている。ナジャはトライアと一緒に戻りたいと長に言ったが、長は首を縦に振らなかった。長は、トライアの足手まといになってはならないと言うのだ。
「ビアンカのことは、きっとトライアがどうにかしてくれます。トライアを信じましょう。あなたはとにかく、自分の身を守るものを完成させなければ、また喰数霊があなたを襲ってこないとも限りませんよ」
　ナジャは長の言葉を思い出しながら、布と針を持った手を動かす。
　――これが、今私がすべきこと。

第九章　刃と宝玉

　頭では分かっていても、まだ諦めきれない自分がいる。しかしそれを
振り払うように、ナジャは仕事に集中する。どれほど時間が経ったのだ
ろう。暗くなってきたところで、ナジャは一度手を止めた。するとそれ
を見計らうかのように、部屋の扉が小さな音を立てて開いた。入ってき
たのはカフだ。
「また、王妃が喰数霊の群れを放ったみたいだ。今度は、ハール＝レオ
ン王国方面だって」
「また……？」
　王妃の呪いは、留まるところを知らない。まるでたがが外れたよう
だ。なんて、恐ろしい人。そしてビアンカは、そんな恐ろしい人間に立
ち向かおうとしているのだ。それも、たった一人で。ナジャは、手元の
布を握りしめる。
「戻りたいんだね、ナジャさん。でも、長に止められたんでしょ」
　ナジャはうなずく。カフは羽をぱたぱたと動かして、ナジャの前の椅
子に腰掛ける。
「長がナジャさんを止めるのも分かるよ。あの城は危険だもんね。あの
王妃がいるだけでも危険だけど、その上〈影〉までいるかもしれないん
だ。トライアさんみたいな人じゃないと、危なくて近づけない。あの人
は強いし、喰数霊を恐れる必要もないし、いざとなったら〈影〉と戦え
るからね」
「なぜ、トライアは喰数霊を恐れなくていいの？」
「あの人の運命数には、大きな刃が入ってるんだ。だから、王妃がよほ
ど浅はかでないかぎり、あの人に喰数霊を放つことはない。そんなこと
をしたら、帰ってきた喰数霊にひどい目に遭わされるからね。下手する
と死ぬ」
　今朝もトライアは、そういうことを言っていた。エルデ大公国の都で
起こった惨劇の中で生き残った人たちは、みな「大きな刃」を持ってい

た、と。

「刃って、確か、運命数に含まれている『素の数』の一種よね」

カフはうなずく。

「そう。刃になる数は、小さい方から 5, 13, 17, 29, 37, 41……と続く」

「5, 13, 17, 29, 37, 41？　どうしてそれらが、刃になるの？」

「くわしいことは、僕も知らない。でも、共通点はある。ナジャさん、割り算は得意だよね？　これらの数を、それぞれ 4 で割ってみて」

「ええと……」

　5 を 4 で割ると、商が 1 で、余り 1。13 を 4 で割ると、商が 3 で、余り 1。17 だと、商が 4 で余り 1。29 では、商が 7 で余り 1。

「あ……余りが全部、1 になるのね」

「そう。そしてそういう、『4 で割ると 1 余る素数』は、どれも、二つの平方数を足したものでもあるんだ」

「平方数って何？」

「何らかの数を 2 乗した数のことだよ。たとえば 5 は、1 の 2 乗と 2 の 2 乗を足した数だよね？　13 は、2 の 2 乗と 3 の 2 乗を足した数」

　17 は、1 の 2 乗と 4 の 2 乗の和。29 は、2 の 2 乗と 5 の 2 乗の和。

「本当だ」

「ね？　で、そういう素数が運命数に含まれていると、呪われたときに刃になって、呪ってきた人間に返るわけ」

　カフは言った。あのトライアの運命数には、おそらく 4 桁以上の数に相当する刃が含まれている、と。

「並みの人間なら、200 より大きい刃を受ければ、まず命は助からないね。それだけで、腕一本切り落とされるぐらいの重傷だから。その後すぐにフィボナ草とかで治そうとしても、止血が間に合わずに、たぶん即死。あの王妃はすごく頑丈だけど、トライアさんの『刃』を受ければ、さすがにただでは済まないんじゃないかな」

232

　　　　　　　　　　　　　　　　　　　　　　　第九章　刃と宝玉

「でも、どうしてカフはトライアの運命数のことを知っているの？」

「そりゃあ、有名だもん。あの人が出た家はタラゴン家って言って、戦
士の血筋なんだ。あの人の先祖たちは古くから、代々ものすごい敵と戦
って、確実に相手を仕留めてる。それも、最後の最後は相手に殺される
ことで、自分の刃を相手に跳ね返すっていう方法で、ね。あの人たちは
ね、喰数霊に数を喰われた場合だけでなくて、普通に戦って殺された場
合も刃を相手に跳ね返すことができるんだ」

「そんな……戦い方があるのね」

「とにかくあの人の一族はすごいんだよ。前に話したよね？　〈影〉と
戦って、昔の妖精の王様を助けたこともあるって」

　ナジャは改めて、トライアの強さを理解した気がした。トライアな
ら、ビアンカのことを守ってくれるだろう。

「じゃあ、やっぱり私には、できることはないわね。私は余計なことを
せずに、トライアとメムたちに任せていればいいのね」

　ナジャは安心してそうつぶやいたのだが、カフは首をぶんぶんと振る。

「違うよ、ナジャさん。世の中ってのは、予想していなかったことがい
くらでも起こる。不測の事態ってやつだ。だから、いくら味方が強くた
って、自分が何もしなくていいってことにはならない。いつ、自分が必
要になるか分からない。だから、いつだって準備は必要だ」

　そしてカフは、いざというときには自分も城へ行くつもりでいると言う。

「ナジャさん、お姉さんを助けたいんでしょう。だったら、そのために
できるだけの備えをしなくちゃ」

　カフはそう言って、部屋を出て行った。一人残ったナジャは、裁縫仕
事を再開する。

　──ビアンカのために、できること。

　ビアンカ用のマントは、トライアが三枚ほど持って行った。しかし他
に何か、できること、すべきことはないのだろうか。ナジャは考えをめ

233

ぐらしながら、懸命に針を動かす。

◇

　夜。楽園の長は、広間で一人静かに座っている。
　──今日は、「霊」が来なかった。
　あれほど毎日来ていた喰数霊が来なかった。姉は、相当慌ただしくしているのだろう。おそらく、〈不老神の数〉を得るために。だが、その望みが叶った暁には、また自分を殺そうとするに違いない。
　これまで姉が自分に放ってきた、おびただしい数の喰数霊。姉の執念。自分に対する憎しみ。
　姉がまだここにいた頃のことを思い出すと、長は今でも全身の皮膚をむしられたかのような、ひりひりとした痛みを感じる。姉は幼い頃から、妹である自分を完全に無視し、あたかも存在しないもののように振る舞ってきた。姉がこちらの存在を認識していることが分かるのは、彼女がときおり母親や他の大人に対して言う、この言葉のみからだった。
　──あんなのと一緒にしないでちょうだい。
「あんなの」というのは、妹のことだ。姉は、大人たちから「妹と瓜二つだ」と言われるのを嫌がり、母親が妹を構うのも嫌がった。姉は言った。「自分は特別なのだ」、と。母も他の大人たちも、いずれ楽園の長になる姉に気を遣い、妹である自分をできるだけ姉から引き離した。母親は、楽園から出られない運命を持つ姉の方を、将来自由になれる妹よりも大切にした。幼い頃の自分は、生まれてくるべきではなかったのではないかと悩んだものだ。
　姉は、外に出ること以外の望みはすべて、母に叶えてもらっていた。姉と自分が十代の終わりに差し掛かった頃、ハール＝レオン王国から招待状が届いた。貴人たちが集まる宴に、楽園の長の次女を招きたいとい

うものだった。つまりそれは自分宛だったのだが、姉はどうしても自分が行きたいと言い張った。母はそれに逆らえなかった。母は長い期間をかけて神々に祈り、ついに、姉を三日だけ外に出す許可を得た。姉が楽園に戻らなかった場合、自分の命が奪われるという厳しい条件を呑んでまで。母は、当然姉が約束を守るものと思っていた。しかしそれは、あまりにもあっさりと裏切られたのだ。

　長は今も思い出す。この広間の通信鏡に映った姉の顔。姉は、母親に持たされた小型の通信鏡を通じて、こちらを見ていた。死んだ母親、そしてその亡骸にすがりついて泣く自分を、何か面白い見世物でも見るかのような顔をして眺めていたのだ。

　長はあの時ほど、絶望と憎しみにかられたことはない。長がそれらの黒い感情に囚われずに済んだのは、ひとえに神々の助けの賜物だった。あの時、自分の中に神々が降りてきた。そして神々は自分の口を通じて、姉にこう言ったのだ。

　——愚かな女よ。お前は、自分のことを特別だと思っているのだろう。しかしお前もいずれ、年老いて死ぬ。〈母なる数〉たる〈数の女王〉に生み出されたあらゆる被造物と同じく、古くなり、滅びるのだ。お前は実際、何者でもない。その事実を受け入れぬかぎり、お前に与えられた大いなる祝福は、そのまま呪詛となろう。

　神々のその言葉は、姉に対する最後の警告だったのだろう。しかし姉は恐怖に顔をこわばらせたあと、激怒し、力任せに通信鏡を割った。それ以来姉の顔を直接見ることはなかったが、それでも長は長いこと、姉のために心を乱され、苦しんだ。心を乱されなくなったのは、自分が神々の意志を体現する覚悟を固めて、ずいぶん経ってからのことだ。

　時が経つにつれて、長は姉のことがよく理解できるようになった。しかしそれは、長が自分自身について、また人間について深く理解した結果に他ならない。人間はみな、心の中に恐怖を抱えている。そしてそれ

は人間が、本来自分に属さないものにしがみつこうとするからなのだ。持ち物。財産。能力。健康。若さ。美しさ。身体。心。そして、運命数。それらはどれも、人間という存在の本質ではない。しかし人間はそれらを自分のものだと思い込み、自分の本質だと思い込み、それらを失うと自分が自分でなくなると思い込み、それゆえに失うことを恐れる。

　人間を含め、あらゆる存在は、この世界の源であるたった一つの数から作られている。人間は、生まれる前も、生きている間も、死んだ後も、その数そのものであり、それ以外の何者でもないのだ。個人に与えられた運命数も、その〈母なる数〉が一時的に取っている状態に過ぎない。よって、運命数が個人に与える姿形、能力、そして心のありようも、一時的に現れては消えていく幻のようなもの。

　──私たちがそういった幻にしがみついているかぎり、私たちは真実から逃げ続け、もがき苦しみ続けることになる。

　姉は生まれたときからずっと、そうやって苦しんでいる。姉は、持って生まれた大きな運命数を自分のものだと思い込み、それがもたらす姿形や能力を自分自身だと思い込み、それらを失うことを恐れ、絶えずもがいている。それゆえに、より高い地位を、さらなる美しさを、永続する若さを、よりよい運命数を欲している。欲すること、それ自体は悪いことではない。しかし問題は、姉が、自分自身の中にある恐れと苦しみを正面から見ようとしないことだ。姉は自分の内面を見つめることができない。見つめられることがないゆえに、恐怖と苦しみは姉の中で増幅し、さらに多くのものを求めさせ、人生を都合良く制御できると錯覚させる。そして、自らが欲望のままに動くことによって他人がどうなるかということを、省みる機会を与えない。

　この地上に対する神々の影響力が弱まった今、〈初めの一人〉の罪が繰り返されようとしている。それも、他ならぬ姉の手によって。長の心の中に、苦々しい思いが広がっていく。悲しみ。憤り。今すぐにも姉の

愚行を止めなければならないという、義務の衣を纏った憎悪。同時に、もし自分と姉の立場が逆であったら、自分も姉のようになったのではないかという、同情に近い思いもある。

　それらは自然な感情ではある。だが、どれも程度の差こそあれ、姉と同じ過ちにつながるものだ。姉を蔑むにせよ、上から見て憐れむにせよ、それは「姉とは違う自分」にしがみつくことに他ならない。それは、姉が「老い、病み、死にゆく他人とは違う自分」にしがみついているのと同じなのだ。

　それらの感情から自由になる唯一の方法は、それらに捕まらないのと同時に、逃げないようにすること。その微妙な均衡の奥にこそ、真の自由があり、その自由とともに行動することこそが、本当の意味で生きるということなのだ。しかしその均衡を取るのは、きわめて難しい。そして今日はとりわけ、それが難しく感じる。長年の修練によって培ってきた静かな心をかき乱すほど、姉の罪の大きさは自分を圧倒している。

　今すぐにでも、ここから出たい。姉を止めたい。それなのに、出られない。なぜなら、それが神々の掟だから。自らの意志で従ってきたはずの掟が、今は自分の手足を縛り付けているように感じられる。

　長はわずかながら、苦しみを顔に浮かべた。そのとき誰かが扉を叩く音がしたので、長は我に返り、一度肩の力を抜いた。危なかった。もう少しで、黒い感情に呑まれるところだった。長は深呼吸をして、扉の外の誰かに応える。すると、ナジャが扉から顔を出した。
「あの……いいですか？」
「どうしたのです？」
「その……ビアンカの、いえ、『マティルデ』の運命数について、分かったことがあるんです」
　長が入室を許可すると、ナジャは長の正面にちょこんと座り、話を始める。この控えめな少女は、いつも不安そうに話す。しかし、明晰だ。

そして今この少女が話した「発見」は、長も気づかなかったことだった。長は目を大きく見開く。
「ナジャ。確かに、あなたの言うとおりです。それは、ビアンカの身を守る上で、重要な発見ですね」
「でも、トライアもメムたちも、もう出発してしまったのでしょう？　私、遅かったでしょうか？」
　ナジャはやや残念そうに言うが、長は首を振る。
「いいえ。彼らが持って行った連絡用の鏡は、小さい物体であれば瞬時にやりとりすることができます。ビアンカを守るのはトライアの方ですから、彼女に『あれ』を託しましょう」
　ナジャの顔がぱっと明るくなる。その顔を見て、長は思った。この子は、私が言ったことを実行しているのだ、と。自分が持っているもの、できることをかき集めて、何ができるのかを考えるということを。
　──私に、できること。
　長は、自分にも最後の決断のときが近づいているのを自覚する。姉に対する、自分の決着のとき。罪深い姉に対する憎しみと憐れみを、本当の意味で超えるとき。自分をここに閉じ込めてきた神々が、自分に何を望んでいるのかを感じ取り、そのことのみを、自分の体を通して行うとき。
　──自分が持っているもの、できることをかき集めて、何ができるのか。
　長は、ナジャに言った自分の言葉を、今度は自分のために繰り返した。そして立ち上がり、ナジャに言う。
「では、トライアに連絡を試みてみましょう」

　エルデ大公国とメルセイン王国との国境付近に至ったとき、トライアはただならぬ気配を感じた。トライアよりやや遅れて、彼女の乗る馬も

速度を緩め、立ち止まる。

　──待ち伏せか。

　密かに国境を越えるために、わざわざこの深い森の中の獣道を選んだのだ。だが「相手」には、そのようなことは関係なかったようだ。星明かりに照らされた道の向こう、深い木立の中でもひときわ太い幹を持った大樹の陰。そのあたりの空気が、トライアには歪んで見える。

　──人間では、ないな。

　では、何者か。トライアは馬を下り、腰から剣を抜いて大木の方へにじり寄る。

　人間以外のものを相手にするときは、目に頼ってはならない。すべて「気配」がものを言う。トライアは全身の感覚を研ぎ澄ませながら、じりじりと進む。近づけば近づくほど、空気の歪みは強まっていく。だが、大木の向こう側に回っても、誰もいない。かわりに、やや離れたところにある別の木の陰から、人影が現れた。はっきりとした、人間の男性の姿形。

「お前は……！」

　驚くトライアに、そいつは微笑んでみせる。その顔は、トライアが城で何度も目にしてきたものだ。しかし、そいつが今発している気配は、明らかに人間のものではない。

「お前は、何者なのだ」

「あなたなら、おおよそ察しがつくのでは？」

　美しい声でそう言われ、トライアは悟った。こいつは、〈影〉だ。

　──妖精たちが「城のどこかにいる」と噂していた〈影〉は、こいつだったのか。

　この姿で王妃に近づき、王妃をそそのかしていたわけだ。しかし、これほどはっきりとした人間の姿を取っているとは。

「貴様、人間を取り込んでいるのだな？　自分の中に」

トライアがそう言うと、形を持った〈影〉は美しい顔をトライアから
そらし、夜空を見上げるようにしながら言う。
「まあ、おおよそ、そういったところです」
　しかし、これほどまでに完全な人間の姿を取っているということは
……いや、それ以前に、城にいた頃に「こいつ」に自分がまったく気づ
かなかったということは……。
　——二人だ。こいつは自分の内部に、二人取り込んでいる。
〈影〉が完全な形を取るためには、一人呑み込むのでは足りない。きっ
と今、こいつの中には「二人いる」。一人は間違いなく、こいつの今の
「形」であるところの、若く美しい人間の男だろう。そして、もう一人
はおそらく……。考えるトライアに、〈影〉は顔に笑みを浮かべながら
言う。
「ここであなたに会うことができて、私はたいへん嬉しい。ここ数日、
毎晩のようにあなたを待っていたのですからね。きっと夜の間に、国境
を越えて戻ってくるだろうと思ってね」
「私を待っていた、と？」
「ええ。あなたの意図はおおよそ分かっている。あなたはこの私と王妃
を殺す気でしょう？　私を殺すことについては、あなたはご自分の家系
の義務だと思っているのでしょうね。でも、王妃を殺すのはなぜです
か？　あなたの家族の復讐のため？　八年前、王妃が呪い殺して罪をか
ぶせた『算え子』の中に、あなたの姪もいたそうじゃないですか。そし
て、あなたのお兄さんは、王子に殺されている。彼らは刃を受け継いで
いなかったのですね。受け継いでいれば、あなたが復讐する手間はかか
らなかったのに」
　こいつは、そんなことまで知っているのか。
「黙れ。タラゴン家の闘いに『復讐』は存在しない。それに、私の兄と
姪の魂は、すでに〈母なる数〉——宇宙の中心たる唯一の神のもとで安

らいでいる」

　トライアがはっきりとそう答えると、〈影〉は美しい目元にかすかに
しわを寄せた。しかしすぐに元の表情に戻る。

「そうですか。ではあなたが王妃を殺す理由は差し詰め、世の人々を守
りたいとか、そういうことなんでしょうね。しかし今、王妃を殺しても
らっては非常に困る」

　〈影〉の言葉が終わらないうちに、その周囲の空気が目に見えて歪み始
めた。

　——来るか？　だが、私を殺せば、〈影〉も私の刃を受ける。

　〈影〉がそのことを知らないはずはない。では、何をしてくるのか。そ
のかすかな迷いが、判断を遅らせた。〈影〉から何かが飛んでくるのを、
かわすことができなかったのだ。

「あっ！」

　トライアは一瞬のうちに、背後の大木にはりつけにされた。彼女の両
手首、両足首に黒く太い綱のようなものが絡みつき、それが大木の幹に
食い込んでいるのだ。

「あなたには、しばらくそこに留まっていただきましょう。あなたの手
足を縛り付けているのは、かつてあなたのご先祖が切り離した、私の身
体の一部。こういうときのために、取っておいたのです」

　トライアはもがくが、手足はまったく動かない。〈影〉は美しい顔を
歪めながら笑う。

「あなたがそこでそのまま干からびて死んだら、あなたの刃は私のとこ
ろへ返ってくるのでしょうかねえ？　だが、その頃にはもう、私は刃に
怯えることはなくなっているでしょう。刃だけでなく、それ以外の何物
にも。それから、あなたに一つだけ言っておきましょう。あなたが殺し
たがっている王妃は、明日にはこの世から姿を消します。ですから、ご
安心を」

「……どういうことだ!」
　〈影〉はトライアの問いに答えず、彼女の馬の方へ行く。馬は怯えて暴れ始める。〈影〉は馬をじっと見ていたが、やがてその背中から黒く大きな突起が何本も伸び、鞭のようにしなりながら馬の頭を強く打った。馬は倒れて動かなくなり、その身体にくくりつけていた荷物が地面に散らばる。
「ほほう。私にとって恐ろしいものが、いろいろとあるようですね。下手に触るのは危険だ。だが……これだけは、壊しておかねば」
　〈影〉は荷物の中にあった通信鏡を見つけると、それに背中の突起の一つを打ち下ろす。鏡が割れる音。
「では、さらば。タラゴン家の勇敢な戦士よ」
　トライアは〈影〉に向かって叫んだが、〈影〉はすでに姿を消していた。

　城に戻ると、女が抱きついてきた。
「また、城の外へ出ていたのね。ひどいわ。毎晩毎晩、いったい何をしているの?」
　つまらない用事ですが、もう終わりましたよ、とだけ答える。それは真実だ。
　──我を滅することのできる、唯一の人間。「反骨の大刃」を葬り去ったのだから。
　しかし、女は不満げだ。
「明日は、あたくしたちにとって大切な日なのよ? そんな日の前にも、一緒にいてくれないなんて」
　そう言う女に、甘い言葉をかけてやる。女は不満顔を崩さないが、内心、安心していくのが分かる。「今の姿」は実に便利だ。

第九章　刃と宝玉

　この女。〈初めの一人〉の子孫であり、その罪をそのまま体現した存在。このような人間が生まれてくるのを、どれほど長い年月待ち望んだことか。この女が「楽園」から出てきたときから、自分は陰に陽に、この女を導いてきた。あるときは、〈影〉の姿のままで女の無意識に働きかけ、また別のあるときは、さまざまな人間の姿で語りかけた。女は疑問を持つこともなく、自分に導かれるままに動いてきた。自分が女を通じて手に入れたかったもの。それらをそのまま、女は自ら欲して手に入れた。大勢の人間を動かせる、王族の地位。「呪い」の方法と道具。フワリズミー妖精の演算鏡。そして今は、大量の宝玉。

　女がそれらを欲したのは、〈初めの一人〉と同じく、内なる恐怖のためだ。だがそれらは結局のところ、すべて、この我のために用意されたもの。女はそのことを知らない。この女はそもそも、疑うことをしない。いつも、こちらが語りかけることを鵜呑みにする。その理由は明白だ。

　──我がこの女にとって、都合のいいことしか言っていないからだ。

　都合のいいことに飛びつき、都合の悪いことには耳を傾けない。これこそが、人間の弱さ。人間は、都合の良いことが起こっているかぎり疑問を持たない。そして、自らを省みない。人間が、疑問を持つこと。自らを省みること。それが、我にとって最も「都合の悪い」ことだ。

　今も、ついさっきまで女が宝玉を集めていたであろうことが見て取れる。その顔にも手にも腕にも、戻ってきた喰数霊の刃の傷が生々しく残っているからだ。女はこのところ、刃の傷を負うことにすっかり慣れてしまった。「あの薬をつければすぐに治る」と高をくくっているのだ。
「それで、揃ったんですか？　必要な数の宝玉は？」

　そう尋ねると、女はうなずいた。
「やっと揃ったわ。そして、もう、『あたくしの分』の火蜥蜴の粉は使い果たしちゃったわ」

　呪いに必要な素材の残りはすべて、「息子」に与えたのだという。

「それでいいでしょう。これからは、もうあなたがご自分で『呪い』を行う必要はないですから」

　あとはリヒャルト様に任せればいいんです、と言うと、女は物足りないような顔をした。そしてぶつぶつと言う。「妹」を仕留められなかった、と。よほど妹を殺したいようだ。

「それから、『養女』にも念のため、何体か『霊』を飛ばしてみたのよ。でも、戻ってこなかった。きっと死んでるんでしょうね。まあ、あの子はもう用無しだから、どうでもいいけど」

　養女——ナジャのことだ。少し前にあの娘を城壁の近くで見かけたとき、何やら様子がおかしかった。彼女は何かを隠し持っていた。しかし、それが何で、それで何をするつもりなのかを探り出す前に、彼女は姿を消した。おそらくトライアが逃がしたのだろうし、もしかするとフワリズミー妖精たちが消えたことと関係があるかもしれない。だが、今となっては「どうでもいい」。あの娘が生きていようと、こちらの「計画」に影響するようなことは、もはやあり得ないからだ。

「王妃様、そろそろ、そういう話はなしにしましょう。もうすぐ私たちにとって、特別な日が始まるのですから。まずは早朝の、神殿での儀式に備えなければ。その儀式を終えたとき——あなたが『神の数』を手に入れたとき、あなたはよりいっそう、美しくなっていることでしょうね」

　そう言ってやると、女はとろけるように表情を崩す。そして、〈不老神の数〉を得たあたくしにふさわしい衣装を使用人たちに作らせたのよ、あなたに見てもらうのが楽しみだわ、などと言う。

「ええ、私も、とても楽しみです」

　実に楽しみだ。あと数時間。すべてが揃い、すべてが成就するその時まで、残された時間は、あと少し。

　——なぜ、我は、数を持たぬ。姿を持たぬ。

　この世が造られて以来、自分を苦しめてきた問い。地を這いつくばり

ながら、自分に欠けた「二つのもの」を、ただ追い求めて動いてきた年月。しかしまもなく、苦しみは終わる。「数を持つ存在」であるところの神々、妖精、そして人間を、もはや妬む必要もない。

　——妖精も人間も、結局のところ、我に利用されるために存在したのだから。

　また外が騒がしくなる。宴に参加する新たな客が到着しているのだろう。記念すべき日を祝うための者たち。そして、ここから二度と帰ることのない者たち。

　——明日の宴は、この世のすべての者たちにとって最後の宴となろう。せいぜい、楽しんでもらうとしよう。

第十章　神と化す

第十章

神と化す

　　——今日は、何かがおかしい。

　その日の早朝。暗い蜂小屋の中で、「マティルデ」の姿をしたビアン
カは一人、眉をひそめていた。今日揃うはずの、最後の「毒」が取れな
いのだ。

　原因は分かっている。そろそろ夜明けだというのに、この異様な暗
さ。空には分厚い雲がかかっているが、暗さの原因はそれだけではない
ようだ。ビアンカは東の空に目を凝らす。雲の向こうの朝日がおかしな
形に変形して見える。その光も鈍く、赤みがかっている。

　　——太陽が月に隠れる現象だろうか。

　そのせいで、蜂たちの活動がいつもと違うのかもしれない。しかし、
もし毒が取れなければ、今までの苦労が水の泡だ。焦るビアンカの脳裏
に、かつて楽園の長からかけられた言葉が蘇る。

「あなたの企てを、私は助けることができません。できることならば、
神々が、あなたがしようとしていることを止めてくれればいいと思います」

　長の言葉には、自分に対する暖かい心がこもっていた。それを感じ取
りつつもビアンカは、それを受け入れることができなかった。そればかり
か、ビアンカは長にこう言ったのだ。あなたはあの女の妹で、そのた

めに長年苦しめられてきたはず。なぜ復讐をしないのか、と。

「長は、あの女に勝ちたいと思わないのですか？　私は、あの女に敗北と絶望を味わわせて、蔑みと呪詛を投げかけながら、自分の人生から永遠に葬り去りたい。長は、そうは思わないのですか？」

それに対して、長は言った。相手を殺すことが勝利ではない、と。

「私は、姉があのようになったことを残念に思います。私の中には、そのことで姉を蔑む気持ちもあるし、可哀想だと思う気持ちもあります。姉の愚行を止めたいとは思います。でも姉に対して、あなたほどの殺意は持っていない。それは確かです」

ビアンカはますます理解に苦しむ。

「なぜ、そのように落ち着いていられるのですか？」

そう問うと、長はまるで静けさを纏ったかのように目を閉じて言った。

「おそらく、あなたよりも私の方が、姉を怖がっていないということでしょうね。恐ろしくない者を、殺す必要はありませんから」

あの言葉を思うと、ビアンカは今も胸を押さえずにはいられない。長はあの言葉で、ビアンカの内にある恐怖を、はっきりと指摘したのだ。それでも当時のビアンカはそれを認めることができなかった。かわりに、憤りのままに、こう言ったのだ。

「それは、長個人の問題でしょう。長ほどの方が……いくら、楽園から出られないからとはいえ……あの女が人々に暴虐のかぎりを尽くすままにさせていることは、納得できません」

「私が動かないのは、何をしてよいか分からないからです。どこまでが人の領域で、どこまでが神の領域なのか。私は『その時』が来るまで動けませんし、その時が来たら、神の思うままに動くまでです。たとえそれが……姉と私、そして世界にとって、どのような結果になろうとも」

ビアンカは、あのとき長が言っていたことを理解できないでいる。ただ、最後に長が言った言葉は、強く印象に残った。

呪詛と祝福は表裏一体なのです、と。

不意に蜂たちの羽音が大きくなり、ビアンカは我に返る。ようやく活動を始めたようだ。きっと、毒も取れる。

——私があの女に放とうとしているものは、何なの？

ビアンカは、呪詛を放つつもりでいる。しかし、それが祝福でもあるのだとしたら……？　いいや、考えたら、駄目だ。どちらにしても、今日、何もかもが終わるのだから。あの女の人生も、そして、私の人生も。

ビアンカは頭の中からすべての思いを振り払って、蜂たちに向かい合った。

「やっぱり俺、ここ、気に入らねえな」

ダレトがこう口に出す以前に、メムも同じように思っていた。ザインもギメルも同じだろう。

先導して飛ぶのはギメルとダレトだ。最初に入った空間から、細い管のような通路へ出て、上下左右に曲がるそれの中を飛んでいく。

鏡の中の世界はすべてつながっているとはいえ、外の世界での距離が遠ければ、中の世界でもそれなりに距離がある。とくに今回入るのに使った鏡は計算用ではないので、『大いなる書』に至るまでに相当な距離があるし、分かれ道の数も格段に多い。ギメルとダレトは長らく『大いなる書』に通ってきたため、大まかな位置を把握していて、分かれ道で迷うことはない。しかしそれでも、移動にはかなりの時間を食った。彼らが『大いなる書』のある巨大空間に抜けたのは、楽園を出て数時間後だった。外の世界ではもう夜が明けているだろうと、メムは思った。

『大いなる書』の周囲は静まりかえっている。「神の使い」もいない。

「あれですね。あれが、あの鏡への裏口」

ギメルが行き先の青黒い扉を指し示す。その口調には、やや苦々しさが混じっている。無理もない。だが進むしかないのだ。四人が裏口に近づいたとき、突然、扉が開いた。そして中から、二つの影がものすごい勢いで飛び出してきた。

「うわっ！　何だこいつら！」

　出てきたのは、二体の羽の生えた者たち。背格好は自分たちに似ているが、明らかに異形の者だ。なぜなら「顔がない」のだ。丸い頭はついているが、目も、鼻も、口も、耳もない。

　そいつらはこちらに構うことなく、『大いなる書』へ向かっていく。

「ここから出てきたということは……あいつらが、今あの女に使われている奴らなのか？」

　二体の「異形の者」を見送りながら、ザインがメムに問う。あれは、妖精ではあり得ない。あのような顔のない妖精がいるなどとは、聞いたことがない。そして何か、とても忌まわしい感じがする。

「はっきりしたことは分からないが……何らかの邪法で作った、俺たちそっくりの『まがい物』といったところだろう」

　そしてこの裏口の先の「あの鏡の空間」にも、そういう奴らがいるのだろう。ギメルが言う。

「行くなら、あの二体が『大いなる書』に向かっている、今のうちでしょうね。他に何体いるのか分からないですが」

　みなは同意し、裏口に入る。あの空間が近づくにつれ、メムの腹の底に重々しい感覚が蘇る。

　──やはり、カフを連れてこなくて正解だった。

「着きましたよ。通路の出口です」

　ギメルの声に上を向くと、かすかに光が見えている。メムは覚悟を決めて、他の三人と上に向かって飛んでいく。通路を抜けると、あの空間が広がる。壁に貼られたままの『分解の書』。作業台。それらは前と変

250

第十章　神と化す

わりなかった。だが、違う点が二つあった。一つは、そこにいる者たち
が、顔のない妖精たちだということ。そしてもう一つは、壁の上の方に
浮かび上がる「鏡」の形だ。
「ずいぶん、小さくなってるな」
　彼らが見慣れた鏡——王妃が彼らに指令を送ってくる鏡は、大きな楕
円形だった。だが今は、小さな点のような円形だ。
　何だ？　何が起こっているんだ？　四人は、顔のない妖精たちに気づ
かれないよう、壁に貼りつくようにして、じりじりと鏡の方へ移動す
る。そして鏡から外を見る。彼らの予想とは違い、外は王妃の実験室で
はなかった。
　——大広間か？
　鏡の外に見えるのは、上品な水色の壁に囲まれた広い部屋だった。メ
ムたちから見て左手、部屋の中央の床からは白い円柱状の柱が四本伸び
て、鏡張りのアーチ天井を支えている。そのあたりには、大勢の着飾っ
た人間たちがいる。右手の壁には、あの王妃の姿を描いた巨大な絵画が
見え、その前の玉座には王妃が座っており、その傍らには、黒い服を纏
った、背の高い男が立っている。王妃たちのいるのが大広間の一番奥だ
とすると、どうやらこの鏡は、広間奥の右隅に置かれているらしい。
　——なぜ、ここに鏡を持ってきたんだ？
　鏡の表面には、文字が浮かんでいた。それは、『大いなる書』の中の
位置を示す文字。鏡から向かって左側——王妃たちの正面にいる群衆の
一人の頭上に出ている。
　——あの人間の運命数の場所を示しているのか？
　メムは下に目をやる。さっき自分たちがくぐってきた通路から、二体
の「顔のない奴ら」が戻ってくる。彼らが戻ってくると、他の奴らも動
き始める。彼らが始めたのは紛れもなく、「分解」。あの人間の運命数を
分解しているのだ。

251

今、鏡の外の様子は止まって見える。それは、鏡の中で「計算」が始まり、時間の流れ方が変わっているからだ。だが、外の大広間には、喰数霊を作るための材料も道具もないはず。いったい何のために「分解」をしているのか？

「メム」

　突然ザインに話しかけられ、メムは我に返る。ザインはやや青ざめている。

「どうしたんだ、ザイン」

「あいつ……あの、人間の男……」

　ザインが指さす先には、王妃の隣に立つ男がいる。

「ああ、あいつがどうした？」

「あいつだ。あいつから、ツァディの気配がするんだ」

「何だって？　本当か？」

「おい、メム、ザイン！　気をつけろ！　奴らが計算を終えたぞ。鏡の方へ、『結果』を運んで来るはずだ」

　ダレトに言われて、メムとザインは急いで鏡から離れた。そして、下からは見えにくいであろう、より高い方へ逃げる。彼らがごつごつした壁のくぼみに潜んだところで、顔のない妖精の一体が鏡の方へやってきた。そして、鏡の上に「計算結果」を置いて、また戻っていく。その「計算が終わった」瞬間に、鏡の外の時間が流れ始め、大広間の物音が聞こえてきた。人々のざわめき。楽士たちが奏でる音楽。そして、あの女──王妃の声が、はっきりと聞こえた。

「本日、皆様方にお集まりいただいたのは、大切なことをお知らせするためですの。お知らせしたいことは、三つ。どれも、とても良いお知らせですのよ」

　久しぶりに聞く王妃の声に、メムは気分が悪くなった。自分たちとトライア、ナジャが城から出ても、あの女にとっては痛くもかゆくもなか

252

ったらしい。そのことが、声からはっきりと感じ取れる。王妃は続ける。

「一つは、もうすでに皆様もお聞き及びでしょう。あたくしを裏切った愚かな夫が、夫に協力したエルデ大公国の民もろとも、神の怒りに触れて死にました。これでもう、我が国があの男にも、エルデ大公国にも脅かされることはありません」

王妃の言葉に、盛大な拍手が沸き起こった。

「二つ目は、あの愚かな男に変わって、あたくしがこの国を治めるということです。あたくしが女王となって、この国と未来永劫、共に生きていくのです」

この言葉に続いたのは拍手ではなく、ざわめきだった。聴衆が戸惑っているのが分かる。

「未来永劫というのは、どのような意味でしょうか？」

来客の一人らしき声がそう尋ねると、王妃はこう答えた。

「よくぞ聞いてくださいました。実はつい先ほど、あたくし、『神の運命数』を手に入れましたのよ。あたくしが〈祝福された数〉を持っていたことはご存じでしょう？　しかしついに、あたくしは、それよりもさらに素晴らしい数——〈不老の神々の数〉の一つを我が物にしました。これであたくしは、未来永劫、老いず死なずにこの国を治めることができるようになったのです」

何だと？　メムたちは再び鏡の方へ近づき、外を覗く。群衆に向かって話す女の横顔はにこやかに笑っており、しかも、以前よりも光り輝いているように見えた。女の纏う純白の衣装には、金糸で大きな百合の文様が刺繍され、その裾は広く、長く床に垂れている。まるで婚礼の衣装のようだ。

あの女は本当に、〈不老神の数〉を得たというのか？　メムも、他の三人も困惑する。鏡の外の広間からも、賞賛というより、戸惑いの声が聞こえる。しかし女はそれにかまわず、三つ目の「知らせ」を告げた。

253

「そして最後のお知らせは、あたくしの隣にいるこの若き詩人ラムディクスが、あたくしの新しい夫になることです。女王たるあたくしの夫が、あたくしと一緒にこの国を治めることになります。皆様は、あたくし、そしてこの夫の臣下になるのです。このあと、あたくしたちは神殿に移動して結婚式を行います。皆様も、ご参列なさって」

　王妃がそう言うと、広間はついに、蜂の巣をつついたように騒がしくなった。王妃の勝手な決定に、誰も納得できないようだ。広間に集まった群衆は王妃とその新しい夫──黒衣の男に向かって激しく抗議を始めている。このままでは暴動になるのではないか？　メムがそう思ったとき、王妃が高らかにこう言った。

「あらあら、皆様にはご賛同いただけなかったようね。でも、それで結構よ。そんな臣下は、不老神になったあたくしには一人として必要ないから」

　あまりの不敵な態度に、広間の群衆は一度静まった。そこで、王妃は不意に、こちら──鏡の方を見た。

「さあリヒャルト！　あなたの力を貸してちょうだい」

　王妃がこちらにそう命じると、突然、鏡に映った世界がぐらりと揺れた。

「これ──鏡が、歩いてるじゃねえか！」

　ダレトの言うとおりだった。鏡は王妃の方へ向かって移動し、そして、玉座の近くで急に向きを変えた。広間に集まった人々の、不安げにこちらを見上げる顔が真正面に見える。

　──いったい、何が始まるんだ？

　突然メムは誰かに右足を引っ張られ、下へ向かって引きずられた。

「うわっ！」

　見ると、顔のない妖精が一体、自分の右足を掴んでいる。ダレト、ギメル、ザインもそれぞれ、顔のない奴らに捕まっている。下の「作業場」には、自分たちを掴んでいる四体の他にも五体ほどの奴らがいて、

目も何もない顔でこちらを見上げている。
「ちくしょう、見つかったか!」
「こうなったら、全員でやるしかありませんね」
　ダレトとギメルの言葉に、ザインとメムもうなずく。彼らはいっせいに下に向かって飛び、敵の丸い顔面を殴りつける。そのとき、小さな鏡から、王妃の言葉が聞こえた。
「ここにお招きした皆様方。皆様の運命数を食べる喰数霊は、全員分、ご用意しておりますのよ。このリヒャルトの体の中に」

　黒い壺を抱えて、ビアンカは走っていた。壺の蓋を手で強く押さえていても、中身はガタガタと震えている。「外に出たがっている」のだ。
　——あんたをすぐ外に出したいのは私も同じ。でも、もう少し待ってて。
　直接この目で見なければ意味がない。この喰数霊が、あの女を「喰らう」ところを。
　ビアンカは、マティルデの姿のままだ。他の姿になるための「素数蜂の蜜」は、数日前に何者かによって蜂小屋から持ち去られてしまった。誰の仕業か知らないが、おそらく、王妃の命令で持って行ったのだろう。いずれにしてもビアンカは、もう他の姿になるつもりはなかった。この「黒のマティルデ」の姿で、あの女の最期を見届ける。ビアンカは前からそう決めていた。
　自分の心の闇と弱さを体現するこの姿で、あの女を葬り去る。あの女は、忠実な僕が裏切り者であることを知って死ぬのだ。それを思うだけで、ビアンカの心と、眼帯の下の傷がまた疼く。そして自分はこの姿のまま、あの女の「刃」を受けて死ぬ。それでいい。楽園の長の言葉も、もうビアンカを迷わせることはない。

しかし大広間に近づいたとき、ビアンカは異常に気がついた。何やら
騒がしい。そして、あの女の声。よく聞こえないが、これだけは聞き取
れた。

——そんな臣下は、不老神になったあたくしには一人として必要ない
から。さあリヒャルト、あなたの力を貸してちょうだい！

リヒャルト？　ビアンカは不審に思う。この向こうに、リヒャルトが
いると言うの？

大広間から悲鳴が上がった。広間の扉が勢いよく開き、中の灯りがこ
ちらに流れ込むと同時に、扉のこちら側に向かって誰かが飛び出してき
た。来客の一人だ。しかしその者は、丸い頭をした半透明の蜥蜴に呑み
込まれる。

——喰数霊！

ビアンカの目の前で、客の一人が「喰われた」のだ。ビアンカは扉の
陰に素早く移動し、中をのぞき込む。逃げ惑う者たち。部屋の端でうず
くまる者たち。恐怖を顔に湛えながら、喰数霊に向かって空しく剣を振
ろうとする者たち。そして、その向こう側。

——リヒャルト！

広間の奥、玉座が置かれた場所には、三人が立っていた。あの詩人、
王妃。そして、リヒャルト。しかしリヒャルトは、すでに「人間」と呼
べるものではなかった。姿形こそ、リヒャルトそのものだ。しかし、そ
の表情と立ち姿はどう見ても、生きている人間のそれではない。まるで
陶器の人形のようだと、ビアンカは思った。そして、その「右目」。黒
目も白目もなく、ただ、銀色に輝いている。

——鏡。

あの右目は、鏡だ。ビアンカがそれに気づいたとき、無表情、直立不
動で正面を見ていたリヒャルトが、不意に口を開けた。縦に異常に大き
く開いたその口から、喰数霊がいくつも飛び出す。

——リヒャルトが、喰数霊を！

そうだ。リヒャルトは確か、「邪視」が使えたはず。邪視を使えば、自分が見つめた相手の運命数が『大いなる書』のどこにあるかを、鏡の中の妖精たちに示すことができる。そして鏡があれば、「運命数の分解」をすることができる。そしておそらくリヒャルトの体内には、喰数霊を作るのに必要な材料がすべて入れてあるのだろう。つまり今のリヒャルトは、あの女が長年使っていた「実験室」そのものなのだ。

ビアンカは納得するとともに、めまいと吐き気を覚えた。リヒャルトは人間として蘇るかわりに、怪物となったのだ。それも、喰数霊を生み出すだけの怪物に。ビアンカが王妃の方へ目をやると、王妃は右手を詩人の肘にかけて微笑みながら、喰数霊を次々と吐き出すリヒャルトを見つめていた。その顔は、以前よりも生き生きとして、光り輝いて見える。

ビアンカの悪寒はひどくなる。なんと、おぞましい。これも、あの女がやったことなのだ。あの女は、リヒャルトだけは愛していたのではなかったのか？　いいや、違ったのだ。リヒャルトさえも結局、あの女にとっては、ただ都合良く利用するだけの道具にすぎなかったのだ。

ビアンカが見ている間にも、大広間の来客たちは次々に「喰われて」いき、立って逃げている者の方が少なくなった。その時点で一度、リヒャルトは喰数霊を吐くのをやめた。見ると、リヒャルトの体にたくさんの切り傷が付いている。それらの傷が、リヒャルトがたった今呪った人々の刃によるものだということは、容易に想像がついた。そして少しずつだが、傷は小さくなっていくように見える。

——回復のために、時間を置いているのね。

その間、壁際に残って怯えている者たちに向かって、王妃は言う。「あなた方は、あたくしを『女王』として受け入れるかしら？　そして、この詩人ラムディクスを新たな支配者として」

これは、質問ではない。これにうなずいてみせたからといって、彼ら

が助かる保証はない。

　——行くなら、今だ。

　ビアンカは目を閉じ、すべての思いを振り切って、明々と照らされた大広間へと飛び込んだ。

◇

　「王妃」から「女王」になった今。そして、〈不老神の数〉を手に入れた今、王妃は最高の気分を味わっていた。

　——あたくしは、もうこれで、老いることも死ぬこともない。

　今になってみると、これまで自分がいかに、心の奥底で老いと死に怯えていたかが分かる。それもこれも、あの愚かで身の程知らずの妹のせいだ。「お前もいずれ、年老いて死ぬ」。あのとき、妹は生意気にもそう言い放って、こちらを見下したのだ。つまらない人間のくせに、つまらない数しか持たないくせに、特別な人間である自分に恐怖を与えた妹。しかし自分はついに、その恐怖さえも乗り越えたのだ。

　心の中に、満足感が満ちてくる。いつも自分を支えてきた、万能感。この世で、他の誰よりも強く、美しく、優れているという確信。

　——でも……。

　心の中に、たった一点だけ、晴れない部分がある。つい先ほど、自分が愚かな臣下たちに投げかけた言葉の中に、それはあった。「あたくしは、〈不老の神々の数〉の一つを我が物にしました」という、その言葉の中に。

　——〈不老の神々の数〉の、一つ。

　これはつまり、自分が数多く存在する「不老の神々」の同列に並んだということだ。いや、違う。新たに得た運命数 524287 は、〈不老神の数〉としては最小だ。つまり同列ではなく、「末席」なのだ。自分より

258

大きな運命数を持つ不老の神々はたくさんいて、さらにその上には「不滅の神々」、そしてさらには「唯一の最高神」——〈母なる数〉たる〈数の女王〉がいる。

今まで、そのことに思いを馳せたことはなかった。だが、〈不老の神々の数〉を手に入れた今、今度はそのことが気になって仕方がない。愚かな臣下たちが倒れていく様、そして自分のためにそれをなす「リヒャルト」の姿を微笑みながら見ていても、そのことが心から離れない。

そのせいだろうか。王妃は軽いめまいを覚えて、詩人の方に倒れかかった。詩人は王妃を支えながら、優しい声で言う。

「まだ、『数』が安定していないようですね。気をつけて。さっきの神殿での儀式であなたの体の中に入った『宝玉』が完全になじむまで、少し時間がかかる」

詩人は言う。これから数時間は、ときおり新たに手に入れた〈不老神の数〉と「これまでの運命数」との間で行き来が起こるのだ、と。王妃は素直に、分かった、気をつけるわ、と言う。できるだけ、詩人から見て美しく見えるよう、巧みに表情を作りながら。

臣下たちがほぼ倒れたところで、王妃は残った者たちに向かって問う。自分が女王であることを受け入れるか、と。返事がどちらであるにせよ、彼らの生死は自分が握っている。気分次第で、生かすことも殺すこともできるのだ。それを考えると、王妃の気分はまた晴れてくる。

そのときだった。目の前に、「彼女」が現れたのは。

——マティルデ？

黒衣の侍女は、普段と様子が違っていた。いつも無表情だったその顔は、明らかに怒りで張り詰めていた。そして彼女は、大広間に残っている者たちに向かって叫ぶ。

「みんな！　ここにいたらいずれ殺されるわ！　早く逃げて！」

壁際で震えていた者たちは、マティルデの言葉に背中を押されるよう

にして、広間の扉へ向かって走る。

　そしてマティルデの目はまっすぐに、こちらを睨む。王妃は一瞬、目を疑った。これは本当に、自分の知っているマティルデなのかと。そして、気がついた。見慣れた色と形の壺を、マティルデが小脇に抱えていることに。あの壺は……。

「危ない！」

　詩人が自分にそう言ったとき、マティルデは壺の蓋を外した。その中から、半透明の黒い影が出てくる。

　──喰数霊！

　しかも、自分に向かってくる。喰数霊が大きな口を開けたとき、王妃は思わず叫んだ。

「いゃぁぁぁぁぁ！」

　自分の喉からこれほど大きく、無様な叫び声が出てくることを、王妃は信じることができなかった。自分に向かってくる喰数霊がこの世に存在することも。その霊の発する圧力に押されて、王妃は背後に倒れた。詩人が慌てて自分を助け起こそうとするが、あまりの恐ろしさに目を開けていられない。

　しかし、このまま喰われるかと思いきや、喰数霊の圧力は急に弱まった。恐る恐る目を開けると、喰数霊は自分の方ではなく、天井の方へ向かっている。かと思えば、次は向こうの壁の方へ。まるで、獲物が見つからず、戸惑っているかのように。

「あの喰数霊は、あなたの『前の数』を狙って来ているようです」

　自分を抱き起こしながら、詩人がそう言う。その眉間には、しわが寄っている。

　──「前の数」って、どういうこと？

　自分の「前の数」──つまり自分が生まれ持った運命数は、〈祝福された数〉であったはず。つまり、非常に大きな「素の数」だ。それに対

する喰数霊を作るなど、不可能だ。なぜなら、それに対応する素数蜂が見つかるはずがないからだ。

　王妃はどうにか起き上がり、マティルデに目を向ける。大広間の中央、死んだ臣下たちの体の間に立ちながら、マティルデは喰数霊の動きを目で追っている。そして再び、こちらに目を向ける。その黒い右目は王妃の視線に正面からぶつかり、しかも押し返すように強い。マティルデは言う。

「あんた、自分の運命数に、何かしたのね？　さっき『不老神になった』って言ったのは、〈不老神の数〉を得たってことなのね？　もともとあんたの運命数は、大きなひび割れた数だった。それなのに……」

　大きなひび割れた数、ですって？　わけが分からず戸惑う王妃の隣で、詩人が「まずい！」と低くつぶやく。天井付近をさまよっていた喰数霊が、またこちらへ向かってきたのだ。再び喉から出る悲鳴。しかし王妃を喰らう直前で、喰数霊はあさっての方向へ向きを変える。詩人が切羽詰まった声で言う。

「数が『安定』する前に、こんなことになるとは……」

　——どういうことなの？

　王妃は詩人に問う。自分の声が涙声になっていることに気づき、王妃は激しく混乱する。自分がこれほど、怯えているとは。詩人が答える前に、マティルデが言う。

「あんたは自分の数をずっと、〈祝福された数〉だと思っていたでしょう？　でも、違うのよ。あんたの運命数は、**464052305161**。これは、**4261, 8521, 12781** に分解できるの。呪うのは大変だけど、不可能ではない」

「マ、マティルデ……あなたは……」

　王妃の疑問に応えたのは、詩人だった。

「そうか、貴様はビアンカ。なぜ、今まで気づかなかったのか……」

ビアンカ！　その名は、王妃を驚愕させた。

　——嘘でしょ……。

　王妃の心の底から、新たな恐怖がわき上がってくる。自分の血を受け継ぎ、自分と瓜二つで、しかも自分よりも若く、美しく、賢い娘。その存在を、いかに疎ましく、脅威に感じてきたか。そして娘が「死んだ」と確信したとき、いかに安堵したか。しかし今、その娘が目の前にいる。いや、ずっと「いた」のだ。「自分の近くに」！

　王妃の全身に鳥肌が立った。うめき声と叫び声ともつかない音を上げずにはいられない。自分がどんな顔をしているか、考える余裕もない。それに追い打ちをかけるように、マティルデは顔の左側を覆う眼帯を外す。左まぶたの中央を通って縦に走る、細長い傷跡。

　王妃は恐ろしさのあまり、リヒャルトにすがりつく。

「リ、リヒャルト！　あの娘を！　ビアンカを、呪って！」

　しかしリヒャルトはまだ動かない。「回復」が終わっていないのだ。マティルデは黒い両目で王妃を見ながら、不敵に笑う。

「私は死ぬのは怖くない。一度、あんたに殺されているもの。どのみち、あんたがあの喰数霊に喰われたら、その刃を受けて、私も死ぬ。でも、まだそうなるまでに少し時間がありそうだから、ついでにもう一つ、大切なことを教えてあげましょうか？」

　こちらを小馬鹿にするような言葉に王妃は怒りを覚えるが、まだ体が震えていて、まともに声も出せない。それに、もう一つの「大切なこと」とは？

「それはね、あんたが信頼しているその男が、あんたを裏切ってるってことよ。あんたは、そいつがあんたのために『フィボナ草』を育ててくれたと思ってるでしょう？　でも、違うのよ」

　どういうことなの？　王妃は目を見開いて詩人を見る。詩人は、顔を引きつらせてマティルデを見ている。その横顔を見ていると、突然、王

妃の左手に痛みが走った。見ると、左手の甲に無数の裂傷ができていた。出血のために、手は真っ赤になっている。

　ヒィっという声が喉から出た。しかしすぐに、裂傷は左手首、肘のあたりまで広がり、痛みも全身に広がっていく。そして……顔！　顔にも痛みが走り、生温かい液体が顔全体を覆っていくのが分かる。

「何よこれ！　いったい何なの！」詩人はこちらを見るが、答えようとしない。かわりに、マティルデの顔をしたビアンカが答える。

「喰数霊が持ち帰ってきた刃の傷を癒やすために、そこの詩人があんたに使わせていたのは、フィボナ草の薬じゃないわ。フィボナ草によく似た『リュッカ草』。フィボナ草よりも、早く成長する。でも、その薬としての効果は見せかけに過ぎない。リュッカ草の薬を塗ると、傷が早く治ったように見えるけど、傷は消えていないから、また開く」

　ビアンカは詩人に、「あんた、それを知っててリュッカ草を育てていたんでしょう？」と尋ねる。

「貴様、それをどうやって知った」

　そう問う詩人の声は、いつもの美しい声と違い、やや濁った響きがあった。

「花の数を見れば分かるわ。フィボナ草は、最初の種の花の数が1から始まって、次も 1、そして次が 2, 3, 5, 8 と増えていく。そうやって、自然界に多く存在する数を体現している。でも、あんたが薬草畑に植えた草の花の数は、最初が 1 であるところまでは同じだけど、次がいきなり 3 になっていた」

　ビアンカは言う。リュッカ草の各種の花の数は、さらに 4, 7, 11 というふうに続く。フィボナ草とは違うのだ、と。

「なぜ？　なぜそんな『まがいものの薬』を、私に？」

　ラムディクス、あなたは、私を愛しているんでしょう？　ねえ？　美しいドレスの袖口、襟首が、血で染まっていくのが分かる。そして、そ

の下の肌着も、体中から流れる血のために、べっとりと貼りついていく。それでも王妃は、詩人が愛の言葉をかけてくれるのを待った。この世で一番美しく強い自分に、愛の言葉を。しかし、詩人は何も言わない。ビアンカの笑い声が響く。

「おかしくて堪らないわ。あんた、自分がその男に愛されていると思っていたんでしょう？　でもね、本当は、利用されていただけなのよ。その男はあんたと同じ。他人を利用するだけで、愛することはない」

　利用するだけで、愛することはない。その言葉を言うとき、もうビアンカは笑っていなかった。ビアンカの目に再び憎しみと憤りの光が宿ると同時に、天井あたりを浮遊していた喰数霊が静止し、再び王妃の方に頭を向ける。

「ほら、私の可愛い『霊』が、またあんたを認識したみたいよ。知らないかもしれないから言っておくけど、標的を見失った『霊』は、その後数時間は標的を探し回るわ。私は八年前、あんたが放った『霊』につけ回されたから、よく知ってるの。さあ、あんたは果たして、逃げ切れるのかしら？」

　ビアンカが言い終わらないうちに、喰数霊は王妃に向かってまっすぐに飛んでくる。それを見た詩人は、濁った声でつぶやく。

「……安定してからの方が良かったが……こうなっては仕方あるまい」

　詩人はそう言うと、眠るように目を閉じ、右横に倒れた。驚く王妃は詩人を揺り動かしたが、びくともしない。かわりに、さっきまで詩人が立っていたところから、耳慣れない声が聞こえた。地鳴りの音と、子供のささやき声が混ざったような、異様な声。

　――もう、その姿は用済みだ。我は今、お前を取り込む。

　何ですって？

　そこには、黒いもやのようなものがあった。煙のように曖昧に見えたそれは、突然黒々と大きく広がり、端の方が五つに割れたかと思うと、

第十章　神と化す

　王妃をぱくりと覆った。彼女の目の前は真っ暗になる。直後、ものすごい衝撃とともに、ぶつかってきた何かをはじき返した感覚があった。そして、「外の声」がこう言うのを、王妃ははっきりと聞いた。
　——娘よ。お前の喰数霊ははじき返したぞ。そいつはもう、お前の母親を喰らうことはできぬ。お前の母親は、すでに我の中に取り込まれたのだから。よいか、我が、お前の望みを叶えてやったのだぞ。お前の残酷な母親は、もうこの世に戻ってくることはない。
　外でビアンカが何か叫んだが、聞き取れない。「声」がもう一度言う。
　——我に決まった名はない。だが、たった今、我は不滅の神となった。そして我は、この世で唯一の不滅神となる。なぜなら、この世のすべての存在を滅ぼすからだ。人間も、妖精も、他のすべての神々も。だからお前も、安心して死ぬがいい。
　そして「声」は、傍らにいるリヒャルトに命じた。
　——我が「作品」として蘇りしリヒャルトよ。お前の視界に入ったすべての者を「呪う」ことを許可する。

　復讐の味に酔いしれていたビアンカは、突然詩人の周囲に現れた黒いもやを目にして、現実に引き戻された。その黒いもやは、詩人の体を「捨てた」。直後、もやの中心に、小さな人影が見えた。
　——子供？
　やがてもやははっきりと黒くなり、小さな人影は見えなくなった。かと思うと、大輪の花のように大きく黒々と広がって、王妃を呑み込んだ。そしてすぐに、それは王妃の姿を取り始める。その姿は、先ほどまで絶望にさいなまれていた、血みどろの王妃の姿ではない。広間の天井に届くほど大きく、翡翠色に光り輝く姿。そこへビアンカの放った喰数

霊が飛びかかっていったが、強い力で弾き返された。喰数霊は上に向かってはね飛ばされ、天井に吸い込まれるように消えていく。

　ビアンカはそいつに向かって叫んだ。お前は何者だ、と。そいつは言った。我は不滅神となった、と。そいつはリヒャルトに「命令」を下すと、霧のように姿を消した。一人残ったリヒャルトが、鏡をはめ込んだ右目を光らせる。ビアンカがそちらに注意を向けたとき、背後の扉のあたりが騒がしくなった。騒ぎを聞きつけた衛兵たちがやってきたのだ。

　──まずい！

　扉から現れた衛兵たちの方を、リヒャルトが向く。ビアンカは叫ぶ。
「みんな！　リヒャルトに見られたら駄目！　すぐにここから離れて！」

　しかし衛兵たちは事情が分からず戸惑っている。そんな衛兵の一人に向かって、リヒャルトが喰数霊を吐いた。その衛兵はすぐに喰数霊に丸呑みにされ、床に倒れる。ビアンカは力の限り叫ぶ。

「みんな！　早く逃げて！」

　仲間が死んだことに驚いた衛兵たちは、逃げろと言うビアンカの言葉に押されるようにして、慌てて逃げ始める。しかし、一人が足をもつれさせて転び、それに巻き込まれて数人が倒れた。頭を強く打った者もいる。ビアンカはリヒャルトに向かって叫ぶ。

「リヒャルト！　呪うなら、私を先に呪いなさいよ！　さあ！」

　リヒャルトの「鏡の目」が、まっすぐにビアンカを捉えた。きっと今、あの鏡の奥では、自分の運命数が「分解」されているのだろう。そしてすぐに、あの口から喰数霊が放たれるに違いない。その間に衛兵たちは全員、逃げ切れるだろうか？　いいや、きっと、そんな時間はない。

　──ほんの一瞬。一瞬でいいから、時間を。

　ビアンカはリヒャルトに向かって、全速力で駆けだした。

メムたちは疲れ切っていた。
　顔なしの妖精たちの一体一体はたいして強くない。しかし数が多い。一体を動けなくなるまで痛めつけても、またすぐに別の奴がどこからか出てくる。そして、動けなくなったやつも、しばらくすると動き出す。
「きりがありませんね」
　珍しく息を切らせたギメルが、二体の「顔なし」を両腕で締め上げながら言う。その向こうではダレトが、別の一体の両足を掴んでぶんぶん振り回しているが、その首に別の「顔なし」が腕を回す。そいつに締め上げられたダレトは、苦しげな声を上げる。メムは自分に向かってきていた「顔なし」たちをすべて蹴り飛ばし、ダレトを助けに行こうとするが、ダレトは首を絞められながら絞り上げるように声を出す。
「おい、メムとザインはもう出ろ！　俺とギメルでどうにかするから！」
「どうにかするって、無理だろ！」
　残念なことに、それが現実だった。四人だから、まだどうにかなっているのだ。こちらの人数が減れば、「顔なし」たちは集団で個々を仕留めに来る。そうなったら、ひとたまりもない。それに、疲れも蓄積している。
「おいメム！　外にあの娘がいる！　黒い服の女。ナジャの姉だ！」
　上の方で「顔なし」に膝蹴りを喰らわしながら、ザインが叫んだ。メムは鏡の方を向く。丸く小さな鏡の向こうに、確かにあの黒い服の女がいた。ナジャの姉、ビアンカ。ビアンカはこちらに向かってきていたが、その姿はすぐに絵画のように「止まった」。そしてその顔の上に、文字が浮かび上がる。
　――『大いなる書』の中の、頁を示す文字。

つまりビアンカの運命数の書かれた場所が示されているのだ。それに気づいた「顔なし」たちの一部が、こちらに向かってくるのをやめた。そして「配置につく」。うち二体が、床の穴へ入っていくのが見える。
　——まずい！　「分解」が始まる！
　メムはダレトとギメルに向かって叫ぶ。
「ダレト！　ギメル！　『穴』に入った奴らを止めてくれ！　奴らが『大いなる書』にたどり着く前に！」
「顔なし」たちに捕まっているギメルが、敵の体の間からこちらに答える。
「メムとザインは大丈夫なんですか！」
「どうにかする！　こいつらは黒い服の女の運命数を『分解』する気だ！　絶対に阻止しなければ駄目だ！」
　メムがそう言うと、ダレトとギメルはほぼ同時に雄叫びを上げて、自分たちに群がっている「顔なし」たちを吹き飛ばした。そして「穴」に向かって全速力で飛んでいく。しかし彼らが穴に到達する前に、穴から二体の「顔なし」が飛び出してきた。その手には、運命数の「写し」。もう、『大いなる書』から戻ってきたのだ。
「そいつを止めろ！　『写し』を奪うんだ！」
　ダレトとギメルは急降下し、二体を頭から踏みつける。そいつらは潰れたが、別の一体がすぐさま「写し」を取って、壁の方へ飛んでいく。ダレトとギメルはその一体を二人がかりで止める。だがそこにまた、大勢の「顔なし」が群がっていく。メムは叫ぶ。
「ザイン、お前は『写し』を奪ってくれ！」
「おう！」
　彼らが飛んでいく間にも、ダレトとギメルの周りには次々に「顔なし」が集まっていく。そしてダレトとギメルが捕まえている一体は、今にも彼らの手を振り切ろうとしている。ついにその一体がダレトとギメルの手を離れたとき、ザインがその手から「写し」をかすめ取った。

「顔なし」たちは、次はザインに群がろうとする。その前をメムが横切り、攪乱する。

　ザインが「写し」を取った瞬間から、再び鏡の外の物音が聞こえるようになった。きっと、計算の手続きが中断されたからだ。しかし四人のうちの誰にも、鏡の外を見る余裕はない。

　——今は、時間を稼ぐことしかできない。

　メムの脳裏に、女戦士の姿がよぎる。

　——トライア殿は、どこにいるんだ？

　宴の前に到着して、あの黒い服の女を城から逃がす予定ではなかったか。メムがそう思ったとき、目の前をかすめていった「顔なし」がザインの顔面を強く殴った。ザインは一瞬気を失い、手から「写し」を離す。それを別の「顔なし」が奪い、「作業台」へと飛んでいく。再び、鏡の外の世界が「止まる」。

　気を失ったザインは「顔なし」たちに引っ張られ、壁際へ投げつけられる。ゴン、という鈍い音を立てて、ザインは壁にぶつかり、そのまま床に落ちた。

「ザイン、大丈夫か！」

　ダレトが叫ぶ。ザインは動かない。

「とにかく、計算の阻止を！」「おう！」

　ギメルとメムが、作業台で計算を始めた奴らに横から蹴りを入れて吹き飛ばす。再び、外の物音が聞こえる。しかしまた別の奴らが作業につく。メムはそいつらの髪を引っ張って高く飛び上がるが、すぐに大勢が群がってくる。見ると、ダレトとギメルも同じ状況にあった。そして下では、また別の奴らが作業台につこうとしている。「計算」を続行するために。

　——ああ、もう、力が……。

　観念したメムは一瞬、鏡の方を見上げた。鏡の向こうのビアンカは、

鏡の手前から伸びた腕に腹部を強く殴られ、後方に吹き飛ばされた。彼女の体が、多数の屍が転がる床の上に、後ろ向きに倒れ込んでいく。メムは彼女に向かって、心の中でつぶやく。

　　──すまない。

　そのときだった。ビアンカの黒い服の懐から、小さく平たいものが落ちた。あれは、鏡だ。それも、かつてナジャがここに入ってくるときに使っていたもの。

　床に落ちたその鏡から、二つの影が飛び出し、宙に浮いた。メムは目を疑う。

　　──ナジャ！　そしてカフ！

　なぜ、彼らが？　考える間もなく、メムは後頭部を強く殴られ、気を失った。

第十一章

影の正体

　トライアに託した通信鏡が破壊されている。長がそれに気づいた直後
から、ナジャとカフは忙しくなった。

「トライアに何か不測の事態が起こった可能性があります。しかし彼女
はおそらく、自分のことはどうにかするでしょう。問題は、城の方です」

　長はそう言いながらも、ナジャを城に行かせていいものか、ずっと迷
っていた。最終的には、城に行くというナジャとカフの強い意志に押さ
れる形で、彼らにビアンカを救う役割を託したのだった。

「ナジャは、ビアンカを助けることに集中してください。カフ殿、ナジャ
を頼みます」

　ナジャとカフが準備を整えている間、長は聖域で神々に祈った。その
祈りが通じたのか、ナジャはカフとともに、広間の通信鏡から難なく中
に入ることができた。しかし、どこから出るのか？　カフは大胆にも、
「ビアンカが持っている鏡」を出口に選んだ。かつてビアンカがナジャ
に渡して、妖精たちの脱出に利用し、そして今またビアンカが持ってい
るあの鏡だ。「すぐにビアンカに会えなければ、間に合わないかもしれ
ない」。カフはそう言って、あの鏡を目指すことを決めたのだった。

　彼らが到着したとき、すでに事態は切迫していた。ビアンカは鏡を服

の中に隠し持っているらしく、鏡の手前から外は見えず、音しか聞こえ
ない。それでも、ビアンカが何者かに強く殴られ、後方に倒れたのが分
かった。直後、鏡の向こうが明るくなり、あたりに転がる多くの死体を
映し、さらに大広間の天井を映した。つまり鏡がビアンカの懐から、大
広間の床に落ちたのだ。

「行こう！」

　その言葉にナジャがうなずく間もなく、カフはナジャの手を掴んで飛
び上がり、鏡の外に出た。外に出たナジャは、大広間の奥にリヒャルト
の姿を認めて驚く。そして下には、多くの死体の間に仰向けに倒れた、
「黒のマティルデ」の姿。

「ビアンカ！」

「ナジャさん、気をつけて！　あいつ、変だ！」

　カフが指さす先にいるリヒャルトは、大きく口を開けていた。まる
で、顔が縦に裂けるかのように、大きく。そしてその中から半透明の大
きな蜥蜴――喰数霊が飛び出す。ナジャの背中に戦慄が走る。

「ナジャさん！　喰数霊はビアンカを狙ってる！　早く、三角文のマン
トをビアンカの方に投げるんだ！」

　カフに促されて、ナジャは腕に抱えた「運命の三角文」のマントをビ
アンカに投げた。マントは倒れたビアンカの体の上で広がり、喰数霊は
それに当たって砕け散った。しかし、ビアンカは動かない。

「ビアンカが……！」

「きっと、気を失っているんだ。見て！　王妃の息子の目が、鏡になっ
てる。ナジャさん、気をつけ……」

　カフが言いかけたとき、すでにリヒャルトは口を開けていた。再びビ
アンカに向かって喰数霊が放たれ、三角文のマントに直撃する。

「ああ……ビアンカ！」

「ナジャさん、また来るよ！　あいつ、あくまでビアンカを仕留めるつ

もりだ。早く、『あの方法』を！」

　ナジャはうなずく。ビアンカ用のマントは楽園で数枚作られていたが、そのほとんどをトリアが持って行ったので、ナジャたちは予備の一枚しか持ってきてないのだ。それに、捕霊網の数も限られている。喰数霊を際限なく放たれたら、いずれビアンカは喰われてしまう。

　──「あの方法」……まずは、「正方形の場所」を！

　考えるよりも先に、体が動いた。気を失っているビアンカの両肩に腕を回し、転がっている死体を避けながら、四本の大理石の柱に囲まれた場所の中央あたりに移動する。その間にも、喰数霊はビアンカの体にかかった三角文にぶつかっては砕け散る。その衝撃は、ビアンカの体を通じてナジャにも響いてくる。三角文のマントがまだ壊れていないとはいえ、その衝撃だけでもビアンカを弱らせてしまうに違いない。それを見て取ったのか、カフがナジャに言う。

「ナジャさん、捕霊網を貸して！　僕が喰数霊を防ぐから、ナジャさんは『準備』を！」

　ナジャはカフに網の束を投げる。そして懐に手を入れる。

　──まずは、四つの柱に、呪符を。

　大広間の四本の柱が正方形をなすことを、ナジャはよく知っている。ナジャは転がった死体に足を取られながら、一本目の柱に移動し、一つ目の呪符を貼り付ける。「再生」を象徴する、ヤモリの呪符。呪符は吸い付くように柱に密着し、淡い光を放つ。

　ナジャは壁に沿って、二つ目の柱に移動する。その間にも、カフが網で喰数霊を捕らえるのが見える。カフは羽を動かし、ビアンカの周辺を巧みに飛びながら、喰数霊を真正面から待ち構え、網で捕らえる。網に捕まった喰数霊は、次々に床に転がっていく。ナジャはカフの技術と集中力に感心するが、網の残りも少なくなってきている。網は、三十以上は持ってきたはずなのに。

——急がなくちゃ。

　二つ目の呪符、生と死をつなぐ「鳥」。ナジャが二本目の柱にこれを貼
り付けたとき、カフの持つ網がまた喰数霊を捕らえた。しかしこのとき、
カフの手が網から離れるのが少し遅れてしまった。喰数霊が網に嵌まっ
た勢いのまま、体重の軽いカフは後方へ吹っ飛ぶ。死体と死体の間の堅
い床の上に背中から落ちたカフは、苦痛に満ちたうめき声を上げた。

「カフ！」

「ぼくは……だいじょう……ぶだから……早く」

　ナジャは混乱する。どうしていいか分からなくなるナジャに、カフは
こう言った。

「今……すべきことを」

　直後、カフは完全に気を失った。その間にも、リヒャルトから放たれる
喰数霊は次々にビアンカに襲いかかる。三角文のマントも、もう壊れかけ
ている。ナジャは急いで、死体につまずきながら三本目の柱に移動する。
ナジャが三枚目の「パンをちぎる手」の呪符をその柱に貼ったとき、ビ
アンカの体に載ったマントが完全に壊れ、灰のようになって散った。

　——ああ！

　すでにリヒャルトは、次の喰数霊を放とうとしている。その霊がビア
ンカを呑み込む前に、四本目の柱に「呪符」を貼れる？　いいや、無
理、「間に合わない」。だとしたら、今、すべきことは何？

　ナジャは床に目を落とす。手の届くところに、さっきカフが落とした
捕霊網が一つ。ナジャはそれを手にとって、ビアンカの前に立ち、次の
喰数霊を見据える。

　——怖い。

　足ががくがくと震える。駄目。絶対、無理。でも……。

　——まずは、きちんと見るんだ。

　ナジャは、閉じかけていた目を開ける。ぬらぬらとした半透明の灰

色。大きく開かれる口。針のような歯。金色に輝く斑点。それが自分に向かってくるのを見るだけで、心臓は早鐘を打ち、体の奥が握りつぶされるように苦しい。それでもナジャは目を閉じない。そのうち、自分が見ているのが喰数霊なのか、自分の心と体の変化なのか、あやふやになってくる。やがて、ナジャは気づいた。
　——喰数霊は恐ろしい。でも……私が怖がっているのは、喰数霊だけではない。「自分が怖がっていること」そのものも、怖がっているんだ。
　ナジャの呼吸が一瞬、深くなった。ナジャはその呼吸に合わせるように、捕霊網を自分の前にかざした。

　どこからか、聞き慣れた声が聞こえてくる。本人は一生懸命なのに、どこかとぼけたように聞こえる声。あれは間違いなく、年の離れた自分の「はとこ」。いつも無茶をして、自分を困らせるのだ。
　——あいつ、また、何をやっているんだ……。
　メムは、自分が夢の中にいることをなんとなく理解している。あいつの声は、夢の中から聞こえているのか。それとも……。その声はしばらく、切羽詰まった様子で誰かに何かを叫んでいた。メムが意識を取り戻していくにつれ、その声は大きくなる。そして、声が苦痛に満ちたうめき声に変わったとき、メムは完全に目を覚ました。
　——カフ！
　目を開けると、自分は岩の壁の近くに倒れていた。はるか向こうの床では、ザインがうつ伏せに倒れている。さらに遠くの方で、ギメルとダレトが息を切らせながら、群がってくる「顔なし」どもと戦っている。自分の頭上には、「鏡」。メムは羽を動かし、そちらへ飛んでいく。動くと体じゅうに痛みが走ったが、鏡の向こうに見える大広間を見たとき、

メムはすべての痛みを忘れた。

　大広間には変わらず、多くの死体があった。さっきと違うのは、それらに加えて、何十体もの喰数霊があちこちに転がっていることだ。それらは捕霊網に捕らえられて、ぴくぴくと動いている。そして広間の中央に、あの黒い服の女が倒れている。女の体の上には、三角文のマントがかけられ、そこに喰数霊が次々にぶつかっては砕け散っていく。さらにその斜め左、広間の隅の方に、カフの姿を認めた。カフは意識を失っている。

　メムは思い出した。さっき自分が気を失う前、ナジャとカフの姿を見たことを。

　メムはナジャを探す。ナジャは、カフと反対側、こちらから見て斜め右に立つ柱のそばにいた。彼女は柱に、何か小さい、四角いものを貼り付けた。柱に貼り付けられたそれは、にわかに輝き始める。

　——あれは、確か……。だが、なぜ？

　あの呪符のことは知っている。あれを四隅に貼った正方形の空間、つまり「平方の陣」の中では、「二乗分割復元数」の復元が可能になる。カフの話では、楽園の長の運命数はまさにその数だということだった。しかし、なぜ、今ここであれを使うのか？　ナジャのことだから、黒い服の女——ビアンカを助けるためなのだろうが……。

　——ビアンカ、いや、マティルデの運命数は、142857。

　メムの頭脳は、瞬時に計算する。これを2乗すると、20408122449。前5桁、後ろ6桁に分割すると、20408と122449。20408と122449を足し合わせると、142857。

　——ああ、そうか！

　分かった！　メムがナジャの意図を理解したとき、鏡のすぐ下から新たな喰数霊が飛び出した。それは黒い服の女の上にかけられた三角文のマントに当たって砕け散ったが、それと同時に、マントも粉々になって

しまった。四本目の柱に向かっていたナジャは、それを見て顔をこわばらせた。鏡の下の方には、また新たな喰数霊の頭が見えてくる。

　　——まずい！

　ナジャは四本目の柱に向かうのをやめ、ビアンカの前に立ち、喰数霊に向かってまっすぐに目を向けた。両の脚は震えているが、それでも彼女はしっかりと立ち、目をそらさずに、捕霊網をかざす。

　ナジャが捕霊網を喰数霊に投げると、喰数霊はビアンカの体に至る前に網に嵌まり、地に落ちた。しかし鏡の下からは、また新たな喰数霊が出ようとしている。

　　——駄目だ、ナジャにはもう網がない！

　そして、四本目の柱には、遠すぎる！　メムは仲間たちに叫んだ。

「ギメル、ダレト！　俺は外に出る！　お前たちもザインを連れて、外に出るんだ！」

　メムは彼らの返事を待たずに、鏡から外に飛び出した。床には着地せず、羽を動かして飛んだまま、ナジャに向かって叫ぶ。

「ナジャ！　四つ目の呪符を、こっちに！」

　ナジャは目を丸くしてこちらを見た。しかしすぐにメムの意図を悟った彼女は、力強く、四つ目の呪符を投げて寄越した。メムはそれをしっかりと受け止める。呪符の模様は、二つの輪。「肉体」と「数体」を繋ぎ止めるものの象徴。呪符の下にも、二連の金属の輪が多数下がっている。

　メムは全速力で四本目の柱に飛ぶが、その間にも、新手の喰数霊はビアンカに向かっていく。

　　——間に合うか！？

　すでに、ビアンカの方を見る余裕もない。しかし、目の端で、ナジャがビアンカの方へ動いたのが見えた。間に合っても間に合わなくても、姉に寄り添おうとしているのだ。

　　——ならば、俺も。

277

メムは呪符を持つ手を伸ばし、四本目の柱に触れた。

　ナジャがビアンカの体に触れたとき、もうすでに喰数霊は大きな口を開けていた。まるで、ナジャまで呑み込もうとしているかのように。四つ目の呪符はメムに託したが、ナジャの方にもすでに、メムを見る余裕はない。ナジャは無駄だと知りながらも、ビアンカと喰数霊の間に割り込むようにしてビアンカをかばう。
　——ビアンカを呑み込むなら、私も一緒に……。
　しかし喰数霊はナジャの体をするりと避けた。それがビアンカを呑もうとした瞬間、ナジャの手からビアンカの肩の感触が消えた。喰数霊はあたかもビアンカを頭から呑み込んだかのように動き、のたうち回りながらリヒャルトの方へ戻っていく。喰数霊がリヒャルトの周囲を回り、その「刃」でリヒャルトに二つの傷をつけたとき、ナジャの手に温かな体温が蘇ってきた。見ると、ビアンカがさっきと同じ場所に、さっきと変わらぬ姿で「戻ってきている」。
「ビアンカ！」
「……間に合ったようだな。しかし、その女の数も、二乗分割復元数だったとは」
　四本目の柱の方を見ると、傷だらけのメムが、肩で息をしながら柱の下の方に寄りかかっていた。
「メム！」
「まだ終わってないぞ。あいつを倒さないといけないんだろう？」
　メムはリヒャルトの方を見ながら、「とんでもない化け物だ」とつぶやく。リヒャルトはさっきから変わらぬ姿勢で佇んでいたが、その右目から三つの影が飛び出してきた。気を失ったザインを連れた、ギメルと

ダレトだ。全員、ひどい傷を負っている。メムはふらふらしながらも再び飛び上がり、彼らとナジャに向かって言う。

「いいか！　これから、捕霊網に捕まってる喰数霊を全部解放するぞ」

ギメルとダレトは荒い息をしながらも、「おう」と返事をする。そしてザインを広間の隅の方に寝かせたあと、喰数霊を捕らえた捕霊網を揺り動かし、霊を解き放とうとする。

「ちょっと待って！　何をするの？」

戸惑うナジャに、メムは言う。

「あの化け物を倒すためだ。まあ、こんなことをやらなくても、お前の姉に向かって喰数霊を吐き続けているうちにあいつは確実にぶっ壊れるだろうが、こうした方が手っ取り早い」

そう言ったあとメムはぽつりと、「お前の姉の能力を利用させてもらって悪いが、分かってくれ」と言った。ナジャはメムの心づもりを理解した。やがて、ダレトとギメルが解き放った喰数霊が次々とビアンカに飛びかかっていく。リヒャルトが新たに放った喰数霊もそれらに加わる。ナジャは、頭では分かっているつもりだが、その光景をまともに見ることができなかった。しかし、おびただしい数の喰数霊がビアンカに群がり、離れた後も、ビアンカはしっかりと元のままの姿でそこにいた。そしてビアンカから離れた喰数霊は、リヒャルトに群がっていく。

何十体もの喰数霊は、リヒャルトの周囲をつむじ風のように旋回した後、一体ずつ姿を消していく。それにつれて、リヒャルトの姿が徐々に見えてくる。リヒャルトは、その顔と体に無数の傷をつけて立っていた。彼はほんの少し、前に向かって足を踏み出そうとしたが、次の瞬間、ガラガラという堅い音を立てて「崩れた」。床に散らばったのは、薄い陶器のような破片。その中に、きらきらと輝く小さな丸い「鏡」があった。

「……こいつはもう、人間ではなかったのだな。生き物ですらなかった

ようだ」
　メムはそう言いながら、ふらふらと力尽きたように床に座り込む。そのとき、ナジャに抱きかかえられたビアンカがうめき声を上げて、腕を動かした。まぶたが開き、黒い両目がナジャを捉える。

「ビアンカ！」
　自分の名を呼ぶ誰かの声は涙声だった。ビアンカはようやく、声の主がナジャであることをはっきりと認識した。
「ナジャ！」
　ビアンカは混乱する。なぜ、ナジャがこんなところにいるのか。それに、自分の姿は「黒のマティルデ」のはずだ。なぜナジャは自分を「ビアンカ」と？　ビアンカが尋ねる前に、ナジャは顔をくしゃくしゃに歪めながらこう言った。
「ビアンカ、私……」
　その瞬間、ビアンカは悟った。ナジャは楽園の長から、自分のことを聞いたのだろう。そして、自分が一番恐れていたこと——ナジャがここへ戻ってくるということが、現実になったのだ。ビアンカは自分の力で起き上がりながら、ナジャに言う。
「ナジャ、こんなところにいたら駄目！　今すぐここから離れて！」
　ナジャは言葉を失っている。しかし今は、再会を味わっている場合ではない。何としてでも、ナジャをここから逃がさなければ。
「ナジャ、聞いて！　とんでもないことになったの。私は、あの女を殺そうと思っていた。それさえできればいい、と……でもあの女は——王妃は、自分の運命数を〈不老神の数〉に変えた上に、〈影〉に呑み込まれたの。〈影〉は言っていたわ、自分は『不滅神』になったから、これ

から人間と妖精を滅ぼすんだ、って。だからナジャ、お願い。今すぐ、安全な場所に——楽園に、逃げ……」
 突然ドンという音とともに、大広間の大理石の床が波打つように震えた。壁の漆喰が崩れ、粉がぱらぱらと落ちてくる。ナジャは言う。
「今の音、神殿の方だわ！」
 ナジャは大広間を見渡し、メムの姿を探した。しかし、彼女の視線の先で、メムは床に突っ伏して倒れていた。ナジャは彼の方へ駆け寄って行ったが、彼は傷だらけで、完全に気を失っている。ナジャは他の四人の妖精たちにも目を向けるが、彼らもみな気を失って倒れている。ナジャは不安げな顔をしてビアンカを見たが、一度深呼吸をして目を閉じ、また見開いた。
「私……行ってくる。神殿へ」

 トライアは右手から血を流しながら、泥だらけの体を引きずるようにして城壁に近づく。彼女の右手の甲からは、木の葉ぐらいの大きさの、三角形の刃が突き出ている。
 もう昼前にもなろうという時間なのに、空は暗い。月が太陽を遮る現象だろうが、まるで夜のようだ。黒い空の下にそびえ立つメルセイン城の小さな裏門に体重をかけると、それは簡単に開いた。中に入っても、部下の衛兵たちの姿は見えない。城の守備をよく知るトライアから見て、それは異常事態を意味していた。
 ——もう、〈影〉は行動を起こしたのだな。
 手遅れになっていないといいが。自分が後れを取ったために、ビアンカや妖精たち、そして部下や使用人たちが死ぬようなことがあっては……。トライアは顔を歪ませる。

昨夜〈影〉から受けた呪縛を解くことができたのは、幸運だったに違いない。それも、偉大な先祖の一人しか成功させたことのない、「生きながらにして刃を出す」という離れ業をやってのけたのだ。それで右手の呪縛を切り、他の箇所の呪縛も解くことができた。しかしその刃のために、右手の甲から大量に出血している。かつて同じ技を使った先祖も、刃を出した後、ほどなくして死んだ。結局、生きながらにして刃を出そうと、死んでから出そうと、それはタラゴンの血を引く者にとって死を意味するのだ。だが、生きたまま刃を出せれば、しばらくの間はそれを自分の意志で使うことができる。

　——右手から出ているのは、一つ目。「17」の刃。

　自分の内に残る刃は残り二つ。それに思いを馳せたとき、トライアは「気配」を感じた。〈影〉が近くにいる。それに吸い寄せられるように、トライアはある建物に近づく。

　——神殿。

〈影〉はこの中にいる。しかし神殿の正面扉に左手をかけたとき、トライアは全身に強い衝撃を感じ、後ろに二、三歩よろけた。

　——邪な「気」を張り巡らせて、この場を封じているのか。

　つまり、神殿に何者も立ち入れないようにしているのだ。そのこと自体はやっかいだが、同時に相手の状況も知らせてくれる。つまり、〈影〉は今、自由に行動できるわけではなく、この中に閉じこもっていなくてはならない理由があるということだ。トライアはそれを勝機とみた。

　トライアは血にまみれた右手を上げ、手の甲から出ている刃を扉に勢いよく突き立てた。トライアは雄叫びを上げながら、右手を勢いよく下げる。神殿の扉に、縦に一文字の傷がつく。トライアは一度、扉から離れて脇に避け、体を低くする。

　扉についた傷は光を発し、大きな音を立てて爆発した。周囲の空気だけでなく、地面も大きく震える。砕け散った扉から中へ飛び込むと、神

殿の内部が明るく見えた。いつもよりも美しく飾り付けられ、香が焚かれ、多くの蝋燭に火が灯されている。まるで、婚礼の儀式でも始まるかのようだ。しかし、参列者たちが並ぶであろう場所には、祭司たちの死体が転がっている。

　トライアは正面の祭壇を見た。祭壇前には、巨大な女の姿があった。肌も服も、緑がかった白い光を放っている。その顔は王妃にそっくりだが、大きさは、人間ではあり得ない。すなわち、あれは、〈影〉。

　女の姿をした〈影〉は、優雅な所作でこちらを向く。

　——貴様か。どうやって、ここへたどり着いた。

　女の口から出てくる声は、人間のそれではなかった。トライアは答えず、右手の刃を構える。女の姿をした〈影〉は、やや驚いた顔を見せる。

　——なるほど。そういうことができるのだな。だが、そんな小さな刃では……。

　言い終わらないうちに、〈影〉は黒いものを飛ばしてきた。昨夜自分を木に縛りつけた、「影の体の一部」に違いない。二度と同じ手は食うものか。トライアは俊敏にそれらをよけ、いくつかを右手の刃で粉砕しながら、〈影〉に向かって前進する。そしてその間に、左の手首に力を込める。

　激しい痛みが、左腕に走る。それと同時に左肘から手首にかけて、ぎらりと光る大きな三角形の「刃」が現れる。それは二つ目の、「**229**」の刃。トライアは流れ出す血をものともせず、すかさず〈影〉に飛びかかり、左腕を真一文字に動かしてその白い首を掻き切る。〈影〉の首は、すぐに体から離れ、ぽとりと下に落ちた。しかし胴体はそのまま、微動だにしない。

　——これぐらいで我が滅ぶと思っているわけではあるまいな。

　首のない〈影〉の背後に黒いもやが現れる。もやは凝縮し、鋭く尖っていく。同時に、〈影〉の声が響く。

——お前の手の内は分かっている。最初の刃が「17」。次の刃が「229」。そして最後の一つ、最大の刃が、「5557」。そうだろう。

　〈影〉はそう言いながら、背中から生えた黒い突起を使って自分の「首」を床から拾い上げ、胴体の上に据え付ける。首の上に再び、美しい女の顔が戻る。

　——残念だが、お前の最大の刃をもっても、我は滅ぼせぬ。なぜなら……。

　〈影〉が勝ち誇るようにそう言ったとき、トライアはすでにその背後に回り込んでいた。トライアも、さっきの「首切り」で〈影〉を仕留められるなどとは思っていない。悪霊のように確かな実体を持たない存在を滅ぼすのは難しいのだ。ただし、不可能ではない。どんなに無秩序に見える存在にも、「中心」はある。その中心を通るようにして、完全に二つに切り離す。そうすれば、どんなものでも滅びる。そして〈影〉も例外ではないのだ。トライアは右肩から手首にかけて着けていた防具を外した。

　——ついに。

　覚悟を決めるときだ。すでに右肩からは「最後の刃」の先端が見えている。これまでとは比べものにならない、激しい痛み。大量の出血。だが、トライアは声を出さない。神殿の扉の方を向いていた〈影〉の顔が、首の切れ目でぐるりと回って、こちらを向く。〈影〉はこちらを認識すると同時に、驚愕の声を発する。

　——貴様！　なんだ、その刃は……

　そう言う〈影〉の顔——美しい女の顔が、明るく光った。トライアは、自分の右肩から右手首にかけて出た巨大な刃が、神殿の蝋燭の光を反射していることを悟る。〈影〉の顔が恐怖に歪んだとき、トライアは体当たりをするようにして、最後の刃を〈影〉に突き立てた。影は短いうめき声を上げた後、割れ鐘が鳴るような声で言う。

──その……刃の大きさは……

　トライアは唇の左端を動かして、かすかに笑う。やはり、〈影〉は知らなかったか。タラゴン家の刃の中には、さらに 4 倍し、1 を足してもなお、刃であり続けるものがある。そしてその性質を利用して刃を巨大化する能力を、タラゴン家の先祖はかつて、妖精たちから授かったのだ。当時の妖精王を救った礼として。

──元の……刃は……5557。だがこれは……

「**22229 だ**」

　トライアはそう言いながら残った力を振り絞って体を動かし、〈影〉の体を斜めに切り裂いた。〈影〉は、中央の女の体、そしてその周囲に広がる黒いもやごと、真っ二つに切れ、祭壇前の床に崩れ落ちた。そしてその周囲に心許なく、黒い影が広がる。これだけの大きさの刃を受けて、元の姿でいられるものは存在しない。たとえ不老神であっても死ぬだろう。ましてや〈影〉など、ひとたまりもないはずだ。

　勝利を確信したトライアは、そのままその場にうつぶせに倒れた。顔はまっすぐに、仕留めた獲物を見る。勝った……ついに。しかし、二つに分かれた〈影〉は消えない。まだ動き続けている。トライアは驚き、目を大きく見開く。そしてその間にも、〈影〉は再生し、元通りになっていく。

「なぜ……」

　なぜだ。22229 もの刃を受けて、なぜ滅びないのだ。トライアはもう声を出せなかったが、〈影〉はその疑問に答える。

──残念だったな。我はすでに、お前の刃ごときに滅ぼされる者ではない。刃のみならず、何者も、我を滅ぼすことはできない。我を切り刻もうと、燃やそうと、我は自らの屍から蘇る。なぜなら我は……。

「不滅神」。トライアの脳裏にその言葉が浮かんだのと、〈影〉がそう言ったのは、ほぼ同時だった。トライアは絶望の中で、意識を失った。

「ナジャ、待って！」

　ビアンカに追われながら、ナジャは神殿に向かって走る。ナジャは走りながらビアンカの方を振り向く。

「ちょっと様子を見るだけ！　ビアンカは休んでいて！」

「駄目よ！　ナジャ、〈影〉に殺されるわ！　あいつは不滅神になって、この世のすべてのものを滅ぼすって言ってたもの！　私たちには、もう何もできないのよ！」

　ビアンカの言葉を聞きながら、ナジャは考える。確かに、自分にできることはほとんどない。でも、「見て、知る」必要がある。そう思うのだ。

　——〈影〉っていったい、何なの？

　ビアンカの話では、王妃は〈不老神の数〉を得たという。そしてその王妃を呑み込んだ〈影〉は、〈不滅神の数〉を得たと言っている。

　——〈不老神の数〉を得た王妃を呑み込んだ〈影〉が、どうして「不滅神」になるの？

　どういうことだろう。不老神になった王妃を呑み込んだ〈影〉が、自身も不老神になるというのなら、まだ分かりやすい。しかしなぜ、不老神ではなく、「不滅神」なのか。

　——〈不老の神々の数〉とは何か？——〈不老の神々の数〉は、神聖なる大気と交わることで、〈不滅の神々の数〉につながり、またそれゆえにそれらは、〈不老の神々の数〉である。

　そうだ、〈不老神の数〉は、〈不滅神の数〉につながる。その導き方を、長から教わったではないか。ナジャは必死で記憶を呼び起こす。

　——ええと……〈不老神の数〉というのは、「2の累乗から1を引いた数で、なおかつ素数であるもの」だったはず。

　そして、〈不老神の数〉から〈不滅神の数〉を導くには、〈不老神の

数〉に「ある数」をかける必要があった。その数を知るにはまず、〈不老神の数〉に 1 を足した数が、2 の何乗なのかを見極める必要がある。そして、それより一段階小さい 2 の累乗数を求めるのだ。

——つまり、〈不老神の数〉から〈不滅神の数〉を導くには 2 の累乗数が必要。

長は言っていた。2 の累乗数を得るために、不老の神々は長い時間をかけて、自らの運命数と神聖な大気とを融合させていく、と。

でも、〈影〉はどうするのだろう？　〈影〉が不滅神になるためにも、きっと 2 の累乗数が必要になるはず。〈影〉はそれを、どこから手に入れるのか？

——狙われやすくなるんだよね、〈影〉に。

「あ……」

これは、カフの言葉。カフが、妖精王ツァディの運命数について言っていた言葉だ。

——ツァディの運命数は 2 の 18 乗、つまり 262144。最初に〈影〉に連れ去られた王様とも、二回目に連れ去られた王様とも、同じ運命数。

そして実際、ツァディは〈影〉に連れ去られた。ツァディが、2 の累乗数を持っているのだ。それに、トライアもこう言っていたではないか。〈影〉は、「一人」を呑み込んだだけでは完全な形を取ることができないので、「二人」呑み込むのだと。

——ああ、分かった！

ナジャは走りながら、ビアンカの方を振り返る。

「ねえ、ビアンカ！　〈影〉の中に、妖精の王様はいなかった！？」

唐突に尋ねられたビアンカは、驚いて聞き返す。

「妖精の、王様？」

「そう！　きっと、王妃と一緒に〈影〉に呑み込まれていると思うの！」

そう言われて、ビアンカは思い出した。〈影〉が詩人ラムディクスの体を捨てて王妃を取り込む直前、その中に子供のような人影が見えたことを。もしかすると、あれは妖精王だったのかもしれない。ビアンカがナジャにそう言うと、ナジャは「やっぱり！」と言って、さらに先を急ぐ。ナジャはいったい、何を考えているのか。ビアンカがナジャに問おうとしたとき、神殿の正面が目に入った。その前には木片が散らばり、大きな木の扉は姿を消している。ナジャは入口をくぐり、ビアンカも後に続いたが、二人ともすぐに立ち止まった。

　神殿の中央あたりには、おびただしい血を流して倒れているトライア。そしてその奥には、巨大な王妃の姿をした〈影〉。こちらを向いて立っている。

　翡翠色に輝く巨大な女は、体の中心から上にかけて奇妙に傾いていた。しかしその傾きは、徐々にまっすぐになっていく。ビアンカは、体の中心を斬られた〈影〉が、「再生」しているのだと悟る。

「ああ、駄目よ、ナジャ！　もう、あいつは死なない……」

「見て、ビアンカ！　あの、右の方の『裂け目』！　『腕』が出てる！」

　ナジャが指さす方を見ると、〈影〉の体の右側に小さな突起が見えた。まもなく閉じようとしている傷から突き出た、白い腕。あの腕は……。そう考えた途端、ビアンカの中に、長年慣れ親しんだ黒い感情——王妃への憎しみが再び生じてきて、彼女の体を硬直させる。しかしビアンカが立ち止まっている間にも、ナジャは神殿の中央を突っ切って、〈影〉に向かって行く。

「ナジャ、待って！」

　〈影〉がナジャを認識したのは、ナジャが走り出してから数秒後だった。ビアンカはナジャを追いながら、〈影〉の反応の遅れに気づく。ビアンカは、〈影〉が大広間で言っていたことを思い出す。「安定してからの方が良かったが」。もしかすると、〈影〉はまだ完全に不滅神になりき

れていないのかもしれない。

　しかし、そう思ったのもつかの間、すぐに〈影〉の背後に黒い突起が鋭く伸び、それは神殿の空気を切り裂かんばかりの勢いでナジャに襲いかかった。

「ナジャ！」

　ビアンカが言う前に、ナジャはその場で頭を抱えて、神殿の床を両膝で滑りながら小さくうずくまった。黒い突起がナジャの背中に振り下ろされるが、その直後、突起は弾けるように砕け散った。その衝撃で巨大な女は、少しだけよろける。ナジャはほんの数秒、痛みをこらえるようにうずくまっていたが、やがて立ち上がって、また向かっていく。

　──運命の三角文！

　ナジャが纏っている青いマントには、卵の黄身のような愛らしい色の三角形の文様が付いている。あのマントがナジャを守った。いや、ナジャはあのマントが自分を守ることを知っており、その防御の効果を最大限にするように自ら動いたのだ。〈影〉はまた別の突起をつくってナジャに振り下ろそうとするが、それがナジャに届く前にナジャは〈影〉に近づき、その胴体の右から出ている白い腕を掴む。

　──離せ！

　巨大な女の口から出てくる〈影〉の声と共に、ナジャの体を黒い突起が襲う。突起はまた三角文のマントに触れて砕け散るが、その衝撃の強さにナジャは声を上げる。しかしその手は、白い腕を離さず、外に引っ張り出そうとしている。

　──私は……どうすれば……

　その光景を見ながら、ビアンカはその場に立ち尽くしたまま、動くことができなかった。なぜなら、ナジャが救い出そうとしている「あの腕」は、この世で一番憎い、あの女の腕だからだ。でも、妹を──ナジャを助けなければ。ナジャを守らなければ。

ビアンカは走った。ビアンカに気づいた〈影〉は、こちらにも突起を
向けてくる。
「ビアンカ、駄目！」
　ビアンカには、体を守るマントがない。ナジャはそう言いたかったの
だろう。確かに、無茶かもしれない。ナジャは、自分のマントがまだ機
能することを計算に入れて動いているのだ。賢い妹だ。私は……愚かか
もしれない。
　ビアンカは俊敏に突起をかわし、前に向かって走る。向かう先にいる
ナジャは、ふらふらになりながらも、白い腕を懸命に引いている。王妃
の体は、すでに肩の部分まで出ており、今にも顔が見えそうだ。しかし
ナジャの纏う三角文のマントは、隅の方が黒く朽ち始めている。もうす
ぐ限界を迎えるのだ。ビアンカはナジャに向かって叫ぶ。
「ナジャ！　もうマントが！」
　〈影〉の突起の攻撃をもう数発食らったら、マントは破壊される。しか
しナジャは、白い腕を掴んで離そうとしない。逆に、ビアンカの言葉に
背中を押されるように、いっそう力を込めて腕を引く。すると、王妃の
白い顔が半分、〈影〉の体の中から現れる。その瞬間、また〈影〉の突
起がナジャを襲い、その衝撃でナジャは悲鳴を上げる。
　──ああ、ナジャ！　そんなのは、どうでもいいから。
　その言葉が喉まで出かかり、ビアンカは愕然とした。再び自分の中
に、黒い感情が広がっていく。自分について、かつて王妃が吐いた言
葉。そしてまったく同じ言葉を吐こうとする自分。こんな時に、そんな
ことを……そう思えば思うほど、黒い感情は肥大する。半分だけ出てき
た王妃の顔を目にすればなおのことだ。
「ビアンカ、危ない！」
　ナジャにそう言われるまでビアンカは、自分の移動の速度が遅くなっ
ていることに気づかなかった。顔面にまっすぐに向かってくる突起はど

290

うにかかわしたものの、横から打ち付けられるもう一本の突起を防ぐことができなかった。ビアンカは神殿の右の壁に向かって吹っ飛ぶ。

「ビアンカ！」

　倒れて朦朧とするビアンカの頭に、〈影〉の声が鳴り響く。

　──お前はそこでじっとしているがいい。妹を手伝おうなどと思わない方が、お前のためだ。

　〈影〉は言う。妹を手伝えば、お前がこの世で最も憎んでいる女を再び、この世に連れ戻すことになる。それはお前にとって望ましくないことだろう。違うか？

　〈影〉の語りかけと同時に、さまざまな記憶が浮かんでくる。愛されたかった。母の役に立てば、愛されると思った。母の言うとおりにしようと、泣きながら、「計算」を学んだ。でも、愛されることはなかった。それどころか、母は私を平気で傷つけ、殺そうとしたのだ。

　算え子たちが死んだ、あの夜。母は私を呼び出し、衛兵たちに私の首を刎ねさせようとした。そんなことはできない、と拒む衛兵たちに、母は言った。「この娘だけは、自分の目で死んだところを見たいのよ。すぐに殺さなければ、あんたたちを殺す」と。そして絶望する自分に対して呪詛の言葉を吐き、さらにナジャについても「リヒャルトの予備」と言い放った。あのときビアンカは、はっきりと、母を憎んだのだ。そして、逃げた。城から出た。だが、憎しみからは逃げられない。どこまで行っても、いつまで経っても、「城から出られない」。

　真っ黒い感情が、ビアンカを支配していく。そうだ。母をこの世から葬り去ること。やはり、それしかないのだ。〈影〉は、私の、望みを……。

「駄目！　こいつの言うことを聞かないで、ビアンカ！」

　ナジャの声が、さっきよりも遠く聞こえる。しかしそれを追うように、〈影〉が今度はナジャに語りかける。

　──お前の姉は物分かりがいいようだぞ。だが、妹であるお前は、ま

だよく事情を分かっていないらしいな。私がこの女を呑み込むのは、お前のためでもあるのだ。

　その言葉に、ナジャが一瞬戸惑ったのが分かった。〈影〉は間髪入れずに続ける。

　——知らないようだから、教えてやろう。ナジャ、お前は自分の実の両親がどうなったか、知っているか？

　いったい、ナジャに何の話を？　ビアンカは体の痛みをこらえながら、どうにか顔を祭壇の方に向ける。

　——お前の両親はな、お前が引っ張り出そうとしているこの女が殺したのだよ。この女が初めて喰数霊で呪い殺したのは、お前の両親だったのだ。お前を引き渡そうとしない二人を、「呪い」の実験台にしたのだ。

　白い腕を引っ張るナジャの動きが止まった。〈影〉は勝ち誇ったように言う。

　——この女はな、嬉々として我に語ったぞ。喰数霊を放たれたお前の両親が、いかに恐怖して逃げ惑ったか。幼いお前を守ろうとしたがかなわず、いかに無様に死んでいったか。どうだ？　お前はそんな女を助け出そうというのか？

　それを聞いたナジャの体は、わなわなと震え始めた。その手は今にも、王妃の腕を放しそうに見える。その隙を見て、〈影〉はずるずると、王妃の顔、肩を再び呑み込んでいく。

　——そうだ、ナジャ、手を離せ。そうするのがお前にとっても最良……

〈影〉がそう言ったとき、ナジャは何を思ったか、再び強い力を込めて王妃の手を掴み、外に向かって引いた。

　なぜ！　〈影〉とビアンカは、同時に声を上げる。しかしナジャは力強く床を踏みしめ、力の限りに王妃の腕を引っ張りながら、ビアンカの方を向く。

　その顔は、くしゃくしゃに歪んでいた。ナジャは、泣いていたのだ。

第十一章　影の正体

　──お前、この女が憎くないのか！

　ナジャは〈影〉の方に向き直り、泣きながら叫んだ。

「憎いわ！　とても憎い！　でも！」

　ナジャは泣きじゃくりながら、さらに絶叫するように言う。

「でも、私だけの問題じゃないもの！」

　それを聞いたビアンカは、弾かれたように半身を起こした。その体に、ナジャの叫びが響く。

「私、この人、大嫌いよ！　でも、今、この人を出さないと、あなたは、もっとひどいことをするんでしょう？　私、あなたをこの世で好きにさせたくないの！　絶対に！」

　ビアンカは、自分でも気づかないうちに立ち上がっていた。頭の中に、ナジャの言葉がこだまする。それ以外は、何もない。さっきの「黒い感情」も。ビアンカはもう、ナジャが掴んでいる白い手しか見ていない。それが、誰の手であるかも、考えない。ただ頭の中にあるのは、それを「今」、〈影〉から出さなければならないということ。それだけ。

　ビアンカはナジャに駆け寄る。そしてナジャの掴んでいる白い手の、手首の方をしっかりと掴んだ。〈影〉が叫ぶ。

　──愚かな小娘どもが！

　〈影〉は絶叫とともに、新たな突起を二つ、巨大な女の姿の背後で高く振り上げた。すでにナジャのマントは、三角の文が崩れている。これではもう、〈影〉の攻撃を防げない──。ビアンカはナジャを見たが、ナジャはそれに構わず、なおいっそうの力を込めて、王妃の手を引く。ナジャに向けて、〈影〉の突起の一つが振り下ろされる。

　強い衝撃音。ビアンカは叫んだが、砕け散ったのは〈影〉の突起の方だった。ナジャのマントは粉々になったが、その下から、新しいマントが現れたのだ。ナジャの赤い髪に似た、夕焼けのような赤い生地。銀糸で刺繍された、堂々とした、美しい「運命の三角文」。

——ああ、ナジャ！

　ビアンカは安堵とともに、賢い妹を抱きしめてやりたい気持ちになった。相変わらずの窮地だが、彼女は自分の中に力が湧いてくるのを感じた。そしてありったけの力で、ナジャとともに、王妃の腕を引く。

　そのとき、王妃の白い腕から、何かがぽろりと落ちた。それは鮮やかに光り輝く小さな石。「宝玉」だ。

　——何っ！

　〈影〉だけでなく、ナジャもビアンカも驚いて宝玉を見た。見ていると、また一つ、また一つと、王妃の腕から宝玉が落ちていく。一つ一つ、腕から浮かび上がるようにして、ぽとり、ぽとりと落ちる。

　ビアンカは思った。

　——王妃の「運命数」が、元に戻りつつあるんだわ。

　突然、ナジャとビアンカが引っ張っている王妃の体が軽くなり、〈影〉の中から抜けた。ナジャとビアンカは勢い余って、後ろの床に倒れこむ。王妃の体が床に落ちると同時に、翡翠色の巨大な女の姿が消えた。大きな黒いもやと化した〈影〉は、慌てた様子で黒い突起を王妃の方に向け、その体を抱え上げる。すると、王妃の体から、おびただしい数の宝玉がこぼれ落ちた。宝玉はガラガラという音を神殿中に響かせながら、王妃の頭、顔、体から激しくこぼれ落ち、〈影〉の目の前に光り輝く山を作る。

　〈影〉は、恐ろしい声で何やらわめいた。そして、黒いもやと化した自分の体の中心に王妃の体を埋めながら、別の何本かの突起で宝玉を掻き集めようとする。ナジャは王妃の体を追って〈影〉の方へ駆け出そうとしたが、ビアンカがそれを止めた。

「ナジャ、待って！　何か、様子がおかしいわ！」

　ビアンカがそう言ったのは、何か異様な気配を感じ取ったからだった。ナジャも動きを止める。まもなく、その気配ははっきりとした「圧

力」に変わった。空気を押しつぶすようなその圧力を、ナジャもビアンカもよく知っている。
「この感じ……喰数霊」
 ナジャの言葉に呼応するように、神殿の壁じゅうから、半透明の蜥蜴が現れる。それは紛れもなく、喰数霊の大群だった。

 明けない夜の中、真っ暗な聖域の中で静かに祈っていた楽園の長は、かすかな雷鳴を感じ取った。それは静かだったが、すぐ近くに落ちたことがはっきりと分かった。そしてその場所に何があるか、長はよく知っている。
 ——裏手の木立。その地面に落ちた。
 自分を殺すために姉が放ってきた、おびただしい数の喰数霊。自分の数の特性を利用し、数をわざと「喰わせ」、動きを鈍らせて、土の底に封印した「霊たち」。
 その封印が今、解けた。解いたのは、自分でもなく、他人でもない。ただ、神々の意志によって。
 土の中から、すべての喰数霊が出て行くのが分かる。自分の運命数を構成する素数の中には、5の刃が三つ、37の刃が一つ。刃の大きさは、合計すると、52。52の刃を持った一万体以上の霊が、一度に出て行くのだ。それらの行き先は当然、メルセイン城。
 ——やはり、その日は、今日。
 長は確信する。楽園を出ず、何者をも傷つけない。〈初めの一人〉の子孫たる自分に課されたその義務が、はっきりとその意味を示す日。それが、今日なのだと。
 長は立ち上がる。そして、隣に控えているタニアに声をかける。

「タニア、あの布を」

「はい、ここに」

　タニアから布を受け取る。ずっしりとした重量を感じながら、長は広間に移動し、そこにしつらえられた大きな通信鏡を見つめる。

　——あとは、そのときを待つだけ。

　ただ、自分の心を空にして。自分の意志ではなく、神々の意志が実現されることを願うだけ。長は鏡の前に立って目を閉じ、再び目を開ける。すると鏡は、ここではない景色を映し出していた。不明瞭だが、神殿の内部のように見える。

　そしてそれは、徐々にはっきりしていく。長は鏡を見つめながら、ただ時を待つ。自分が動くべき瞬間を。

　神殿に入ってきた喰数霊の大群は、〈影〉に向かって次々と頭から突っ込んで行った。

　——何だ！　何だ、こいつらは！

　〈影〉は混乱した。なぜ、喰数霊が自分に向かってくるのだ！

　霊の数はあまりにも多く、それらが一度に突っ込んできたので、〈影〉は神殿の奥に吹き飛ばされた。そして喰数霊が運んできた無数の細かい刃が、〈影〉の体に刺さり、奥の壁にはりつけにする。だがそれでもまだ、喰数霊の大群は途切れない。次々に突っ込んでくる喰数霊を見て、〈影〉はようやく悟った。

　——こいつらは……女をめがけて来ている！

　自分が再び体内に取り込みかけているこの女に、喰数霊たちが向かってきているのだ。そして自分はその煽りを受けて、霊たちが運んできた刃を受けている。

　　　　　　　　　　　　　　　　　　　　　　　　第十一章　影の正体

　——しかも、こいつらは女の「数」を喰らいに来たのではない。女が
誰かに放った霊が、今、いっせいに戻ってきているのだ。
　喰数霊は、呪った相手の運命数をめがけて飛び出していき、相手の
「数体」を喰らった後は、自分を放った者の運命数をめがけて戻ってくる。
　——女の運命数が、元の数に戻ったせいだ。
　まだ女の体内で「数」が安定していなかった上に、さっきあの小娘ど
ものせいで、女の体から宝玉が落ちた。それが原因だ。しかし、このま
まではまずい。女の体を完全に取り込めば、喰数霊は女を見失うはず
だ。だが、すでに自分の体は無数の刃に切り刻まれ、隙間だらけになっ
ている。これでは、自分の中から女の体が見えてしまい、喰数霊の刃は
やはり自分が受け止めることになる。不滅神の体を一時的に失った今、
それは避けなければならない。
　——女の体を、外に出すしかない。
　〈影〉は、次々に刺さり込んでくる刃に邪魔をされながらも、自分の内
部に「力の流れ」を作り出した。自身のどこからか出てくる、声になら
ない、大きな叫び。それとともに、女の体を放り投げるようにして、自
分の中から「排除する」。〈影〉は女をできるだけ遠くに放った。喰数霊
たちは女の方へ向かっていくが、その数はあまり多くない。おそらく、
戻ってくる喰数霊のほとんどを、すでに自分が受け止めてしまったのだ
ろう。実際、〈影〉の体は神殿の壁にはりつけにされ、移動することが
できない。
　——動かなければ。もう一度、不滅神にならなければ。
　もう一度、女を不老神に変えるところから、やり直さなければ。〈影〉
はどうにかして壁から体を引き剥がそうと、激しくもがいた。しかしま
だそれに成功しないうちに、神殿の入口から飛び込んでくる五つの影が
見えた。あれは喰数霊ではない。
　——妖精ども！

まずい！　そのとき、神殿の壁際にいた娘の一人——ナジャが、妖精たちに向かって叫んだ。

「メム！　あなたたちの王様は、〈影〉の中にいるわ！　中に取り込まれているのよ！　私、〈影〉が何者なのか、分かったの！」

　何だと！　ナジャの言葉に、〈影〉はこれまでに経験したことのない感覚を覚えた。それは人間に置き換えれば、底知れない恐怖のようなものかもしれない。

「〈影〉の正体は……」

　言うな！　〈影〉は本能的に、ナジャの言葉を遮ろうとした。しかし、遅かった。ナジャは大きく目を見開いて〈影〉を見据えながら、力強く、その「続き」を口にする。

「〈影〉の正体は、二つの数の、『積』よ！」

　二つの数を取り込んで、自らはその「積」となる。それが、〈影〉。

　〈影〉はひるむ。人間に正体を見破られること。人間に、自分自身を突きつけられること。その驚きと恐怖に、〈影〉は身をすくませる。その隙に、妖精たちは〈影〉の左側に回り込んだ。

「これだ！」

　妖精王にそっくりな顔をした黒髪の妖精が指さした先には、小さな「足」が出ていた。五人の妖精たちはそれに群がり、力の限りに引く。〈影〉はそこで、ようやく我に返った。

　——「こいつ」——妖精王まで失ってはならぬ！

　妖精たちに、さらに二人が加勢した。ナジャとビアンカだ。妖精五人、人間二人の力で引っ張られ、妖精王ツァディの体は、徐々に取り出されつつある。力を削がれた〈影〉も、こうなっては、後のことを考えてはいられない。〈影〉は最後の力を振り絞って、黒い体の一部を大きな突起に変え、七人に向かって振り下ろす。七人まとめてなぎ倒し、二度と起き上がれないようにするのだ。

第十一章　影の正体

　——これで終わりだ！「数」を持つ、愚か者どもよ！

　トライアは、真っ暗な空間を漂っている。
　傷を負ったはずの体も、まったく痛みを感じさせない。それどころか、重みすらも感じない。ただ感じるのは、自分がどこかへ移動しているということだけ。
　——何もない世界。
　先祖の残した言い伝えの中に、「何かが存在するようになる前の世界」のことがあったのを、トライアはぼんやりと思い出す。つまり、世界が生まれる前の世界。しかし、そのような世界について、「存在している」と言っていいのだろうか。それはトライアが、つねに疑問に思っていたことだ。そして今、自分がその世界にいるのだとしたら、自分は存在していると言えるのだろうか？
　それに対する答えは見つからない。ただ、この空間の向こうに、明らかに存在している何かがあった。それは、光。トライアの体は、そこへ向かって運ばれていく。光と闇とが溶け合う地点に至ったとき、トライアは確信した。
　——この光が、すべての存在の源。
　すべてがここから生まれ、ここへ帰って行く。物体、動物、植物、妖精、人間、そして不老・不滅の神々さえも。光の中に、トライアははっきりと見た。限りなく広大で、豊かな場所。そこに暮らす、大勢の者たち。そこに存在するものは、別個に「在る」ように見えるが、同時に「本質的な区別がない」ことも明らかだった。つまりここにあるすべてが、この光そのものと「同じ」なのだ。
　トライアは思う。なんという、素晴らしい場所。そして悟る。これこ

そが、不老神、不滅神のさらに上、あらゆる存在の根源であり、頂点でもある「唯一かつ最高の神」なのだと。すなわち、「あらゆるものを生み出す母なる数、数の女王」。そして思う。人間としての生を終えた自分も、ここに戻り、再び「最高神」と一致するのだ、と。

　──トライア。

　懐かしい声に話しかけられた。光の中に、兄が立っている。その傍らには、兄の娘──姪の姿もある。

　──兄さん。やっぱり、ここにいたのね。

　トライアは涙を流す。私は、間違っていなかった。兄と姪の魂は確かに、世界の中心たる最高神のもとで安らいでいたのだ。兄は口を開く。

　──トライア。私と娘、そして大勢の人たちが、不幸で理不尽な死に見舞われた。だが、宇宙の根源たる神は我々をお見捨てにならなかった。最も偉大な唯一の神は、我々の体から、我々自身でないもの、我々の本質ではないものを取り除き、御自らと一致させてくれたのだ。我々はこの世で最も偉大な唯一の神と一致し、一人残らず安らぎを得ている。見よ、我らの先祖もあのとおり、ここで安らいでいる。

　トライアは、心の中に歓喜が湧いてくるのを感じる。

　──兄さん。私も、一緒に……。

　トライアは、兄と姪の方へ──光の方へ進もうとする。しかし、なぜか近づくことができない。トライアは戸惑う。

　──なぜ？　なぜ私はそこへ行けないの？

　もしかして、最高神が私を拒まれているの？　そう尋ねると、兄は首を振る。

　──そのようなことはない。「唯一かつ最高の神」は、何者をも拒絶しない。

　──ならば、なぜ？

　──ここに入ることを拒んでいるのは、お前自身なのだ。

300

トライアは驚く。まさか、そんな。しかし兄は言う。

——もしお前が心の底からそれを望むなら、神はお前を受け入れるだろう。この光の中に入り、唯一の神に一致するということ、それはすなわち、お前が生まれるときに与えられた運命数を捨て、「唯一の神の数」を受け入れることを意味する。

——運命数を捨てて？

——そうだ。運命数は、あらゆる存在にとって大切なものには違いない。だが、それは本質ではない。あくまで、最高神から生み出された「一時的な借り物」であり、不安定で脆弱な「状態」に過ぎない。運命数というのは、人間にとっても、妖精にとっても、また不老・不滅の神々にとっても、最期は手放さなくてはならない「仮の姿」なのだ。そして……私が見るかぎり、お前はまだ、自分の運命数を——「刃」を、手放せていない。

——そんなことはないわ！ 私はもう死んだのよ！ もう、戦う必要はない。私に刃は必要ないの！

——ならば……なぜ、お前の体にはまだ刃が付いているのだ？

兄に指摘されて、トライアは初めて気がついた。自分の右手の甲、左手首、そして右肩から右手首にかけて、刃が付いていることに。

——トライア。お前の中にはまだ、戦う意志が残っているのだ。だからこそ、刃を手放せないのだろう。

トライアの中に、記憶が蘇る。神殿での〈影〉との戦い。恐ろしい能力を得た〈影〉の姿。同時に、ふつふつと、心に湧き上がるものがあった。兄は言う。

——私がお前にしてやれることは、二つある。一つは、お前のことを神に取り次いで、お前の中から戦う意志もろとも、刃を取り除いてもらうこと。お前はこれまで正しく生きてきたから、そのような「取りなし」を受ける資格がある。そしてそれを受ければ、お前は我々ととも

に、ここで安らぐことができる。もう一つは、お前をこのまま、戦場へ送り返すこと。つまり、生者の世界に戻すことだ。

　それはつまり、「生き返る」ということだ。そのような大いなる「祝福」を、自分が受けてよいのだろうか。トライアが戸惑いながらそう言うと、兄はこう言った。

　――お前を生き返らせることが、祝福かどうかは分からない。なぜなら、「生き返る」というのは、この安息・安住の地を前にして、あの不安定で本質的ではない世界に引き返すということだからだ。それに、お前が再び死んでここへ来たとき、お前がこの光の中に入れるという保証はない。そのときに、お前が自分の運命数を自ら手放せる人間になっているか、あるいは私が神にお前のことを取り次いでやれるかは、誰にも分からない。そういった意味では……

　兄は、トライアをじっと見る。

　――「祝福」は、「呪詛」と表裏一体なのだ。

　さあ、お前は選ばなければならない。兄に促され、トライアは決意する。

　――戦場に、戻る。

　それが自分にとって最良なのかは分からない。だがトライアには、それが今「すべきこと」に思えたのだ。

　兄に決意を伝えた瞬間、兄と姪の姿も、光も見えなくなった。トライアは再び、体中に強い痛みを感じ始める。そして、血の匂い。重いまぶたを開けると、黒いもや――〈影〉の姿が見えた。

第十二章

寛容で過酷な裁き

〈影〉に取り込まれた妖精王の体を必死に引くビアンカの視界の端で、かすかに動いたものがあった。それは、神殿の中央あたりに血だらけで倒れていた、トライアの体だった。やがてトライアは身を起こす。その動作はゆっくりだったが、一度立ち上がると、トライアは素早かった。ビアンカが瞬きする間もなく、トライアは前方に移動し、祭壇に飛び上がった。さらに祭壇を蹴って高く飛び上がる。

トライアの右肩から手首にかけて出ている巨大な「刃」が、ぎらりと光を反射する。ビアンカもナジャも、妖精たちもその光に一瞬目がくらんだ。そして、ビアンカたちの方を攻撃しようとしていた〈影〉は、トライアの突撃に気づくのが遅れた。

「うぉぉぉおお！」

トライアは雄叫びを上げ、〈影〉の最上部に体当たりをするようにして、巨大な刃を振り下ろす。刃は〈影〉を突き抜けて神殿の壁に刺さるが、その鋭さは鈍らない。上下一直線に〈影〉を背後の壁ごと切り裂く。あっという間に、〈影〉は真っ二つになった。

金属のこすれるような不快な音が、神殿内に大きく響き渡った。二つに分かれた〈影〉は、一度拡散したかと思うと、急激にまとまってい

303

き、最後にはまったく見えなくなった。

「ツァディ！」

　ビアンカたちの前に、妖精王が姿を現した。真っ先にザインが王に駆け寄る。ザインにそっくりで、真っ白な髪をした王は、弱々しく目を開け、ザインに助けられながら半身を起こした。メム、カフ、ギメル、ダレトは王の前に整列し、恭しくひざまずく。

　さっきまで〈影〉のいた壁には、トライアが肩で息をしながら寄りかかっている。その体にはもう刃は見えないが、まだひどい出血があった。ナジャはトライアの方へ駆け寄り、服の裾を破って怪我の手当をする。

　そんな中、ビアンカは一人微動だにせず、神殿の右側を見ていた。彼女の視界の先には、王妃の姿がある。この神殿での王妃の「特等席」だった、美の女神像の前。大きな鏡を持つその女神像の傍ら、きらきらと光り輝く「宝玉」の山の向こうに、ぼろぼろのドレスを着た傷だらけの王妃が倒れている。

　——あの女。まだ、死んでいない。

　王妃の体は、弱々しいながらも、動いていた。全身を震わせながら、どうにか体を起こそうとしている。その顔も、腕も、喰数霊につけられた傷で血にまみれている。ちりちりに乱れた金色の髪も、血で汚れている。王妃はもう、美しくはなかった。ただしそれは、傷や出血のせいではない。王妃の顔立ち、体つきは、これまでと何も変わらない。だが、その内にみなぎっていた力強い輝きが失われ、弱々しく萎んで見えるのだ。

　美しくも強くもない、弱い王妃。それを見て、ビアンカの中にまた新たな憎悪が渦巻く。ビアンカは、今すぐにでも王妃を殺したいという衝動に駆られる。今なら、あの細い首を足で踏みつぶすだけで、王妃は絶命するだろう。それを考えると、ビアンカの中にぞくぞくするような感覚が走る。そして自分は、それを心地よいと感じているのだ。

　——さあ、あの女を殺せ。虫けらを踏みつぶすように。

ビアンカの中で誰かが命じる。だが、ビアンカは動けなかった。なぜなら、王妃を見つめるビアンカの視界の中に、ナジャがいるからだ。ナジャは懸命に、トライアの手当をしている。

――ああ！

ビアンカはその場に膝をつき、頭を抱える。ナジャはただ必死で、自分がすべきことをしている。そんな彼女の目の前で自分が、憎しみにかられて王妃を殺すわけにはいかない。だが、自分はこれまで、王妃を殺すために生きてきた。それができないなら、自分はいったいどうすればいい？

そのときだった。神殿の窓からゆらりと、巨大な灰色の影が姿を現した。ビアンカは気がつく。あれは紛れもなく、さっき自分が王妃に放った喰数霊だ。王妃を喰らいに戻ってきたのだ。

――宝玉が王妃の体内から出て、王妃の運命数が元に戻ったから。

あの宝玉は、王妃の運命数を変えるための材料だったのだろう。〈影〉は、王妃の体内に宝玉を取り込ませることで、王妃の運命数を変えたのだ。だがそれらは、王妃の体から失われた。そして、元の運命数に戻った王妃を、喰数霊が喰らおうとしているのだ。

ビアンカは、自分の唇の左端が動くのを感じる。笑っている。自分は間違いなく、笑っている。これで、王妃は死ぬ。もちろんそれは、自分の死をも意味する。王妃の「数」を喰った喰数霊は、その「刃」をもって、自分に戻ってくるだろうから。でも、それでいい。それで構わない。これで、私の願いは叶う。

喰数霊が王妃へ向かっていく。弱っていて動けない王妃が、霊に気づいて悲鳴を上げる。ああ、何という喜び！　しかしそのとき、王妃の前に立ちふさがった者があった。その者は、美の女神像の持つ鏡の中から現れた。手には、巨大な布。その者は、王妃の体の上に、その巨大な布を投げかける。その布に触れた喰数霊は、強い衝撃とともに砕け散った。

——三角文の布！

　あの巨大な布は、あらゆる魔物を強力に祓う、「運命の三角文」のマント。そしてそれを手にして王妃を救ったのは……。

「長！」

　ナジャが駆け寄る。楽園の長。王妃の妹。その顔は、床に散らばった宝玉が反射する光に照らされ、月のように輝いている。

　長は、駆け寄ってくるナジャを抱き留め、優しい言葉をかける。その背後で、王妃は力なくうなだれているように見えた。そしてビアンカも、体中から力が抜けた感覚があった。

——なぜ？

　なぜ、長はあんな女を助けたの？　ビアンカは大きな喪失感を感じながら、心の中で問う。だが、その答えはもう、ビアンカには分かっていた。長の答えは、いつも一つしかないからだ。

——神々の意志。

　長は、人としての意志や感情を超えて、神々の意志に従ったのだ。でも、あの女を生かすことが、神々の意志だっていうの？　ビアンカは、納得することができない。

　だが、長が王妃を助けた瞬間から、明らかに周囲の様子が変わっていた。今日ずっと明けなかった「夜」が、明け始めたのだ。神殿内、いや、城内、城外、その他あらゆるところを覆っていた忌まわしい空気が、徐々に澄んでいく。ビアンカの背後では、妖精たちが厳かに祈りの言葉を唱え始め、すぐ前でもトライアが壁に寄りかかったまま、静かに瞑目している。

　ビアンカは、この神聖な空気に居心地の悪さを感じていた。それは、きっと王妃も同じだろう。欲望によって穢れた王妃。王妃への憎悪によって穢れた自分。その意味で、王妃と自分は同類なのだ。そして事実、自分は王妃を殺すという目的のために、王妃の「呪い」に手を貸してきた。

ビアンカは居ても立ってもいられなくなって、神殿の扉へ向かって走り出す。
「ビアンカ！」
ナジャが自分を呼び止める声がする。しかしビアンカは、振り返ることができない。彼女はそのまま、外に駆けだして行った。

それから二日経っても、ビアンカは戻ってこなかった。ナジャは心配して何度も探しに行こうとしたが、そのたびに楽園の長に止められた。長が彼女に言うのはいつも同じ。「ビアンカは、大丈夫。ただ、時間が必要なだけ」。

その間にも、楽園の長と妖精王ツァディが中心となり、王妃に対して下すべき裁きを神々に尋ねる儀式が行われた。そこで下った神託、つまり神々による裁きは、ナジャの目には奇妙なものに映った。

王妃はあれほど多くの人間を、自分の欲望のために呪い殺したのだ。普通に考えれば、死をもって償うべきだろう。しかし、神々から下った裁きの内容は、王妃を今後百年間、メルセイン城内の塔に幽閉せよ、というものだった。百年といっても、人並み外れた生命力を持つ王妃からすれば、それほど長い時間ではないし、生きて塔から出ることも可能だろう。どう考えても、罰としては甘い。ナジャだけでなく、大広間に集まった大勢の人々がそう考えた。

さらに奇妙なことが起こった。妖精王ツァディが、王妃に二つのものを与えたのだ。

一つ目のものは、小さな丸い鏡。それはかつて王妃が人々を呪い殺すのに使った鏡そのもので、〈影〉が小型に変えて、リヒャルトの目にはめ込んだものだ。ナジャはメムたちから、あの中には「まがいもの」の

妖精たちが入っていると聞いていた。メムはすでにあの中から『分解の書』を取り返したので、王妃があの鏡を持ったとしても、「運命数の分解」に使うことはできない。だが、あの鏡が『大いなる書』につながっているのは間違いない。よって、何らかの「手続きの書」を中に入れれば、中の「まがいものの妖精たち」がその手続きを行うことになる。

　そんな危険な道具を、なぜ王妃に与えるのか。ナジャは疑問に思ったが、妖精王ツァディが王妃に「二つ目のもの」を与えたとき、ナジャはますますわけが分からなくなった。

　二つ目のもの。それは妖精王ツァディが守り、なおかつ生涯をかけて「検証」する義務を持つ「手続きの書」だった。ツァディ王の首飾りの先に付いた、書物の形をした金属の入れ物の中身。それがその「書」だ。ツァディ王は首飾りを外して王妃に与えながら、厳かに言った。

「この書に書かれた『手続き』は、あらゆるものの運命数を、宇宙の根源たる母にして数の女王、最高かつ唯一の神の運命数に変えるものだと言われている」

　その言葉を聞いて、それまで無気力にうなだれていた王妃が顔を上げた。ナジャも、その場にいる人々も驚く。ツァディ王は続ける。

「フワリズミー妖精の古文書では、この『手続きの書』をこの鏡の中に入れ、誰かの顔を映せば、その者の運命数を〈最高神の数〉に変えることができると伝えられている。だが、それがあらゆる数について成り立つのか、まだ検証はできていない」

　みなが固唾を呑んで、妖精王の言葉を聞いている。

「本来ならば、検証ができていない『手続き』を、表に出すことはない。だがこのたび、神々の意志に従い、お前にこの書を与える」

　広間にざわめきが広まる。「なぜ……」という言葉も、あちこちから聞こえるが、ツァディ王はこう続けた。

「お前はこのたび、〈不老神の数〉を得たいという欲望に駆られ、〈影〉

にそそのかされて、多くの人々を殺した。そのつぐないのために、お前にこの書と鏡を与えるのだ。お前が塔の中で百年間、お前に〈最高神の数〉を与えるかもしれないこれらの道具を使わずにいることができるか。それができれば、神々はお前が改心したとみて、お前の罪を許されるだろう」

楽園の長がツァディ王に、美しく装飾された小箱を差し出す。ツァディ王は、小さな鏡と「手続きの書」をその中に納め、王妃に渡した。それを持ったまま、王妃は塔へと連行されていく。

ナジャは、この裁きにまったく納得がいかなかった。しかし、彼女の左隣から、ぽつりと、低いつぶやきが聞こえた。

「祝福は、呪詛……」

つぶやいたのは、衛兵隊長トライアだった。トライアは怪我のため、今日は衛兵隊長の義務を免除され、両腕に大きな包帯を巻いた姿でナジャの隣にいるのだ。ナジャがトライアを見上げると、トライアはやや気まずそうな顔で「失礼しました」と言った。ナジャは首を振って、トライアに尋ねる。

「トライア、今言ったのは、どういう意味?」

「え? 私が今言ったこと、ですか?」

「ええ」

「ああ、それは……」

トライアはしばらく黙り込んで、短く答えた。

「一見寛大に見える措置も、ことの成り行きによっては……最悪の罰になりうる、ということです」

あたくしは、いったいどうしたらいいの?

「裁き」が下るまでの間、王妃はずっと、自分に問い続けていた。

王妃はもう、何を信じていいのか分からなくなった。自分がこれまですがりついてきたもの——自分の〈祝福された数〉も、強さも、美しさも、王族としての地位も、自分を愛してくれる男も、自分を支えてくれるはずの息子も、もはや存在しない。これらの中には、最初から存在しなかったものもある。自分の生まれ持った「数」は〈祝福された数〉ではなかったし、頼りにしていた「詩人」は、最初から自分を裏切っていたのだ。

——あたくしは、ずっと勝ち続けてきた。欲しいものは、何でも手に入れてきた。

そう思っていた。しかし、それは真実ではなかったのだろうか。

そして何よりも王妃に衝撃を与えたのは、妹に命を救われたことだ。自分がずっと殺そうとしてきた、あの妹に。そのことは、王妃の心に、ほんの一点だが、それまでに感じたことのない感情を生み出した。王妃は思う。これはまさか……。

——後悔？

あたくしが、後悔を？　だが王妃は、それを認めることができない。自分が後悔していると認めること。それはすなわち、自分が間違っていたことを認めることになる。そして、あの妹に対して、負けを認めたことになる。そんなことは、絶対に無理。でも……。王妃は何も分からず、ただただ混乱した。王妃は、生まれて初めて自らの行いを省み、そして「迷って」いたのだ。

だがその迷いも、裁きが下されたときに終わった。妖精王から「道具」を与えられた瞬間、王妃は再び、欲望に囚われたのだ。

——やはりあたくしは、あらゆる他者を打ち負かし、世界の頂点に立つように運命づけられている。

妖精王は、「手続きの書」が、本当にあらゆる者にとって有効なのか

検証できていない、と言った。しかし王妃には確信があった。この「書」と「鏡」は、自分の運命数を〈唯一の最高神の数〉に変えるに違いない、と。

——そして、あたくしが「唯一の最高神」に取って代わったら、他の取るに足らない神々の決定なんて、問題にならないじゃないの。

不老神も、不滅神も差し置いて、自分が宇宙で最高の存在、つまり〈数の女王〉になるのだ。妖精王も妹も、その可能性を考えていないのだろうか？　なんと、愚かなのだろう。

そう思った途端、再び妹への憎しみが湧いてくる。あの女。神妙な顔をして、恩着せがましくあたくしを助けて、それであたくしに勝ったとでも思っているの？　他の奴らも、さんざんあたくしのことを馬鹿にして。あたくしが「最高神」になったら、そんな奴らは一人残らず滅ぼしてやる。ああ、それ以上の喜びがあるかしら——。塔に連れて行かれながら、王妃はこみ上げる笑いを隠すので必死だった。

塔に閉じ込められた王妃は、一人になるとすぐに、箱から鏡と「手続きの書」を取り出した。「手続きの書」を小さな鏡に近づけると、それはするりと中に入る。鏡の表面は複雑に波打つ。それが静まるのを待ってから、王妃は鏡に、自分の顔を映した。

ナジャは蜂小屋の近くを通り、すっかり薬草の枯れ果てた畑を抜けて、城の裏門へ至る。衛兵に門を開けてもらい、外へ出ると、黒々とした森が広がっている。「ナジャ様、お供いたしましょうか？」と申し出てくれる衛兵に、ナジャは「大丈夫です」と言う。メムとカフも一緒だから、と。

森に入ると、中はそれほど暗くない。木々の間から柔らかく差し込む

昼の光の下、カフは高い木の上に果実を見つけては、飛び上がってはしゃぐ。ナジャとメムはそんなカフを眺めながら、静かに会話を続ける。

「運命数の泡立ち？」

「そうだ」

　メムは歩きながら説明する。

「ツァディ王が王妃に渡した『手続きの書』は、通称『コラッツォの手続き』と呼ばれている。王が言ったとおり、その手続きは、人間や妖精の運命数を〈最高神の数〉に変換するものだ。だがそれが起こす『効果』は、俺たち妖精の病気と同じ。その病気が、『運命数の泡立ち』」

「それ、前に、カフに起こった……」

「よく覚えていたな。あれのせいで、カフは鏡の中で死にかけた。それを、お前に助けられた」

「でも、『運命数を最高神の数に変える手続き』の効果が、妖精の病気と同じって、どういうことなの？」

「それは……」

　メムは「コラッツォの手続き」を説明する。通常の「手続き」では、『大いなる書』の中身を——つまり運命数を書き換えることはできない。そもそも書き換えを可能にするような手続きは非常に少ないし、たとえ書き換えても、神の使いたちが『大いなる書』を見回っているため、数に変化があるとすぐに元に戻してしまうからだ。だが「コラッツォの手続き」では、実際に『大いなる書』の書き換えが行われる上、書き換えによって起こる数の変化が、神の使いによって見逃されてしまうという。

「それって、どんな変化なの？」

「驚くほど簡単な変化だ。あまりに簡単なので、お前も呆れるはずだ」

　その変化というのはこうだ。数が偶数の場合は、「その半分の大きさの数」への変化。つまり、元の数を2で割った数への変化。そして数が奇数の場合は、「3倍して1を足した数」への変化。

第十二章　寛容で過酷な裁き

「『コラッツォの手続き』というのは、運命数に対してこれらの変換を繰り返すものだ。つまり、偶数だったら2で割る。奇数だったら、3をかけて1を足す。これをずっと繰り返していくと、最後には……〈最高神の数〉になる」

「本当なの？」

「これが本当に、あらゆる数について成り立つかどうかは分かっていない。それを確かめるのが、妖精王の義務だ。だが、今まで歴代の王が検証してきたところでは、まだ例外は見つかっていない」

「私の運命数も、その『手続き』を踏めば、〈最高神の数〉になるの？」

「ああ。お前の運命数は六桁だったな。それぐらいの大きさの数なら、例外なく、〈最高神の数〉になるはずだ」

　ナジャは少し興奮しながら、頭の中で計算をする。ナジャの運命数は、124155。これは奇数なので、3倍して1を足すと、372466。これは偶数なので、2で割ると、186233。また3倍して1を足すと、558700。ナジャは首をかしげる。

「本当に、これを繰り返していけば、〈最高神の数〉になるのかしら」

「大きい数だと、最後の数に行き着くまで結構時間がかかる。もっと小さい数で試した方がいい」

「小さい数で？　ええと……」

　ナジャは、10を選んだ。10は偶数なので、2で割って、5。5は奇数なので、3倍して1を足すと、16。16を2で割って、8。8を2で割って、4。4を2で割って、2。2を2で割って、1。1を3倍して1を足して、4。4を2で割って、2。2を2で割って、1。

「あ……」

　1を3倍して1を足して、4。4を2で割って、2。2を2で割って、1。また1になった。

「分かったか？　この手続きを踏んでいくと、どこかで必ず1に行き着

く。その後は、同じ手続きを繰り返しても、必ず1に戻る」

　ナジャは、他の数でも試してみることにした。次は、7を選ぶ。7は奇数なので、3倍して1を足すと、22。22は偶数なので、2で割って、11。11は奇数なので、3倍して1を足すと、34。34を2で割って、17。17を3倍して1足すと、52。2で割って、26。2で割って、13。3倍して1を足して、40。2で割って、20。2で割って、10。ここまで来て、ナジャは気づいた。さっき、10に対して同じ手続きを踏んで、最後は1になったのだ。だから今度も、1になる。

「やっぱり、1になるのね。……ということは、もしかして、〈最高神の数〉って……」

「『1』だ。つまり、『存在すること』そのもの。あらゆる数の源、すなわち生みの親」

　そしてメムは言う。人間も妖精も、他の神々も、1から生み出され、最後は1に戻っていくのだ、と。

「〈最高神の数〉である『1』を受け入れることは、人間や妖精にとっては、それぞれの個人としての生を終えて、存在そのものの根源に戻るということだ。まあ、端的に言えば、『死ぬこと』に相当する」

　妖精の病気である「運命数の泡立ち」は、寿命を迎えた妖精に起こる、自然な現象だ。他方、「コラッツォの手続き」は、それを人工的に引き起こすもの。そういった違いはあるが、それらの効果はどちらも同じく、運命数を変動させながら、最後は「1」にする。「1」は、唯一の最高神の数であると同時に、「個人としての死」を意味する数。

「この前カフは、鏡の中の悪い空気のせいで弱り、寿命でもないのに『運命数の泡立ち』を起こした。つまり運命数が変動し、1に近づいたために、死にかけたんだ」

　メムは、たわわに実った果実の近くを飛ぶカフを見上げながら、静かにそう言った。

第十二章　寛容で過酷な裁き

　ナジャは考える。もし、王妃が〈最高神の数〉を得るという誘惑に逆らえず、「鏡」と「書」を使って「コラッツォの手続き」を実行したら……王妃も「運命数の泡立ち」と同じ現象を経て死ぬのだろうか。熟れた果実を手にしたカフがナジャの方に下りてきて、こう言う。
「まあ、王妃がただ普通に『死ぬ』だけだったら、まだましな方だろうね」
「どういうこと？」
「死ぬってことは、僕ら生きている存在にとってはとても怖いことだけど、より大きな視点で見れば、『唯一の最高神との同化』。つまり、救いでもあるんだ。でも、その救いを得るには、自分の中にあるさまざまなものを捨てなきゃいけない。もちろん、運命数に対する執着も、ね」
　カフは一口、果実をかじり、ぽつりとこう言った。
「あの王妃に、それができるかどうか……」

　妖精王から渡された鏡に顔を映した直後、王妃は急激な気分の高揚と、体の爽快さを感じた。それは、自らが「唯一の最高神」に近づいていることを確信させるものだった。しかし次の瞬間、気分は急激に落ち込み、体中に痛みが走った。とはいえ、それも長くは続かない。その後も、快さと不快さはめまぐるしく入れ替わり、王妃は大いに混乱した。そして徐々に、不快さだけでなく、快さの方も苦痛になってくる。全体的に見て、自分の中から力が失われていることは明らかだった。それはまるで、自分の生命が一瞬、泡のように大きく膨らんだ後、弾けて萎んでいくような、そんな感覚。
　苦痛は次第に耐えがたくなってくる。しかし、王妃は信じた。きっとこの苦しみの先に〈最高神の数〉が手に入るのだ、と。
　そしていつしか王妃は、果てしない闇の中にいた。闇の中で王妃は、

苦痛以外のものを感じられなくなっていた。王妃はもがく。それも、長い、長い間。しかしやがて、遠くから光が見えてきたことで、王妃はにわかに苦痛を忘れた。

　それは、まばゆい光だった。王妃は考える。あれこそが、〈最高神の数〉に違いない。つまり、自分が手に入れるべき「数」。果てしない苦痛の末に、ついに、希望を見つけたのだ。

　——このあたくしに、一番ふさわしい運命数。

　しかし、光と闇とが溶け合う地点に至ったとき、王妃は気づいた。自分が「この光」を、自分の中に取り込めないことに。むしろ逆に、「この光」の方が、自分を内部に取り込もうとしていることに。

　——これはいったい、どういうことよ！

　王妃は見た。光の中に、何百、何千、いや、もっと多くの者たちが居るのを。そして悟る。

　——この中に入ったら、あたくしは「こいつらと同じ」になってしまう！

　嫌！　そんなのは、絶対に嫌！　あたくしは、あたくしだけは、他の誰とも違うの！　特別なのよ！

　王妃がそう叫ぶと、光は消え、あたりは暗闇に戻った。光が見えていたときには和らいでいた苦痛が、前の何倍もの激しさをもって、王妃を襲う。王妃は今度は、苦しみと憤りのために叫び声を上げる。

　——何なのよ！　なぜあたくしが、こんな罰を受けなくてはならないの！

　王妃の叫び声は、ほんの少しも周囲に響くことなく、出て行ったそばから消えていく。それでも王妃は叫ぶのをやめることができない。それが苦痛を増幅するだけだと分かっていても。

　そして、王妃は気づかない。自分を罰しているのが、他ならぬ自分自身であることに。

「……つまり王妃は、自分の本質が『1』であって、他のあらゆる存在と同じだということを、受け入れないといけないのね」

ナジャの問いに、メムはうなずく。

「そうだ。そしてそれができなければ、罰は永遠に続く。だから、あの裁きは、もっとも寛容に見えて、もっとも厳しい罰なんだ」

とくに、あの王妃のような人間にとってはな、とメムは言う。

「人間も、俺たち妖精も、生まれるときにさまざまなものを授かる。だが、いずれはそれらを手放さなくてはならない時が来る。それができなければ、授かったものそのものが苦痛の種となり、呪いそのものとなる」

ナジャはそれを、複雑な気持ちで聞いていた。王妃のことはともかく、自分もいずれは、その場面に直面しなければならない。それは遠い未来かもしれないし、案外早いかもしれない。

「私……大丈夫かしら」

不安げに言うナジャに、果物を食べ終わったカフが言う。

「難しく考えることはないよ。きれいな光が見えたら、余計なことを考えるのをやめて、ふわぁっと力を抜けばいいんだ」

「おいカフ、いい加減なことを言うなよ」

「いい加減じゃないよ。僕は実際、見たんだもん。この前、死にかけたときにさ。遠くからしか見えなかったけど、『そこ』はとてもきれいだったし、すごく楽しそうだったよ」

つまり僕は〈数の女王〉を見たんだ、とカフは誇らしげに言う。メムは目を細めてカフを見ながら、軽く笑った。ナジャも彼らを見て、くすっと笑う。久々に訪れた、穏やかな時間。しかしそれもつかの間、カフがまた騒ぎ出す。

「あ！　いた！」

「えっ！」
　カフの指さす先、木立の向こうに、ナジャは人影を見つけた。
「ビアンカ！」

　森の奥にある、少し開けた野原。小高くなっているその中央に、ビアンカは立っていた。彼女は「黒のマティルデ」の姿のまま、黒い瞳をメルセイン城へ向けている。ビアンカの背後には蜂飼いの一族が、ロバや荷物とともに座り、彼女を見守っている。
　二日前、城を飛び出したビアンカは、蜂飼いの一族に再会したのだった。遠くを旅していた彼らは、しばらく前に「ただならぬ予兆」を感じて、メルセイン城へ向かって移動してきたのだという。
　ビアンカは、かつての命の恩人である彼らにすべてを話した。王妃は敗北し、裁きを受けるだろう。しかし、王妃だけでなく、自分も裁きを受けるべきなのだ。裁きを受けなければ、自分はどこにもいられない。
　――私はいつまでも、城から出られない。
　これまでは、王妃への憎悪のために。そして今は、自らの罪のために。
　そう言って泣くビアンカに、蜂飼いの一族はこう言った。
「蜂に裁きを委ねてはどうか」と。
　かつて、素数蜂たちはビアンカを死から救った。神の使いである蜂は、きっと正しい裁きを行うに違いない。彼らはそう言い、ビアンカも同意したのだった。
　ビアンカは背筋をまっすぐにして立ち、そのときを待つ。やがて、蜂飼いたちの荷車の中が騒がしくなり、おびただしい数の蜂が飛び出してきた。そして、メルセイン城の方からも、羽音とともに、蜂小屋の蜂たちが飛んでくるのが見える。やがて蜂の大群はビアンカを取り囲み、彼

女の視界は完全に遮られた。彼女は静かに目を閉じる。

「神に従わない者、逆らう者は、神の使いにより亡き者にされる」。蜂使いたちの古い伝承にあるとおり、自分はきっと殺されるだろう。

　——でも、「友」に殺されるなら、それでいい。

　ビアンカは「友」に囲まれ、静かに「裁き」を待った。しかし、肌を突き刺す針の痛みも、何も感じない。感じるのは、頭上からタラリ、タラリと落ちてくる、液体の感触だけ。その液体はビアンカの頭、顔、首、胴体と手足をくまなく濡らして落ちていく。目を閉じているのに、見えるのは黄金色に輝く光。

　——これはまさか……蜜？

　なぜ？　ビアンカが目を開けたとき、蜂の大群は彼女から離れ、別れを告げるように周囲を何度か回った後、蜂飼いたちの荷車の中へ吸い込まれるように消えていった。

　何なの？　今のが、「裁き」だったの？　ビアンカが戸惑っていると、遠くから彼女の名を呼ぶ声がした。木立の向こうから、ナジャが走ってくるのが見える。彼女の後ろには、妖精のメムとカフの姿も見える。

　呆然とするビアンカの前に、息を切らしたナジャが立った。そしてナジャは目を大きく見開き、ビアンカの顔を見つめる。ナジャが何か言いたげに唇を動かすと、その左目から、涙が一筋、頬を伝って落ちた。

「ビアンカが……元に……」

　え？　よく分からないビアンカに、ナジャは抱きつく。いったい、何が起こったのか。ナジャに聞いても、大声で泣くばかりで、まったく分からない。そのとき、メムが羽を動かしてビアンカの目の高さに浮き、懐から小さな鏡を取り出し、ビアンカの方へ向けた。

「あ……」

　鏡の中に映っている顔。それはもう、「黒のマティルデ」ではなかった。「栗色の髪の幼子」でも「銀髪の女」でもない。金色の髪をした、

白い肌の女。

　——これが、私の顔。

　さらにビアンカは気づく。鏡の中の、自分の顔の下。ナジャの赤い髪に添えた自分の右腕から、あの細い月のような古傷が消えていることに。今まで、他の姿に変わっていたときも、必ずどこかに残っていたあの傷。自分が自分であることの証明、自分の憎しみの象徴だったあの傷が、跡形もなく消えているのだ。

「私……」

　声が、震える。そして、胸がいっぱいで、何を言ったらいいのか分からない。そんなビアンカに、蜂飼いの長老が歩み寄り、こう語りかける。

「マティルデ。いや、ビアンカ。これが、あなたに対する神々の意志であり、『友』たる蜂の意志だ」

　そしてこう続ける。これがあなたにとって祝福になるか、それとも呪詛になるか。それはあなた次第だ、と。

　ただ感極まっていたビアンカは、その言葉に目の覚めるような思いがした。そうだ、これは、祝福だとは限らないのだ。今、自分が身に余る憐れみと恵みを受けたことは間違いない。でも、このことが、自分を高く引き上げるとは限らない。逆に、堕落につながるかもしれないのだ。自分の母親——生まれながらにして大きな運命数を持っていた王妃が、かえって欲望を増大させたように。

　——祝福になるか、呪詛になるか。

　結局は、自分次第ということになる。自分という、弱いもの。信用できないもの。黒い感情に支配されやすいもの。そういったものに、運命を委ねることの恐ろしさ。それを思って、ビアンカは思わず身をすくめた。すると、自分にすがりついて泣いていたナジャが、顔を上げる。

「ビアンカ、大丈夫？」

　涙で赤くなった目は、小さい頃とまったく同じ。でも、泣き虫で恐が

りだったナジャが、今はこんなに大きくなって、自分を気遣ってくれている。

「……大丈夫よ」

こんなに優しい気持ちになったのは、いつ以来だろう。ビアンカは自分の感情の変わりように驚きながら、心の中で同じ言葉を繰り返す。

——大丈夫。

ナジャがいれば、きっと。視線の先には、あの「母親」が支配していた城がそびえ立っている。それが呼び起こす黒い感情も、確かに自分の中にある。でも、ナジャがいれば、それらに突き動かされることはない。そしてきっといつか、完全に乗り越えられるときが来る。

そのとき私は、本当の意味で、城から出たことになるのだ。

解　説

　本作はフィクションです。実在の人物、団体とは関係ありません。また、数秘術などの実在の占術とも無関係です。本作では、数（特に自然数）に関するいくつかの話題を取り上げています。以下で簡単に解説しますが、くわしくは関連の解説書等をご覧ください。

　以下で言及される「数」はすべて 1 以上の整数を指すものとします。

◆ 約数、素数、合成数（初出：第一章）

　ある数 a がある数 b で割り切れる場合、すなわち a を b で割った余りが 0 である場合、b は a の約数であると言います。たとえば 6 は 3 で割り切ることができるので、3 は 6 の約数です。あらゆる数について、その数自体と 1 はその数の約数です。あらゆる数は、その数自体と 1 で割り切ることができるからです。

　その数自体と 1 以外の約数を持たないような 2 以上の数を、素数と言います。素数は小さい順に、**2, 3, 5, 7, 11, 13,……**のように続きます。作中では、桁の大きな素数は「祝福された数」として登場しています。また作中の世界では、素数に対して「素の数」という呼び方もしていますが、こちらは現実の呼び方ではありませんのでご注意ください。

　1 でも素数でもない数は合成数と呼ばれます。作中で言及される「ひび割れた数」はこれにあたりますが、これも現実の呼び方ではありません。

解　説

◆ 素因数分解（第一、二章）

　数を素数の積として表すことを素因数分解と言います。たとえば
78260 は、**2×2×5×7×13×43** という素数の積で表すことができるの
で、これが **78260** の素因数分解です。すべての数は、ただ一通りの方
法で素因数分解されます。

　素因数分解をするための方法の一つとして、一番小さい素数（**2**）か
ら順番に割り算をしていくという「試し割り法」があります。作中でナ
ジャたち「算え子」がしていた計算や、鏡の中でメムたち妖精がしてい
た計算がそれにあたります。これは単純な方法ですが、大きな数の素因
数分解になると割り算の回数が増えるため、長い時間がかかります。

　試し割り法以外にもさまざまな素因数分解の方法が考案されています
が、大きな数の素因数分解を高速に行う方法はまだ確立していません。
こういった素因数分解の難しさは、情報の暗号化にも応用されています。

◆ 過剰数、不足数、完全数（第二章）

　その数自体を除いた約数の和がその数よりも大きいような数は、過剰
数と呼ばれます。**12** の「その数自体を除いた約数」は**1, 2, 3, 4, 6** で、
その和は **16** であるため、**12** は過剰数です。

　その数自体を除いた約数の和がその数よりも小さい数は、不足数と呼
ばれます。**15** の「その数自体を除いた約数」は **1, 3, 5** で、その和は **9**
であるため、**15** は不足数です。

　その数自体を除いた約数の和がその数と等しい数は、完全数と呼ばれ
ます。一番小さい完全数は **6** です（「その数自体を除いた約数」**1, 2, 3**
の和が **6** と等しいため）。

323

◆ 友愛数（第三章）

　二つの数のペアについて、片方の数の「それ自体を除いた約数の和」が他方に等しくなるような場合、その二つの数を友愛数と言います。作中では、ナジャの運命数124155とリヒャルトの運命数100485という例を挙げました。もっとも小さな友愛数のペアは220と284で、220のそれ自体を除いた約数の和は$1+2+4+5+10+11+20+22+44+55+110=284$であり、284についても、それ自体を除いた約数の和は$1+2+4+71+142=220$となります。

◆ フィボナッチ数列（第三、五章）

　フィボナッチ数列は、1, 1という二つの項から始まり、後の項がその前二つの項の和であるような数列です。

　1, 1, 2, 3, 5, 8, 13, 21, 34, 55, 89, 144,...

　上に見られるように、左から三番目の項2は、左から一番目の項1と二番目の項1の和で、四番目の項3は二番目の項1と三番目の項2の和です。この数列に現れる数をフィボナッチ数と呼びます。

　フィボナッチ数列には多くの興味深い性質があることが知られています。フィボナッチ数が花びらの枚数など、自然界によく見られる数であることもその一つです。また、あらゆる数は、相異なる隣合わないフィボナッチ数の和で表すことが可能です。なお、作中では触れませんでしたが、この表し方は一意的です。このことは、ゼッケンドルフの定理として知られています。

　作中では、フィボナッチ数列は万能薬・フィボナ草の花の数として登場しました。

解 説

◆ フェルマーの小定理、擬素数、カーマイケル数（第六章）

　以下では、数 a と書いたら、それは数 n との共通の約数を 1 しか持た
ないものとします。

　フェルマーの小定理は以下のようなものです。

---

　n が素数ならば、$a^{n-1} \equiv 1(\bmod\ n)$

　「$a^{n-1} \equiv 1(\bmod\ n)$」とは、「$a^{n-1}$ と 1 とは、n で割った余りが等しい」と
いう意味です。よってこの場合は、「a^{n-1} を n で割った余りが 1 である」
ことを表しています。

　フェルマーの小定理は、ある数が素数であるかどうかを判定するのに
使える定理の一つです。数 n が素数であるかどうかを知りたい場合、数
a を一つ選び（この a を「底」といいます）、a^{n-1} を求めます。それをn
で割ってみて、余りが 1 になるかどうかを調べるというわけです。もし
n が素数であれば、上の定理により、余りは必ず 1 になります。これは
作中では、「小フェルマ神の判定」として登場しました。

　しかし注意しなければならないのは、ある一つの、またはいくつかの
底aに対して $a^{n-1} \equiv 1(\bmod\ n)$ が成り立ったとしても、n が素数でない場
合があることです。作中ではその例として 341 を挙げました。底 a とし
て 2 を選び、$2^{(341-1)}$ つまり 2^{340} を 341 で割ると、余りが1になります。
このように n＝341 については、a＝2 としたときに $a^{n-1} \equiv 1(\bmod\ n)$ が成
り立つのですが、341 自体は 11 と 31 で割り切れる合成数であり、素数
ではありません。こういう数 n は「擬素数」と呼ばれます。

　擬素数が素数でないことを確かめるには、底 a をさまざまな数に変え
るのが有効である場合があります。つまり、底 a をさまざまな数に変え
て上記の判定を試してみると、余りが 1 以外の数になることがあるので

325

す。先ほど例に挙げた擬素数 341 も、底 a を 3 にすると、$3^{(341-1)}$ つまり 3^{340} を 341 で割った余りが 1 ではなく 56 になるため、素数でないことが分かります。

しかし中には、底 a をどのような数に変えても $a^{n-1} \equiv 1 (mod\ n)$ が成り立ってしまうような合成数が存在します（これは、フェルマーの小定理の逆が成立しないということを意味します）。そのような数はカーマイケル数と呼ばれ、フェルマーの小定理を利用した判定では素数と見分けることができません。作中における王妃の運命数 464052305161 は、そのような数です。

◆ 素数を生成する式（第六章）

現在のところ、素数をすべて、あるいは素数のみを生成できる式（関数）は見つかっていませんが、かなり多くの素数を生成できる式はいくつか知られています。$f(x)=x^2-x+41$ はその一つで、x に 1 から 40 までの数を入れると素数だけを生成します。実際、

$f(1)=1^2-1+41=1-1+41=41$

$f(2)=2^2-2+41=4-2+41=43$

$f(3)=3^2-3+41=9-3+41=47$

$f(4)=4^2-4+41=16-4+41=53$

$f(5)=5^2-5+41=25-5+41=61$

　　……

$f(13)=13^2-13+41=169-13+41=197$

　　……

$f(40)=40^2-40+41=1600-40+41=1601$

はすべて素数です。なお、$f(41)=41^2-41+41=41^2$ はもちろん素数ではありませんし、これから先にも素数でない $f(x)$ の値はいくらでも現れます。

　作中でこの式は、詩人ラムディクスが作った人工妖精を造る装置として登場しています。

◆ カプレカ数（第七章）

　カプレカ数は、それを 2 乗した数を左右の桁に分割して二つの数と見なし、それらを足し合わせると元の数に等しくなるという特殊な数です。（2 乗した数の桁数が偶数の場合は左右半分に分け、奇数の場合は左の部分が右の部分よりも桁が一つ小さくなるように分けます。）

例：

$45^2=2025$　　→　2025 を 20 と 25 に分ける　　→　20＋25＝45

$297^2=88209$　→　88209 を 88 と 209 に分ける　→　88＋209＝297

　作中では「二乗分割復元数」という呼び方をしていますが、これは現実の呼び方ではありません。

◆ 三角数（第七章）

　1, 3, 6, 10 のように、三角形の形に並べられた点の個数を表す数を三角数と言います。すべての数は、3 個以下の三角数の和として表すことができます。このことは、「ガウスの三角数定理」として知られています。これは作中では、「運命の三角文」として登場しました。

◆ 巡回数（第八章）

　作中の「黒のマティルデ」の運命数142857 は、その 2倍から 6倍までの数に同じ数字が含まれるという特殊な性質を持っています。

　　142857×2＝285714
　　142857×3＝428571
　　142857×4＝571428
　　142857×5＝714285
　　142857×6＝857142

　ただし 142857×7 は 999999 です。

◆ メルセンヌ数、メルセンヌ素数（第八、九章）

　メルセンヌ数とは、2^n-1 という形で表すことのできる数、つまり2の累乗よりも 1 小さい数です。メルセンヌ数のうち、素数であるような数をメルセンヌ素数と呼びます。メルセンヌ素数には、3, 7, 31, 127, 8191 などがあります。

　p が素数であり、かつ 2^p-1 がメルセンヌ素数である場合、$2^{p-1}(2^p-1)$ が完全数であることが知られています。よって、メルセンヌ素数は完全数を発見する手がかりとなります。

　作中では、3, 7, 31, 127 などの小さいメルセンヌ素数は「宝玉」、524287 のように桁の大きいメルセンヌ素数は〈不老神の数〉として登場しました。

◆ ピタゴラス素数（第九章）

　素数の中には、4n＋1 つまり何らかの数 n を 4倍して 1 足した数とし

て表せるものが無限に存在します。それらはピタゴラス素数と呼ばれます。ピタゴラス素数は、二個の平方数の和、すなわち何らかの数 a, b により a^2+b^2 と表される数であることが知られています（逆に、a^2+b^2 が 2 以外の素数であれば、それが必ずピタゴラス素数であることも分かっています）。

たとえば 5 は $4×1+1$ で表せるピタゴラス素数です。これは 1^2 と 2^2 の和です。他の例をいくつか挙げます。

$13：4×3+1$ で、かつ 2^2+3^2
$17：4×4+1$ で、かつ 1^2+4^2
$29：4×7+1$ で、かつ 2^2+5^2

作中では、ピタゴラス素数は運命数に含まれる「刃^{やいば}」として登場しています。

◆ リュカ数列（第十章）

リュカ数列はフィボナッチ数列と同じく、後ろの項が前の二つの項の和になるような数列です。ただし、フィボナッチ数列では一番目の項と二番目の項がともに 1 でしたが、リュカ数列では二番目の項が 3 となっています（一番目の項を 2、二番目の項を 1 として 3, 4, 7 ,11,... と続くような別の定義の仕方も存在します）。

1, 3, 4, 7, 11, 18, 29, 47, 76, 123,...

リュカ数列はフィボナッチ数列と多くの性質を共有しています。作中ではフィボナ草に似た薬草・リュッカ草として登場しました。

◆ コラッツの予想（第十二章）

コラッツの予想とは、どんな数についても、

　1) それが偶数なら 2 で割り、

　2) それが奇数ならば 3 倍して 1 を足す

という操作を繰り返していくと必ず 1 が得られる、という予想です。これは未解決の問題の一つで、あらゆる数について成り立つかどうかはまだ証明されていませんが、かなり大きな数まで成り立つことが分かっています。

作中では「運命数の泡立ち」、また妖精王ツァディの管理する「コラッツォの手続き」として登場しました。

参 考 文 献

1. アレックス・ベロス（著）、水谷淳（訳）『どんな数にも物語がある　驚きと発見の数学』SBクリエイティブ、2015年
2. アンダーウッド・ダッドリー（著）、森夏樹（訳）『数秘術大全』青土社、2010年
3. 上羽陽子（監修）、国立民俗学博物館（協力）『世界のかわいい民族衣装』誠文堂新光社、2013年
4. シーラ・ペイン（著）、福井正子（訳）『世界お守り・魔除け文化図鑑』柊風社、2006年
5. 塩野七生『ルネサンスの女たち』新潮社、2012年
6. 清水健一『大学入試問題で語る数論の世界』講談社、2011年
7. ジョン・キング（著）、好田順治（訳）『数秘術　数の神秘と魅惑』青土社、1998年
8. 誠文堂新光社（編）『世界のかわいい刺繡』誠文堂新光社、2014年
9. 芹沢正三『数論入門』講談社、2008年
10. チェーザレ・ヴィッチェリオ（著）、加藤なおみ（訳）『西洋ルネッサンスのファッションと生活』柏書房、2004年
11. David Wells（著）、伊知地宏（監訳）、さかいなおみ（訳）『プライムナンバーズ　魅惑的で楽しい素数の事典』オライリージャパン、2008年
12. デリック・ニーダーマン（著）、榛葉豊（訳）『数字マニアック』化学同人、2014年
13. 中沢洽樹（訳）『旧約聖書』中央公論新社、2004年
14. ハンス・マグヌス・エンツェンスベルガー（著）、丘沢静也（訳）『数の悪魔　算数・数学が楽しくなる12夜』晶文社、2000年
15. 文化学園服飾博物館（編）『世界の絣』文化学園服飾博物館、2011年
16. 文化学園服飾博物館（編）『紋織りの美と技　絹の都リヨンへ』文化学園服飾博物館、1994年
17. 苗族刺繡博物館（編）『ミャオ族の刺繡とデザイン』大福書林、2016年
18. ミランダ・ブルース＝ミッドフォード（著）、小林頼子、望月典子（訳）『サイン・シンボル大図鑑』三省堂、2010年
19. 由水常雄『香水瓶　古代からアール・デコ、モードの時代まで』二玄社、1995年
20. ラリー・ローゼンバーグ（著）、井上ウィマラ（訳）『呼吸による癒やし』春秋社、2001年

あ と が き

　東京書籍株式会社の大原麻実さんから「プログラミングなどをテーマ
にした物語を」というオファーを最初にいただいたのは、もう二年近く
前のことだったと記憶しています。その後、参考資料として提出した過
去の作品を書き直し、2018年夏に『コンピュータ、どうやってつくっ
たんですか？』として出版しましたが、「物語」という最初のご提案に
沿った企画が固まるまでにはかなりの時間を要しました。というのも、
「プログラミングをテーマにした物語」は、2016年に東京大学出版会か
ら刊行した『精霊の箱　チューリングマシンをめぐる冒険』でやり尽く
した感があった上、プログラムやコンピュータといった道具立てを物語
世界の中で魅力的に見せるには、かなり複雑な設定が必要になると感じ
たからです。よって、良い設定がなかなか思いつかず試行錯誤を繰り返
しましたが、以下の二つのことが決まってからようやく、全体像が見え
始めました。

　一つは、コンピュータのメタファーとして、「白雪姫の鏡」のような
道具を使うこと。白雪姫の話はほとんどの人が知っていますし、悪い王
妃が鏡に向かって問いかけ、鏡が答えを返すという場面も有名なので、
これならば長々と設定を語らなくても読者の方々にすんなり受け入れら
れると感じました。そして「白雪姫」のイメージから、おのずと登場人
物の性格や世界観、物語のテイストも決まりました。

　それからもう一つは、コンピュータが直接扱う対象である「数」を、
何か別のもののメタファーとするのではなく、そのままの形で物語の中
心に据えることです。数について調べていくと非常に多くの面白い話題
があったので、それらを中心にして物語を組んでいくことを考え、大原
さんからもご賛同をいただきました。そこから実際に物語が走り出すま

でには数多くのハードルがありましたが、どうにか書き終えることができたのは、大原さんのたびたびの励ましと助言、そして数そのものが持つ底知れない魅力のおかげであると考えています。

　数については初めて勉強することも多く、物語を書いている間も自分の理解は正しいのか、書き方は不適切でないかたびたび悩みましたが、お茶の水女子大学の浅井健一先生、開成中学校・高等学校の松野陽一郎先生にご校閲をいただき、不備等をご指摘いただくとともに、数学的内容の説明の仕方について多大なアドバイスをいただきました。また両先生には物語についても貴重なコメントを多数いただき、内容の改良に大いに活用させていただきました。本書に残っている不備や理解の間違い等は、すべて筆者によるものです。

　また、イラストレーターのKaitan様には美しい装画を描いていただきました。青い空間に浮かぶ『大いなる書』の壮麗さと迫力に圧倒され、絵という表現の力を改めて思い知った次第です。『コンピュータ、どうやってつくったんですか？』でもお世話になったデザイナーの澤田かおり様（トシキ・ファーブル合同会社）には、ファンタジーらしい魅惑的な本に仕上げていただきました。また校正者の佐藤寛子様にいただいた鋭いご指摘は、本書を仕上げる上で非常に参考になりました。心より御礼申し上げます。

　数論は数学の女王と言われます。本書で取り上げることができたのはそのほんの一部であり、しかも表層を撫でているに過ぎません。それでも本書を手にとってくださった方が、ナジャたちとの冒険を楽しんでくださり、数の世界の魅力を少しでも感じてくだされば幸いです。

2019年5月　著者

川添 愛（かわぞえ・あい）

作家。九州大学文学部文学科卒業（言語学専攻）。2005年同大学大学院にて博士号（文学）取得。専門は言語学、自然言語処理。国立情報学研究所研究員、津田塾大学女性研究者支援センター特任准教授などを経て、2012年から2016年まで国立情報学研究所社会共有知研究センター特任准教授。著書に『働きたくないイタチと言葉がわかるロボット』（朝日出版社）、『白と黒のとびら　オートマトンと形式言語をめぐる冒険』、『自動人形（オートマトン）の城』（ともに東京大学出版会）、『コンピュータ、どうやってつくったんですか？』（東京書籍）などがある。

装幀・本文デザイン　　澤田かおり（トシキ・ファーブル）
組版　　　　　　　　　澤田かおり＋トシキ・ファーブル
装画・扉イラスト　　　Kaitan

数の女王

2019 年 7 月 27 日　第 1 刷発行
2022 年 1 月 11 日　第 3 刷発行

著　者　川添 愛

発行者　渡辺能理夫
発行所　東京書籍株式会社
　　　　東京都北区堀船2-17-1　〒114-8524
電　話　03-5390-7531（営業）　03-5390-7515（編集）

印刷・製本　図書印刷株式会社

ISBN978-4-487-81253-0 C0095
Copyright ©2019 by Ai Kawazoe
All Rights Reserved.
Printed in Japan

出版情報　https://www.tokyo-shoseki.co.jp
禁無断転載。乱丁・落丁の場合はお取替えいたします。